全国高职高专药学类专业规划教材（第三轮）

分析化学

第 3 版

（供药学、药物制剂技术、中药制药、生物制药技术等专业用）

主　编　靳丹虹　叶桦珍　吴　剑
副主编　董丽丹　周　琳　卞富永　谭小蓉
编　者　（以姓氏笔画为序）
　　　　王瑞娜（泉州医学高等专科学校）
　　　　卞富永（楚雄医药高等专科学校）
　　　　叶桦珍（福建卫生职业技术学院）
　　　　李　方（郑州澍青医学高等专科学校）
　　　　李雪璨（长春职业技术学院）
　　　　李燕平（福建卫生职业技术学院）
　　　　吴　剑（安徽中医药高等专科学校）
　　　　陈晓姣（长沙卫生职业学院）
　　　　周　琳（山东医学高等专科学校）
　　　　钟一曼（安徽中医药高等专科学校）
　　　　徐　琳（南京科技职业学院）
　　　　黄　睿（长春医学高等专科学校）
　　　　董丽丹（长春医学高等专科学校）
　　　　靳丹虹（长春医学高等专科学校）
　　　　谭小蓉（重庆三峡医药高等专科学校）

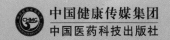

中国健康传媒集团
中国医药科技出版社

内 容 提 要

本教材为"全国高职高专药学类专业规划教材（第三轮）"之一，根据高职高专药学类、中药学类专业分析化学课程教学大纲的基本要求和课程特点编写而成，介绍化学分析法和仪器分析法的常用分析方法，如滴定分析法、重量分析法、电化学分析法、分光光度法及色谱分析法等。内容涵盖定量分析误差与数据处理、滴定分析法概论、酸碱滴定法、配位滴定法、氧化还原滴定法、沉淀滴定法、重量分析法、电位法及永停滴定法、紫外－可见分光光度法、红外分光光度法、原子吸收分光光度法、经典液相色谱法、气相色谱法、高效液相色谱法等。本教材具有理实一体、学测呼应、书网融合等特点，具有较强的适用性及实用性。本教材为书网融合教材，即纸质教材有机融合电子教材、教学配套资源（PPT、微课、视频、图片等）、题库系统、数字化教学服务（在线教学、在线作业、在线考试），使教学资源更加多样化、立体化。

本教材主要供高等职业院校药学、药物制剂技术、中药制药、生物制药技术等专业师生教学使用，也可作为其他相关人员参考用书。

图书在版编目（CIP）数据

分析化学/靳丹虹，叶桦珍，吴剑主编. —3 版. —北京：中国医药科技出版社，2024.6

全国高职高专药学类专业规划教材. 第三轮

ISBN 978 - 7 - 5214 - 4679 - 1

Ⅰ.①分…　Ⅱ.①靳…②叶…③吴…　Ⅲ.①分析化学 - 高等职业教育 - 教材　Ⅳ.①O65

中国国家版本馆 CIP 数据核字（2024）第 106283 号

美术编辑　陈君杞

版式设计　友全图文

出版　**中国健康传媒集团**｜中国医药科技出版社

地址　北京市海淀区文慧园北路甲 22 号

邮编　100082

电话　发行：010 - 62227427　邮购：010 - 62236938

网址　www. cmstp. com

规格　889mm × 1194mm $\frac{1}{16}$

印张　15

字数　439 千字

初版　2015 年 7 月第 1 版

版次　2024 年 6 月第 3 版

印次　2024 年 6 月第 1 次印刷

印刷　天津市银博印刷集团有限公司

经销　全国各地新华书店

书号　ISBN 978 - 7 - 5214 - 4679 - 1

定价　**49.00** 元

获取新书信息、投稿、为图书纠错，请扫码联系我们。

数字化教材编委会

主　编　董丽丹

副主编　黄　睿

编　者　(以姓氏笔画为序)

王瑞娜（泉州医学高等专科学校）

卞富永（楚雄医药高等专科学校）

叶桦珍（福建卫生职业技术学院）

李　方（郑州澍青医学高等专科学校）

李雪璨（长春职业技术学院）

李燕平（福建卫生职业技术学院）

吴　剑（安徽中医药高等专科学校）

陈晓姣（长沙卫生职业学院）

周　琳（山东医学高等专科学校）

钟一曼（安徽中医药高等专科学校）

徐　琳（南京科技职业学院）

黄　睿（长春医学高等专科学校）

董丽丹（长春医学高等专科学校）

靳丹虹（长春医学高等专科学校）

谭小蓉（重庆三峡医药高等专科学校）

出版说明

全国高职高专药学类专业规划教材，第一轮于2015年出版，第二轮于2019年出版，自出版以来受到各院校师生的欢迎和好评。为深入学习贯彻党的二十大精神，落实《国务院关于印发国家职业教育改革实施方案的通知》《关于深化现代职业教育体系建设改革的意见》《关于推动现代职业教育高质量发展的意见》等有关文件精神，适应学科发展和高等职业教育教学改革等新要求，对标国家健康战略、对接医药市场需求、服务健康产业转型升级，进一步提升教材质量、优化教材品种，支撑高质量现代职业教育体系发展的需要，使教材更好地服务于院校教学，中国健康传媒集团中国医药科技出版社在教育部、国家药品监督管理局的领导下，组织和规划了"全国高职高专药学类专业规划教材（第三轮）"的修订和编写工作。本轮教材共包含39门，其中32门为修订教材，7门为新增教材。本套教材定位清晰、特色鲜明，主要体现在以下方面。

1. 强化课程思政，辅助三全育人

贯彻党的教育方针，坚决把立德树人贯穿、落实到教材建设全过程的各方面、各环节。教材编写将价值塑造、知识传授和能力培养三者融为一体。深度挖掘提炼专业知识体系中所蕴含的思想价值和精神内涵，科学合理拓展课程的广度、深度和温度，多角度增加课程的知识性、人文性，提升引领性、时代性和开放性，辅助实现"三全育人"（全员育人、全程育人、全方位育人），培养新时代技能型创新人才。

2. 推进产教融合，体现职教特色

围绕"教随产出、产教同行"，引入行业人员参与到教材编写的各环节，为教材内容适应行业发展献言献策。教材内容体现行业最新、成熟的技术和标准，充分体现新技术、新工艺、新规范。

3. 创新教材模式，岗课赛证融通

教材紧密结合当前实际要求，教材内容与技术发展衔接、与生产过程对接、人才培养与现代产业需求融合。教材内容对标岗位职业能力，以学生为中心、成果为导向，持续改进，确立"真懂（知识目标）、真用（能力目标）、真爱（素质目标）"的教学目标，从知识、能力、素养三个方面培养学生的理想信念，提升学生的创新思维和意识；梳理技能竞赛、职业技能等级考证中的理论知识、实操技能、职业素养等内容，将其对应的知识点、技能点、竞赛点与教学内容深度衔接；调整和重构教材内容，推进与技能竞赛考核、职业技能等级证书考核的有机结合。

4. 建新型态教材，适应转型需求

适应职业教育数字化转型趋势和变革要求，依托"医药大学堂"在线学习平台，搭建与教材配套的数字化课程教学资源（数字教材、教学课件、视频及练习题等），丰富多样化、立体化教学资源，并提升教学手段，促进师生互动，满足教学管理需要，为提高教育教学水平和质量提供支撑。

前言 PREFACE

　　分析化学是研究物质组成、含量、结构和形态等化学信息的表征和测量方法及相关理论的一门学科，是化学领域的一个重要分支，是药学类、中药学类专业的一门重要的专业基础课，为后续的专业课程学习奠定必要的分析理论、分析方法及实验技术基础。根据"全国高职高专药学类专业规划教材（第三轮）"编写总体思路与原则，综合各同类院校药学类专业人才培养方案及药品检验和药品生产等职业岗位对相关能力的要求，我们在上一版教材基础上进行了修订与完善。本版教材正文部分共设十六章，涵盖了误差和分析数据处理、化学分析法和仪器分析法的常用分析方法等内容。

　　为适应高职高专教育发展的现实要求及体现分析化学课程特点，在修订与完善过程中，始终坚持"教""育"相辅、强"基"知"新"、"理""实"一体、"因""果"呼应、"上""下"贯通的原则。引入课程思政，将教书与育人进行有机融合；在强化基本知识、基本技能、基本素质的基础上，开阔学生视野使其了解学科及行业新进展；必需、够用的理论知识紧跟内容适宜、操作规范的实训项目；"学习目标"与"目标检测"前呼后应；线上"医药大学堂"学习平台与线下纸质版教材配套搭建。

　　教材内容方面，用经典分析方法奠定基础、以现代分析技术触摸前沿。每章包括相应实践实训项目，做实"理实一体"理念，使学生明确分析化学课程对于后续专业课及未来职业岗位的意义；持续突出医药行业特点，相关标准接轨《中国药典》；注重延伸基础课知识、接轨专业课应用，彰显了专业基础课承前启后的作用。教材结构方面，除保留上一版已有的"学习目标""知识链接""目标检测"等模块，"学习目标"模块又细化为"知识目标""能力目标""素质目标"，还增设了"重点小结""情景导入"等模块。教材形态方面，完善了多媒体融合配套增值服务，主要内容包括知识点体系、PPT 课件、习题库、微课等资源类型，可满足教师线下、线上教学和学生自主学习等需求。

　　本教材由靳丹虹、叶桦珍、吴剑担任主编，具体编写分工如下：靳丹虹（第一章、第十章）、徐琳（第二章）、李方（第三章）、董丽丹（第四章）、谭小蓉（第五章）、周琳（第六章）、钟一曼（第七章）、陈晓姣（第八章）、吴剑（第九章）、王瑞娜（第十一章）、黄睿（第十二章）、卞富永（第十三章）、叶桦珍（第十四章）、李燕平（第十五章）、李雪璨（第十六章）。

　　本教材修订得到各位编者及其所在单位领导的帮助与大力支持，在此一并表示感谢。限于水平和经验，教材难免存在疏漏与不妥之处，恳请专家和读者批评指正，以便日臻完善。

编　者

2024 年 3 月

CONTENTS 目录

第一章 绪 论

PPT

知识目标：通过本章的学习，应能掌握分析方法的分类；熟悉分析化学的定义、任务；了解分析化学的作用、发展、分析过程及学习方法。

能力目标：具备对分析化学课程定位的认知能力。

素质目标：通过本章的学习，树立严谨求实的科学态度和积跬步至千里的职业信念。

第一节 分析化学的任务及作用 e微课

分析化学是研究物质组成、含量、结构和形态等化学信息的表征和测量方法及相关理论的一门学科，它是化学领域的一个重要分支。分析化学的任务包括定性分析、定量分析、结构分析和形态分析。定性分析的任务是鉴定试样由哪些元素、离子、原子团、官能团或化合物组成；定量分析的任务是测定试样中各组分的相对含量；结构分析的任务是确定物质的分子结构；形态分析的任务是研究物质的价态、晶态、结合态等性质。

分析化学的应用非常广泛，不仅对于化学领域自身发展必不可少，在涉及化学现象的其他学科领域中也都占有一席之地。因此，分析化学在科学研究、技术创新、经济发展、环境保护、国防建设、学校教育等方面均发挥着十分重要的作用。

元素的发现、原子及分子学说的创立、相对原子质量的测定和一些化学基本定律的建立等都与分析化学紧密相关；多项诺贝尔奖成果得益于分析仪器的发展，如 2002 年诺贝尔化学奖得主是分析化学工作者；在生命科学的相关研究中，如水稻、人类基因组测序，分析化学功不可没；作为我国众多省份支柱产业的医药行业，从研发、生产、质检到用药安全，分析化学无处不在；工、农业产品的质量控制、PM2.5 的监测、现代航天器材料中痕量杂质的检测、资源勘探等方面，分析化学也都在大显身手；在学校教育中，分析化学是药学等众多专业的专业基础课。药学专业的专业课程如药物化学、药物分析、药剂学等都需要分析化学课程的支撑。

第二节 分析方法的分类

分析方法可根据分析任务、分析对象、测定原理、分析要求、试样用量和待测组分含量等不同，分为以下几类。

一、按分析任务分类

按分析任务不同，分析方法可分为定性分析、定量分析、结构分析和形态分析。

1. 定性分析 任务是鉴定试样由哪些元素、离子、基团或化合物组成，即确定物质的组成。

2. 定量分析 任务是测定试样中相关组分的相对含量。

3. 结构分析 任务是研究物质的分子结构或晶体结构。

4. 形态分析 任务是研究物质的价态、晶态、结合态等存在状态及其含量。

在试样的成分已知时，可以直接进行定量分析。否则，需先进行定性分析，弄清试样是什么，而后进行定量分析。对于新发现的化合物，需首先进行结构分析，以确定分子结构。随着现代分析技术的发展，目前可同时进行定性、定量和结构分析。

二、按分析对象分类

按分析对象不同，分析方法可分为无机分析和有机分析。

1. 无机分析 对象是无机物，由于组成无机物的元素多种多样，因此在无机分析中要求鉴定试样是由哪些元素、离子、原子团或化合物组成，以及各组分的相对含量。无机分析又可分为无机定性分析和无机定量分析。

2. 有机分析 对象是有机物，虽然组成有机物的元素种类并不多，主要是碳、氢、氧、氮、硫和卤素等，但有机物的化学结构却很复杂，化合物的种类有数百万之多，因此，不仅需要元素分析，更重要的是进行基团分析及结构分析。有机分析也可分为有机定性分析和有机定量分析。

三、按测定原理分类

按测定原理不同，分析方法可分为化学分析和仪器分析。

1. 化学分析 是以物质的化学反应为基础的分析方法。化学分析法历史悠久，是分析化学的基础，又称为经典分析法。被分析的物质称为试样（或样品），与试样起反应的物质称为试剂。试剂与试样所发生的化学变化称为分析化学反应。根据分析化学反应的现象和特征鉴定物质的化学成分，称为化学定性分析；根据分析化学反应中试样和试剂的用量，测定物质中各组分的相对含量，称为化学定量分析。化学定量分析又分为重量分析与滴定分析或容量分析。化学分析法所用仪器简单，结果准确，因而应用范围广泛。但也有一定的局限性，只适用于常量组分的分析，且灵敏度较低，分析速度较慢。

2. 仪器分析 是以待测物质的物理或物理化学性质为基础的分析方法。由于往往需要用到特定的仪器，故称为仪器分析，也称为现代分析。根据物质的物理性质，如相对密度、折射率、旋光度及光谱特征等，不经化学反应，直接进行分析的方法，称为物理分析法，如部分光谱分析法；根据物质在化学变化中的某种物理性质进行分析的方法，称为物理化学分析法，如电位分析法。仪器分析法具有灵敏、快速、准确及操作自动化程度高的特点，其发展快，应用广泛，特别适合于微量分析或复杂体系的分析。仪器分析的主要方法有电化学分析、光学分析、色谱分析及质谱分析等。

化学分析和仪器分析相辅相成。尽管仪器分析应用日益广泛，已成为分析方法发展的方向，但化学分析依然是分析方法的基础，如样品的预处理、干扰物的分离与掩蔽等还需要用化学分析法来完成。同时，仪器分析多数需要化学纯品作标准，而这些化学纯品的成分和含量，大多需要用化学分析方法来确定。因此，实际工作中应根据具体情况选择相应的分析方法。

四、按分析要求分类

按分析要求不同，分析方法可分为例行分析和仲裁分析。

1. 例行分析 是指一般实验室在日常或工作中的分析，又称为常规分析。例如，药厂质检室的日常分析工作即是例行分析。

2. 仲裁分析 是指不同主体对分析结果有争议时，要求某仲裁单位（如一定级别的药监部门、法定检测单位等）用法定方法，进行裁判的分析。

五、按试样用量分类

按试样用量的多少，分析方法可分为常量分析、半微量分析、微量分析和超微量分析（表1-1）。

表1-1 各种分析方法的试样用量

方法	试样的质量	试液的体积
常量分析	>0.1g	>10ml
半微量分析	0.1~0.01g	10~1ml
微量分析	10~0.1mg	1~0.01ml
超微量分析	<0.1mg	<0.01ml

无机定性分析多采用半微量分析法；化学定量分析一般采用常量分析或半微量分析法；而微量和超微量分析须选用仪器分析方法。

六、按试样中被测组分的含量分类

按试样中被测组分的含量高低不同，分析方法可分为常量组分（>1%）分析、微量组分（0.01%~1%）分析和痕量组分（<0.01%）分析。要注意这种分类方法与试样用量分类方法的不同，不要相互混淆。例如，痕量组分的测定，有时取样量可达千克以上。

此外，根据试样来源，也可将分析方法分为食品分析、水分析、岩石分析、钢铁分析等；根据研究的领域，还可将分析方法分为药物分析、环境分析和临床分析等。

第三节 分析化学发展概况

知识链接

分析化学作为最早的化学学科分支之一，具有非常重要的应用背景，这使得分析化学最容易在工业方面有所应用，也最容易应用到其他学科之中，因此能与其他学科形成互动。20世纪末以前的分析化学更多的是为其他学科服务，在这个过程中也发展了分析化学本身，20世纪末到21世纪初，其他学科对分析化学的影响开始了新的里程，即分析化学的发展超出了先前的服务性质，而是使其他学科的成果为自身的发展服务。

——《中国化学学科史》

分析化学是一门古老的科学，其起源可追溯到古代炼金术。1771年法国化学家拉瓦锡（AL. Lavoisier）在由汞和氧形成氧化汞的实验中引进了定量测定，从而诞生了分析化学。工业生产和新兴科学技术的发展，促进了分析化学的发展，也为分析化学发展提供了理论基础和技术条件。20世纪以来，分析化学的发展大体经历了三次巨大变革。

第一次变革是在20世纪初，物理化学中溶液理论的发展，为分析化学提供了理论基础。特别是溶液四大平衡理论的建立，使分析化学从一门技术发展成为一门科学。经典分析化学研究的是物质的化学组成及含量，回答的是"有什么"和"有多少"的问题。所用的方法以溶液中的化学反应为基础，即化学分析法。这一时期由于有了系统的理论指导，化学分析得以不断完善并迅速发展。

　　第二次变革开始于 20 世纪 30 年代后期，物理学与电子学的发展促进了分析化学中物理和物理化学分析方法的建立和发展。出现了以光谱分析、极谱分析为代表的简便、快捷的各种仪器分析方法，同时丰富了这些分析方法的理论体系，分析化学从以化学分析为主的经典分析化学，发展成以仪器分析为主的现代分析化学。

　　第三次变革是在 20 世纪 70 年代末开始，至今仍在延续。在这一时期，随着科学技术的日新月异和人们生活质量的迅速改善，特别是生命科学、环境科学、材料科学等学科的发展，向分析化学提出了更高的要求、更严峻的挑战。同时，不断解决新问题也给分析化学带来了更多的发展机会。现代分析化学已不仅限于测定物质的组成和含量，还要对物质的形态、结构进行分析，要对化学活性物质和生物活性物质等做出瞬时跟踪监测和过程控制等。相关学科的发展，特别是以计算机为代表的新技术的发展，为分析化学建立高灵敏性、高选择性、高准确性，自动化或智能化的新方法创造了良好条件。具有专家系统的智能色谱仪和具有光谱解析功能的智能光谱仪的出现，使实验条件优化、分析数据处理、分析结果解析等的速度和正确性都大为提高；化学计量学的广泛应用，使当今的分析化学已发展为"以计算机为基础的分析化学"。"芯片实验室""生物传感器"等的研究都正方兴未艾。运用先进的科学技术，发展新的分析原理、建立有效而实用的现代分析方法、研制新型分析仪器，是新世纪分析化学发展的趋势，也是分析化学第三次变革的主要内容。

　　现代分析化学已经远远超出化学学科的领域，它正把化学与数学、物理学、计算机科学、生命科学等结合起来，发展成为一门综合性学科。

第四节　分析过程与学习方法

一、分析过程

　　分析过程一般包括制定方案、取样、试样制备、测定、分析结果处理和表达等步骤。

　　1. 制定方案　明确要完成的任务，根据任务制定实验方案，包括方法选择、准确度及精密度要求，所需仪器设备、试剂种类及规格等。而且有必要对试样来源、样品数及可能存在的影响因素等有所了解。

　　2. 取样　为了得到客观、真实的分析结果，用于分析测定的试样一定要有代表性。因此，必须采用科学取样法，从原始试样或送检试样中取出有代表性的供试品进行实验，以保证实验结果能够代表样品的总体情况。

　　3. 试样制备　试样制备的目的是使试样适合于选定的分析方法及仪器设备，同时消除可能产生的干扰。主要包括干燥、粉碎、研磨、溶解、滤过、提取、分离和富集（浓缩）等步骤。

　　4. 测定　根据掌握的试样的组成、被测组分的性质及含量、测定的目的要求和干扰物质等情况，选择恰当的分析方法进行测定。一般来说，测定常量组分时，常选用重量分析法和滴定分析法；测定微量组分时，常选用仪器分析法。例如，自来水中钙、镁离子的含量测定选用滴定分析法，而矿泉水中微量锌的测定则常选用仪器分析法。

　　5. 分析结果处理和表达　运用统计学方法对分析测定获得的信息进行有效处理。目前，可以借助计算机技术和各种专用数据处理软件，对大量数据进行处理，并可直接获得结果。最后，需按要求将分析结果形成书面报告，并在一定时间内将原始记录保存完好。

二、学习方法

分析化学是药学类专业的专业基础课，在专业课程体系中起着承前启后的作用，因此学好分析化学对于圆满完成本专业的学习至关重要。

学好分析化学的关键在于明确课程内容、抓住课程特点。《分析化学》教材的内容编排，除绪论、误差及分析数据处理外，一般都将其分为化学分析和仪器分析两部分。化学分析主要是定量分析，在学习这部分内容时要充分掌握各种分析方法的基本原理，理解化学反应的实际应用，明确严控反应条件，清楚定量计算的理论依据并能正确表达分析结果。仪器分析包括定性、定量和结构分析等，涉及众多相关学科，在学习这部分内容时不要纠缠枝节，只要理解各种方法的基本原理、能以测量仪器的主要部件为抓手弄清方法基本流程、掌握测量信号（结果）对于完成分析任务的意义即可。分析化学与药学类专业的基础课相比，较为突出的两大特点为：超强的"实践性"和严格的"量"的概念。这就要求在上好理论课的同时，必须十分重视实验课的学习，注意规范操作、仔细观察、认真记录，培养严谨的科学态度，从理念到操作，让"量"无处不在。

正如前述，分析化学的应用领域广泛，而且发展日新月异。本课程教学只是使读者具备必要的相关基础，在今后的学习和工作中，读者还应能通过各种渠道获取相关资讯，关注分析化学的发展，了解分析化学的新技术、新方法在药学领域的应用。

•••• 目标检测

答案解析

一、单项选择题

1. 分析化学分为化学分析和仪器分析的依据是（ ）

　　A. 分析对象不同　　　　　　B. 测定原理不同　　　　　C. 实验方法不同

　　D. 分析任务不同　　　　　　E. 分析要求不同

2. 定量分析的任务为（ ）

　　A. 鉴定物质的化学组成　　　B. 测定物质的相对含量　　C. 确定物质的结构

　　D. 确定物质的存在形式　　　E. 检查物质是否过期

3. 常量分析中的固体样品取量应在（ ）

　　A. 1g 以上　　　　　　　　　B. 0.1g 以上　　　　　　　C. 0.01g 以上

　　D. 0.001g 以上　　　　　　　E. 10g 以上

4. 常量组分分析，组分含量应为（ ）

　　A. 1% 以上　　　　　　　　　B. 0.01% 以上　　　　　　　C. 0.05% 以上

　　D. 0.01% 以下　　　　　　　　E. 10% 以上

5. 分析化学课程是高职高专药学类专业的（ ）

　　A. 公共课　　　　　　　　　　B. 基础课　　　　　　　　　C. 专业基础课

　　D. 专业课　　　　　　　　　　E. 实践课

二、多项选择题

1. 根据分析对象不同，分析方法可分为（ ）

　　A. 无机分析　　　　　　　　　B. 有机分析　　　　　　　　C. 结构分析

　　D. 化学分析　　　　　　　　　E. 仪器分析

2. 按组分含量不同，分析方法可分为（　　）

    A. 常量组分分析   B. 微量组分分析   C. 痕量组分分析

    D. 超微量组分分析   E. 恒量组分分析

3. 根据分析任务不同，分析方法可分为（　　）

    A. 仲裁分析   B. 定性分析   C. 定量分析

    D. 结构分析   E. 形态分析

4. 根据分析要求不同，分析方法可分为（　　）

    A. 仲裁分析   B. 定性分析   C. 定量分析

    D. 例行分析   E. 形态分析

5. 分析的一般步骤有（　　）

    A. 制定方案   B. 取样   C. 试样制备

    D. 测定   E. 分析结果处理和表达

三、名词解释

分析化学

书网融合……

    重点小结   微课   习题

第二章 定量分析误差与数据处理

PPT

学习目标

　　知识目标：通过本章的学习，应能掌握测量值的准确度与精密度的含义、误差与偏差的计算、有效数字的概念和运算；熟悉减免误差的方法及分析结果的表示方法；了解分析数据统计处理的基本知识。

　　能力目标：具备应用统计学方法进行数据分析的能力。

　　素质目标：通过本章的学习，树立严谨细致的工作态度、精益求精的工匠精神。

第一节　定量分析误差

　　在定量分析过程中，即使由技术熟练的分析人员采用成熟可靠的分析方法、精密的仪器，在相同条件下对同一份试样进行多次测定，所得结果也不会完全相同。这表明，在分析过程中，误差总是客观存在的。测量的误差愈大，结果愈不可靠；误差愈小，结果的可靠性就愈大。很大的测量误差，会使结论毫无科学价值，甚至导致错误的结论。因此，为了提高测定结果的准确程度和可信程度，下面将讨论误差的产生原因和规律，以及如何减少误差。

一、误差的类型 微课

　　根据误差的性质和产生因素，通常分为系统误差和偶然误差。

（一）系统误差

　　系统误差又称为可测误差或可定误差，是由某些确定因素造成的，在同一条件下重复测定中会重复出现，其大小和正负是可以测定的，对测定结果的影响比较恒定，从理论上来说可消除。根据系统误差的性质和产生的原因，可将其分为以下几类。

　　1. 方法误差　由于分析方法本身不完善所造成的误差。例如，在滴定分析中，指示剂选用不当、反应不完全、干扰离子影响、滴定终点与化学计量点不符等；在重量分析中，沉淀的溶解会使测定结果偏低，而共沉淀会使测定结果偏高。

　　2. 仪器误差　由仪器本身的缺陷造成的误差。例如分析天平两臂长不等、天平砝码质量不准、容量仪器刻度不准确、移液管与容量瓶不配套等。

　　3. 试剂误差　由试剂含有杂质引起的误差。例如，试剂或基准物质纯度不够、蒸馏水或去离子水含有待测物质或干扰物质等。

　　4. 操作误差　分析测定中，由于分析人员操作不当而引起的误差。例如，在称取试样时未注意防止试样吸湿，洗涤沉淀时用溶剂过多，洗涤过分或不充分，在滴定时指示剂用量不当等。

　　5. 主观误差　由于分析人员本身的主观因素所造成的误差。例如，滴定终点颜色判断偏深或偏浅；滴定管读数习惯性偏低或偏高，以及读数时带有的主观倾向性等。主观误差又称为个人误差，有时列入操作误差中。

　　在一次测定过程中，上述五种误差均可能存在，并且对测定结果的影响较为恒定。通常可通过加校正值的方法予以减免。

（二）偶然误差

偶然误差又称为随机误差，是由分析过程中某些不确定的因素造成的。例如，分析过程中的环境条件（温度、湿度、气压等）和测量仪器性能的微小波动，电压瞬间波动等；分析人员对试样处理的微小差异等。这些因素对分析结果的影响在一定范围内是可变的，大小、正负不定。

偶然误差时大、时小、时正、时负，似乎没有规律性，但如果进行多次重复测定，便会发现其分布符合正态分布统计学规律（详见本章第三节）。虽然偶然误差无法避免，但是适当增加重复测定次数，以算术平均值作为测定结果，可以减少偶然误差。

在分析过程中，还有一类"误差"是由于分析人员粗心大意、不按操作规程或错误操作等原因造成的，称为过失误差，例如读错刻度、加错试剂、溶液溅失、记录或计算错误等。过失误差纯属错误，所得实验数据必须剔除。

二、准确度和精密度

（一）准确度与误差

准确度指测量值与真实值的接近程度。准确度的高低通常用误差表示，误差（绝对值）越小，就意味着准确度越高，反之亦然。误差又分为绝对误差和相对误差。

1. 绝对误差（E）　指测量值（x）与真实值（μ）之间的差值，即

$$E = x - \mu \tag{2-1}$$

当测量值大于真实值时，误差为正值，表示测定结果偏高；反之误差为负值，表示测定结果偏低。

例如，测得某样品中铁的百分含量为 20.05%，已知真实值为 20.03%，则绝对误差为

$$E = 20.05\% - 20.03\% = 0.02\%$$

2. 相对误差（RE）　指绝对误差（E）在真实值（μ）中所占的百分率，即

$$RE = \frac{E}{\mu} \times 100\% = \frac{x - \mu}{\mu} \times 100\% \tag{2-2}$$

例如上例中铁的测定结果的相对误差为

$$RE = \frac{E}{\mu} \times 100\% = \frac{0.02\%}{20.03\%} \times 100\% = 0.1\%$$

（二）精密度与偏差

精密度指平行测量的各测量值间相互接近的程度。精密度的高低常用偏差表示，偏差越小，表明各测量值相互越接近，即精密度越高，反之亦然。

设某一组测定值为 x_1，x_2，$\cdots$，x_n（n 为重复测定次数），其分析结果用算术平均值（$\bar{x}$）表示为

$$\bar{x} = \frac{1}{n} \sum_{i=1}^{n} x_i = \frac{x_1 + x_2 + \cdots + x_n}{n} \tag{2-3}$$

1. 绝对偏差（d_i）　是单次测定值（x_i）与平均值（$\bar{x}$）的差值，即

$$d_i = x_i - \bar{x} \tag{2-4}$$

2. 平均偏差（$\bar{d}$）　是各次测定值的绝对偏差绝对值的算术平均值，即

$$\bar{d} = \frac{|x_1 - \bar{x}| + |x_2 - \bar{x}| + \cdots + |x_n - \bar{x}|}{n} = \frac{\sum_{i=1}^{n} |d_i|}{n} \tag{2-5}$$

3. 相对平均偏差（$R\bar{d}$） 是平均偏差（$\bar{d}$）占平均值（$\bar{x}$）的比值，即

$$R\bar{d} = \frac{\bar{d}}{\bar{x}} \times 100\% \tag{2-6}$$

4. 标准偏差（S） 是各次绝对偏差的平方之和与测定次数减一的比值开方。当平行测量次数不多时（$n \leqslant 10$），标准偏差（统计学上称为样本标准偏差）为

$$S = \sqrt{\frac{\sum\limits_{i=1}^{n}(x_i - \bar{x})^2}{n-1}} \tag{2-7}$$

用统计方法处理数据时，常用标准偏差（S）表示分析结果的精密度，它更能反映个别偏差较大的数据对测定结果重现性的影响。平均偏差和标准偏差都能反映平行测量值的分散程度，但标准偏差能够将个别测量值的大偏差突出反映出来。

5. 相对标准偏差（RSD） 是标准偏差（S）占平均值（$\bar{x}$）的比值，或称为变异系数（CV）。

$$\text{RSD} = \frac{S}{\bar{x}} \times 100\% \tag{2-8}$$

例 2-1 分析某铁矿试样中铁的含量，得到下列数据：37.45%、37.30%、37.20%、37.50%、37.25%。计算这些测量值的相对标准偏差。

解： 根据题意得

$$\bar{x} = \frac{(37.45 + 37.30 + 37.20 + 37.50 + 37.25)\%}{5} = 37.34\%$$

$$S = \sqrt{\frac{\sum(x_i - \bar{x})^2}{n-1}} = \sqrt{\frac{0.11^2 + 0.04^2 + 0.14^2 + 0.16^2 + 0.09^2}{4}}\% = 0.13\%$$

$$\text{RSD} = \frac{S}{\bar{x}} \times 100\% = \frac{0.13\%}{37.34\%} \times 100\% = 0.35\%$$

一般分析项目常用平均偏差（$\bar{d}$）、相对平均偏差（$R\bar{d}$）表示分析结果的精密度；在分析项目要求较高时，则用标准偏差（S）和相对标准偏差（RSD）表示分析结果的精密度。

（三）准确度与精密度的关系

准确度是指测定值与真实值的符合程度；精密度是指在相同条件下多次重复测定结果彼此相互接近的程度。测定值越接近真实值，则准确度越高；多次重复实验测定值彼此越接近，则精密度越高。

准确度表示测定结果的正确性，取决于测定过程中所有测量误差（包括系统误差和偶然误差）；精密度则表示测定结果的重现性，与真实值无关，取决于测量的偶然误差。

精密度高不等于准确度高，因为精密度不反映系统误差大小，如果存在较大系统误差则准确度就不高。但精密度高是准确度高的前提（或称必要条件）。当测定数据的精密度较低时，虽然有时平均值也能接近真值，但是这样的数据可靠性低，因而准确度就低。

例如，甲乙丙丁四人同时测定同一样品，平行测定 6 次，测定结果如图 2-1 所示。

上例分析可知，准确度高，要求精密度一定高，但精密度好，准确度不一定高；准确度反映了测量结果的正确性，精密度反映了测量结果的重现性。

三、提高分析结果准确度的方法

（一）选择适当的分析方法

各种分析方法的准确度和灵敏度是不相同的，在实际工作中要根据分析的要求、组分的含量和实

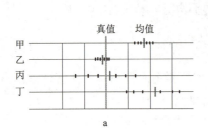

图 2 - 1　同一样品的四组测定结果

a. 四人测同一样品的结果；b. 四人准确度和精密度的对比

验室条件等因素从中选择合适的方法。对于组分含量较高、分析准确度要求较高的试样，一般采用化学分析法；而对于组分含量较低、分析灵敏度要求较高的试样，则应采用仪器分析法。

例如测定铁矿石中铁的含量结果为 25.20%，若采用的是 $K_2Cr_2O_7$ 法，按相对误差 0.1% 计算，则计算得铁含量范围为 25.17% ~ 25.23%；若采用分光光度法，按相对误差 5% 计算，则得 23.94% ~ 26.46%。显然后者的准确度太差。而对于低含量组分，如工业废水中含铁为 0.5% 时，化学分析法的灵敏度一般达不到，而用分光光度法测得范围为 0.48% ~ 0.52%，因此对于低含量组分，这样的误差是允许的。

（二）减小测量误差

为了保证分析结果的准确度，必须尽量减小测量误差。

天平称量的绝对误差和容量仪器的刻度误差都是固定的，要使称量和体积测量的相对误差满足实验需要，称取试样量和量取体积就要符合相应的要求。

例 2 - 2　使用分析天平称样时，由于分析天平的称量误差为 ±0.0001g，用递减法称量两次，可能引起的最大误差是 ±0.0002g。为了使称量的相对误差小于 0.1%，称样质量至少应为多少克？

解：根据题意得

$$RE = \frac{2 \times 0.0001}{w} \times 100\% \leqslant 0.1\%$$

$$w \geqslant 0.2000g$$

可见，称取试样质量必须大于或等于 0.2g，才能保证称量的相对误差在 0.1% 以内。

例 2 - 3　在滴定分析中，滴定管读数有 ±0.01ml 误差，在一次滴定中需要读数两次，可能造成最大误差为 ±0.02ml。为使测量体积的相对误差小于 0.1%，消耗滴定剂至少为多少毫升？

解：根据题意得

$$RE = \frac{2 \times 0.01}{V} \times 100\% \leqslant 0.1\%$$

$$V \geqslant 20ml$$

由此可见，消耗的滴定剂体积应在 20ml 以上，才能保证相对误差小于 0.1%。

应该指出，不同的分析工作要求有不同的准确度，所以应根据具体要求具体分析，控制各测量步骤的误差，使之能适应各种不同分析工作的要求。例如，进行微量组分测定时，由于被测组分含量低，相对误差允许达到 2%，若称取试样 0.5g，则试样称量绝对误差不大于 0.5 × 2% = 0.01g，也就是说用千分之一天平即可达到要求，不必使用万分之一的分析天平。

测量误差的消除有赖于分析人员实验知识和实验技术的提高。

（三）减免系统误差

1. 对照实验　为检验分析方法是否存在系统误差，常用对照实验来检测，分为标准品对照法和标准方法对照法。

（1）标准品对照法 是用已知准确含量的标准品或纯物质代替试样，在完全相同的条件下进行测定分析，根据标准品的测量结果与其标准值比较得出分析结果的系统误差，用此误差对试样测定结果进行校正。

（2）标准方法对照法 是用可靠（法定）分析方法与被检验的方法，以同一试样进行对照分析，根据结果判断有无系统误差存在。两种测量方法的测定结果越接近，说明被检验的方法越可靠。

2. 空白试验 即在不加试样的情况下，按照试样分析时的同样步骤和条件进行分析试验，所得结果称为空白值，从试样测定结果中扣除此空白值后，就得到相对可靠的分析结果。可消除试剂、蒸馏水及器皿引入的杂质所造成的系统误差。

3. 校准仪器 可消除仪器不准所引起的系统误差，对分析天平、砝码、移液管、容量瓶及滴定管等使用前应进行校准，必要时对所用仪器以加校正值的方法校正。

4. 回收试验 对试样的组成不太清楚或无标准试样做对照试验时，可采用回收试验。这种方法是向试样中加入已知量的待测物质，与另一份待测试样进行平行试验，以加入的待测物质能否回收，来检验有无系统误差存在，并对分析结果进行校正。

（四）减少偶然误差

在消除系统误差的前提下，平行测定次数越多，平均值越接近真实值。因此，增加测定次数，可以减少偶然误差，但测定次数过多，得不偿失。在一般化学分析中，对于同一试样，通常要求平行测定 3~6 次，以获得较准确的分析结果。

第二节 有效数字

分析化学中的数字可分为两类，一类数字为非测量所得的自然数，如样品分数、测量次数、计算中的倍数、反应中的化学计量关系以及各类常数等，这类数字不存在准确度问题，可视为"无误差数字"；另一类数字是测量所得的测量值或数据处理的结果，其数字位数的多少反映了分析方法的准确度及测量仪器的精密度，在记录和处理这类数据时，必须遵循有效数字的有关规则。

一、有效数字的概念

有效数字是指在分析工作中实际可以测量得到的数字，包括所有准确测量的数字和最后一位估计的、不确定的数字。我们把通过直读获得的准确数字叫作可靠数字，把通过估读得到的、不确定的那位数字叫作存疑数字。把测量结果中能够反映被测量大小的带有一位存疑数字的全部数字叫有效数字。如图 2-2 中，测得物体的长度 4.15cm，其中数字"4、1"为可靠数字，"5"为存疑数字，"4.15"为有效数字。在记录数据时，存疑数字只能保留一位。

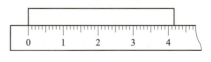

图 2-2 有效数字读取

为了取得准确的分析结果，不仅要准确测量，而且还要正确记录。"正确记录"是指记录数字的位数，因为数字的位数不仅表示数字的大小，也反映测量的准确程度。例如，用分析天平称得某试样 0.5236g，此数据既表示所称试样的质量，又表示此数据的误差在 ±0.0001g 内。又如，从滴定管放出 23.52ml 的滴定剂，此数据表示所放滴定剂体积大小的同时，也表示此数据的误差在 ±0.01ml 内。上述两个测量数据中前面几位数字都是确定的，而最后一位数字是估计得到的，因而是存疑数字。

任何测量仪器和测量手段所测量到的数据的有效数字都是有限的,其有效数字的位数随使用的测量工具不同而不同。对于同一物质进行测量时,有效数字的位数越多测量的准确度越高。有效数字的位数可依下列原则进行判断。

1. 有效数字的位数包括所有准确数字和一位存疑数字。例如滴定读数 20.30ml,最多可以读准三位,第四位是存疑数字。

2. 数字"0"具有多重意义,与其所在位置有关。"0"在两个非零数字之间,都作为有效数字,如 1.0008、100.08 中的"0"是有效数字;"0"在非零数字之前,都作为定位用,不作为有效数字,如 0.054、0.54、0.2% 中的"0";"0"在非零数字之后,同时也在小数点之后,应作有效数字,如 0.40、0.5000、20.00、1.00×10^{-5};"0"在非零数字之后,同时也在小数点之前,如末位数为"0"的整数 3600,其有效数字位数则比较含糊,对于这种情况,应该根据实际的有效数字位数,分别写成 3.6×10^3 或 3.600×10^3 较好。

3. 单位变换不影响有效数字位数。例如 10.00ml 变换为 0.01000L,有效数字均为四位。

4. pH、pM、pK、lg$c$、lg$K$ 等对数值,其有效数字的位数取决于小数部分(尾数)数字的位数,整数部分只代表该数的方次。例如 pH = 9.85,只有两位有效数字,换算成氢离子浓度就为:$[H^+] = 1.4 \times 10^{-10}$ mol/L。

5. 有效数字的首位数字为 8 或 9 时,可多计一位有效数字。例如 0.0945、90.0%,均可视为有四位有效数字。

二、有效数字修约及运算规则

分析的最终结果总是从若干测量数据经各种运算求得。为了简化计算,使各测量数据的位数彼此相适应,尤其是使计算结果符合有效数字的要求,常常需要舍弃测量数据或计算结果中后几位多余数字。这种舍弃后几位多余数字的做法称为有效数字的修约。

1. 有效数字的修约 需注意以下几点。

(1) 按国家标准《数值修约规则与极限数值的表示和判定》(GB/T 8170—2008),采取"四舍六入五留双"的规则进行修约;当被修约的数字小于或等于 4 时,该数字舍去;当被修约的数字大于或等于 6 时,则进位;当被修约的数字等于 5 时,若 5 后的数字不为 0,则进位;若 5 后无数字或为 0,则看前一位数,为偶数(包括 0)则舍弃,为奇数,则进位。

(2) 修约要一次完成,不能分多次修约。修约数字时,只能对原测量值一次修约到所需要的位数,如将 0.262546 修约为 4 位有效数字时,应一次修约为 0.2625,不能先修约为 0.26255,再修约为 0.2626。

(3) 当对标准偏差修约时,修约后会使标准偏差结果变差,从而提高可信度。例如标准偏差 $s = 0.134$ 可修约至 0.14。

2. 有效数字的运算规则 在分析结果的计算中,要会处理不同的有效数字,既不能无原则地保留过多位数使计算复杂化,也不因为舍去过多的尾数而使准确度受到损失,运算中应先按下述规则将各个数据进行修约,再计算结果。

(1) 加减运算 以小数点后位数最少的数为准(即以绝对误差最大的数为准),将其他数修约到同样的位数,然后进行加减法运算,结果再修约成同样的位数。

例如 50.1 + 1.45 + 0.5812 = 52.1,因为加减运算以绝对误差最大的数为准,三个数字的绝对误差分别为 ±0.1、±0.01、±0.0001,所以计算结果的小数点后位数为 1 位。

(2) 乘除运算 以有效数字位数最少的数为准(即以相对误差最大的数为准),将其他数修约到同样的位数，然后进行乘除法运算，结果再修约成同样的位数。

例如 $0.0121 \times 25.64 \times 1.05782 = 0.328$，因为乘除运算以相对误差最大的数为准，三个数字的绝对误差分别为 ± 0.0001、± 0.01、± 0.00001，有效数字位数分别为 3、4、6，其对应的相对误差为 $\pm 0.8\%$、$\pm 0.4\%$、$\pm 0.009\%$，所以计算结果保留三位有效数字。

例 2 – 4　计算两个有效数字 0.0253 与 24.75 的乘积。

解： 根据题意得

$$0.0253 \times 24.75 = 0.0253 \times 24.8 = 0.627$$

在实际测定中，当被测组分含量大于 10% 时，一般要求结果有 4 位有效数字；被测组分含量在 1% ~ 10% 时，结果要 3 位有效数字；被测组分含量小于 1% 时，结果只要 2 位有效数字即可。

注意：如有"无误差数字"参与计算，则不按上述规则运算。例如，每个样品质量为 1.3g，则 5 个样品的总质量为 $5 \times 1.3 = 6.5$（g），因为 5 是无误差数字。

三、有效数字在定量分析中的应用

测量结果的准确记录、数值修约、数值正确运算时，有效数字位数确定的影响极大。提高测量的准确度，使测量结果接近被测量的真实值；选择最合适的测定方法；选取最适合的仪器精密度和量程，例如，分析中需要称量的质量需要准确到 0.0001g，就必须选择比较精确的万分之一天平；若需要称量的质量需要准确到 0.001g，就必须选择千分之一天平；若需要称量的质量需要准确到 0.01g，用一般的托盘天平就可以达到要求；合理确定所用药品的量，例如，在容量分析中，由于滴定管的读数可以准确到 ± 0.01ml，即读数误差可能达到 0.02ml，而分析的结果要求误差不超过 $\pm 1\text{‰}$，因此滴定时所需的体积一般要超过 20ml，这样才能达到分析的要求；掌握正确的数据有效数字位数确定方法、数据修约规则与数值运算规则，才能达到测量结果的公正及精确，保证测量结果的正确性，使出具的测量结果科学、公正、准确、有效和具有法律效力。

第三节　实验数据处理基本知识

一、可疑值的取舍

在实际测量中，得到一组平行测定数据后，有时会有个别测量数据与其他测量数据相差较远，这个测量数据称为可疑值，也称为异常值、离群值、逸出值。如果此值确实是由于实验过程中过失引起的，如溶液的溅失、加错试剂等，就必须要剔除；否则，就不能随意舍去，应按照一定的统计学方法进行取舍处理。

统计学上有多种方法来处理异常值，常用的有 Q 检验法和 G 检验法。

（一）Q 检验法

1. 将测定数据　（$n \leqslant 10$）按由小到大的顺序排列 x_1，x_2，$\cdots$，x_{n-1}，x_n，其中，x_1 或者 x_n 为可疑值。

2. 计算舍弃商 Q 值　$Q_{\text{计算}} = \dfrac{\left| x_{\text{可疑}} - x_{\text{邻近}} \right|}{x_n - x_1}$

3. 判断　根据测定次数 n 和置信度 P 查出 $Q_{\text{表}}$（表 2 – 1），若 $Q_{\text{计算}} \geqslant Q_{\text{表}}$，则异常值应该舍去；反之，应予保留。

表 2-1 Q 值表

n	3	4	5	6	7	8	9	10
$Q_{0.90}$	0.94	0.76	0.64	0.56	0.51	0.47	0.44	0.41
$Q_{0.95}$	0.97	0.84	0.73	0.64	0.59	0.54	0.51	0.49
$Q_{0.99}$	0.99	0.93	0.82	0.74	0.68	0.63	0.60	0.57

例 2-5 平行测定某试样中 Fe 的百分含量，得到 5 个数据：25.29、25.32、25.31、25.34、25.44，其中 25.44 这个数据是否应该舍去（置信度 90%）？

解： 根据题意得

$$Q_{计算} = \frac{|25.44 - 25.34|}{25.44 - 25.29} = 0.67$$

查表，置信度为 90%，$n=5$ 时，$Q_表=0.64$，$Q_{计算}>Q_表$，故 25.44 应该舍去。

如果异常值经 Q 检验法检验后应该舍去，则出分析结果报告时，应该舍去异常值之后再进行计算平均值，标准偏差等数据处理，若异常值不止一个时，则应该逐一检验，在后续的检验中不应该包括前面已判定为应舍去的异常值。

（二）G 检验法

1. 将多次重复测定的数据（$n\leqslant10$） 按其由小到大的顺序排列 x_1，x_2，…，x_{n-1}，x_n，其中，x_1 或者 x_n 为可疑值，则计算包括可疑值在内所有测量值的平均值（$\bar{x}$）和标准偏差（S）。

2. 计算 G 值 $G_{计算} = \dfrac{|\bar{x} - x_{可疑}|}{S}$

3. 判断 根据测定次数 n 和置信度 P 查出 $G_表$（表 2-2），若 $G_{计算}\geqslant G_表$，则可疑值应该舍去；反之，应予保留。

表 2-2 G 值表

测定次数 n	3	4	5	6	7	8	9	10
$G_{0.95}$	1.15	1.46	1.67	1.82	1.94	2.03	2.11	2.18
$G_{0.99}$	1.15	1.49	1.75	1.94	2.10	2.22	2.32	2.41

例 2-6 测定某药物中 Co 的含量得到结果如下：

$$1.25、1.27、1.31、1.40$$

用 G 检验法和 Q 检验法判断 1.40 是否保留。（置信度为 95%）

解：（1）G 检验法判断

根据题意易得：$\bar{x}=1.31$，$S=0.066$

$$G_计 = \frac{|1.40 - 1.31|}{0.066} = 1.36$$

查表 2-2，置信度为 0.95 时，$n=4$，$G_表=1.46$，$G_计<G_表$，故 1.40 应该保留。

（2）Q 检验法判断

$$Q_计 = \frac{1.40 - 1.31}{1.40 - 1.25} = 0.60$$

查表 2-1，置信度为 0.95 时，$n=4$，$Q_表=0.84$，$Q_计<Q_表$，故 1.40 应该保留。

二、分析结果的表示方法

在样品分析工作中，越来越广泛地采用统计学的方法处理分析数据。在统计学中，我们研究的对象的全体叫作总体，总体应该看成是无数次测量数据的集合；供分析用的试样从分析对象的无限总体中随机抽出一部分，将其得到的一组数据称为样本；样本中所含测量值的数目，称为样本的大小（或样本容量），用 n 表示。例如，就宫颈癌病人来说，所有宫颈癌病人都具有宫颈癌这个同质的特征，是一个总体；每个病人就叫个体。但我们研究宫颈癌的规律，事实上并不能将宫颈癌病人总体都观察到，而只能对一部分个体来进行观察。这种从总体中取出部分个体的过程叫"抽样"。所抽得的部分就称为样本，在每个样本中可以含有不同的个体数。如何正确地从样本来推测总体，这就是统计学所要解决的问题。

（一）偶然误差的规律性

实验证明，无限多次的测量值或其偶然误差出现的规律性服从正态分布，其数学表达式为：

$$y = f(x) = \frac{1}{\sigma\sqrt{2\pi}} \cdot e^{-\frac{(x-\mu)^2}{2\sigma^2}} \qquad (2-9)$$

式中，y 为概率密度；x 为测量值；μ 为总体平均值（即无限多次测量数值的平均值），在没有系统误差情况下，它就是真实值；σ 为总体标准偏差，是 μ 到曲线拐点间的水平距离。式（2-9）所对应的图形如图 2-3 所示。

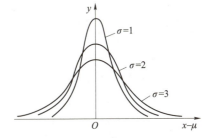

正态分布曲线随 μ 和 σ 的不同而不同，x、μ 和 σ 都是变量，应用不方便，故通常作变量代换，将横坐标改以 u 来表示。令

$$u = \frac{x-\mu}{\sigma} \qquad (2-10)$$

或者

$$u \cdot \sigma = x - \mu \qquad (2-11)$$

图 2-3　不同精密度的测量值的正态分布曲线

由上式可见，u 是以标准偏差 σ 为单位的 $(x-\mu)$ 值。以 u 为横坐标、概率密度 y 为纵坐标表示的正态分布曲线，称为标准正态分布曲线，如图 2-3 所示。经过用 u 作变量代换后，式（2-9）变为

$$y = f(u) = \frac{1}{\sqrt{2\pi}} \cdot e^{-\frac{u^2}{2}} \qquad (2-12)$$

标准正态曲线下横轴上一定区间的面积反映偶然误差落在该区间的概率。不同 u 值所占面积可用积分方法求得，并制成概率积分表以供查用（表 2-3）。例如，若 $u = \pm 1$，$x = \mu \pm \sigma$，查表 2-3 求得概率为 68.3%，表示测量值落在 $\mu \pm \sigma$ 范围内的概率为 68.3%。同样可以求得测量值落在其他范围的概率。

表 2-3　偶然误差在不同区间上的概率

偶然误差出现的区间 （以 σ 为单位）	测量值出现的区间	概率
$u = \pm 1$	$x = \mu \pm 1\sigma$	68.3%
$u = \pm 1.96$	$x = \mu \pm 1.96\sigma$	95.0%
$u = \pm 2$	$x = \mu \pm 2\sigma$	95.5%
$u = \pm 2.58$	$x = \mu \pm 2.58\sigma$	99.0%
$u = \pm 3$	$x = \mu \pm 3\sigma$	99.7%

偶然误差落在不同区间的概率，也可用图直观表示。从图 2-3 和图 2-4 中观察偶然误差的规律性，不难得出如下结论。

1. 绝对值相等的正误差和负误差出现的概率大体相同，因而大量等精度测量后各个误差的代数和有趋于零的趋势。

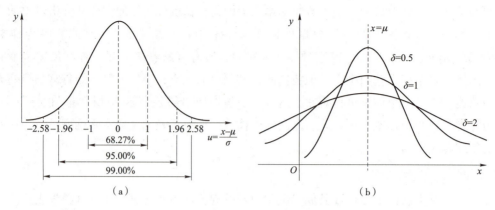

图 2 - 4　偶然误差的标准正态分布图

（a）偶然误差落在不同区间的概率；（b）不同 σ 的偶然误差正态分布图

2. 绝对值小的误差出现的概率大，绝对值大的误差出现的概率小，绝对值很大的误差出现的概率非常小。

3. σ 的大小反映了测量值的分散程度，即精密度。如 σ 小，精密度好，正态分布曲线图形瘦高；如 σ 大，精密度差，则正态分布曲线是矮胖的。

4. 在区间 $(\mu-\sigma, \mu+\sigma)$、$(\mu-1.96\sigma, \mu+1.96\sigma)$、$(\mu-2.58\sigma, \mu+2.58\sigma)$ 内取值的概率分别为 68.3%、95.0%、99.0%。根据统计学结论，在区间 $(\mu-3\sigma, \mu+3\sigma)$ 内取值的概率能够达到 99.7%，因此在误差处理中，把 3σ 称为极限误差。

（二）置信度与平均值的置信区间

分析实验报告是实验研究成果的总结，准确度较高的分析实验报告，应同时指出分析结果真值所在的范围，以及真值在此范围内的概率（置信度或置信水平），以此说明分析结果的可靠程度。在实际工作中，分析测量工作通常都是从总体中抽取样品进行有限次测量，然后由样品的测量结果求得有限次测量的平均值 $\bar{x}$、标准偏差 S，再用统计学方法推导出有限次测量的平均值与真值的关系，即

$$\mu = \bar{x} \pm t_{p,f}\frac{S}{\sqrt{n}} \tag{2-13}$$

式中，$t_{p,f}$ 是置信度为 $p=(1-\alpha)$ 的置信系数（α 称为显著性水平；$f=n-1$，称为自由度），可由 t 值表（表 2 - 4）查得，式 2 - 13 表示平均值的置信区间。报告分析结果时，除了特殊说明外，应该给出置信度为 95% 的平均值的置信区间。

表 2 - 4　t 值表

p	f			p	f		
	0.90	0.95	0.99		0.90	0.95	0.99
3	2.35	3.18	5.84	12	1.78	2.18	3.06
4	2.13	2.78	4.60	13	1.77	2.16	3.01
5	2.02	2.57	4.03	14	1.76	2.15	2.98
6	1.94	2.45	3.71	15	1.75	2.13	2.95
7	1.90	2.37	3.50	16	1.75	2.12	2.92
8	1.86	2.31	3.36	17	1.74	2.11	2.90
9	1.83	2.26	3.25	18	1.73	2.10	2.88
10	1.81	2.23	3.17	19	1.73	2.09	2.86
11	1.80	2.20	3.11	20	1.73	2.09	2.85

例 2 - 7　分析螺旋藻中多糖含量，六次平行样测量的结果分别为 0.715、0.711、0.704、0.709、0.708、0.712（g/g），求置信度分别为 0.90 和 0.95 时，测量结果的置信区间。

解： 根据题意得

$$\bar{x} = 0.710, \quad S = 0.004$$

查 t 值表 2 - 4 知 $t_{0.90,5} = 2.02$、$t_{0.95,5} = 2.57$，所以置信度为 0.90 时，平均值的置信区间为

$$\mu = \bar{x} \pm t_{p,f} \frac{S}{\sqrt{n}} = 0.710 \pm 2.02 \times \frac{0.004}{\sqrt{6}} = 0.710 \pm 0.004$$

置信度为 0.95 时，平均值的置信区间为

$$\mu = \bar{x} \pm t_{p,f} \frac{S}{\sqrt{n}} = 0.710 \pm 2.57 \times \frac{0.004}{\sqrt{6}} = 0.710 \pm 0.005$$

三、显著性检验

分析工作中常需要通过对分析数据的比较来评价和判断分析结果。例如，对某种物质建立了一种新的分析方法，该方法是否可靠？或者，两个实验室或两个操作人员采用相同方法对同样的试样进行分析，谁的结果准确？要回答这样的问题都需对分析结果进行检验，通过统计学方法判定分析数据之间是否具有显著性。如果分析数据间的差值超过了偶然误差允许的范围，那么数据间差异有显著性；如果分析数据间差值落在统计学上所允许偶然误差范围内，那么数据间的差异没有显著性，可以认为两者测量结果是一致的。统计检验的方法有很多，在定量分析中最常用是 F 检验和 t 检验。

1. F 检验法　是通过比较两组数据的方差（标准偏差的平方 S^2）来确定它们的精密度是否存在显著性差异。F 检验法的步骤是：首先计算出两个样本的标准偏差 S_1 和 S_2，然后计算方差比 F，规定方差大者为分子，小者为分母。计算结果以 $F_{计}$ 表示。

$$F_{计} = \frac{S_1^2}{S_2^2} \quad (S_1 > S_2) \tag{2-14}$$

接着再由两组数据的自由度 f（$f_1 = n_1 - 1$，$f_2 = n_2 - 1$），查表 2 - 5 得置信度为 95% 的 F 值（$F_{表}$），若 $F_{计} > F_{表}$，则表明两组数据之间有显著性差异；反之，则没有显著性差异。

表 2 - 5　95% 置信度时的分布值表（f_1 为 S 大的自由度）

f_1	f_2									
	2	3	4	5	6	7	8	9	10	∞
2	19.00	19.16	19.25	19.30	19.33	19.36	19.37	19.38	19.39	19.50
3	9.55	9.28	9.12	9.01	8.94	8.88	8.84	8.81	8.78	8.53
4	6.94	6.59	6.39	6.26	6.16	6.09	6.04	6.00	5.96	5.63
5	5.79	5.41	5.19	5.05	4.95	4.88	4.82	4.77	4.74	4.36
6	5.14	4.76	4.53	4.39	4.28	4.21	4.15	4.10	4.06	3.67
7	4.74	4.35	4.12	3.97	3.87	3.79	3.73	3.68	3.63	3.23
8	4.46	4.07	3.84	3.69	3.58	3.50	3.44	3.39	3.34	2.93
9	4.26	3.86	3.63	3.48	3.37	3.29	3.23	3.18	3.13	2.71
10	4.10	3.71	3.48	3.33	3.22	3.14	3.07	3.02	2.97	2.54
∞	3.00	2.60	2.37	2.21	2.10	2.01	1.94	1.88	1.83	1.00

例 2 - 8　用两种不同方法分析试样中硅百分含量的测量，方法 A 测量 6 次，$S_1 = 0.013$；方法 B 测量 9 次，$S_2 = 0.011$。两种方法有无显著性差异？

解：根据题意得

$$F_{计} = \frac{S_1^2}{S_2^2} = \frac{0.013^2}{0.011^2} = 1.4$$

又 $f_1 = 6 - 1 = 5$，$f_2 = 9 - 1 = 8$，查表 2 − 5 得 $F_表 = 3.69$。因为 $F_{计} < F_表$，所以两种方法没有显著性差异，精密度相当。

2. t 检验法 用来比较一个平均值与标准值之间或两个平均值之间是否存在显著性差异。进行 t 检验的程序如下。

（1）计算 t 值

1）当检验测量结果平均值 $\bar{x}$ 与标准试样的标准值 μ 之间是否有显著性差异时，按照下式计算 t 值。

$$t_{计} = |\bar{x} - \mu| \cdot \frac{\sqrt{n}}{S} \tag{2-15}$$

式中，S 为标准差。

2）当检验两个均值之间是否有显著性差异时，按照下式计算 t 值。

$$t_{计} = \frac{|\overline{x_1} - \overline{x_2}|}{S_合} \cdot \sqrt{\frac{n_1 \cdot n_2}{n_1 + n_2}} \tag{2-16}$$

式中，$S_合$ 为合并标准差，按下式计算。

$$S_合 = \sqrt{\frac{(n_1 - 1) S_1^2 + (n_2 - 1) S_2^2}{n_1 + n_2 - 2}} \tag{2-17}$$

式中，$\overline{x_1}$、$\overline{x_2}$ 分别为两个样本测量值的平均值；S_1、S_2 分别为两个样本的标准偏差；n_1 为第一个样本的测量次数；n_2 为第二个样本的测量次数。

（2）查表 2 − 4，得 $t_表$ 值 根据置信度 p（或显著性水平 α），自由度 $f = n_1 + n_2 - 2$，查表 2 − 4，得 $t_表$ 值。

（3）比较 t 值 如果由式 2 − 11（或式 2 − 12）计算的 $t_{计}$ 值大于 t 分布表中相应置信度 p 和相应自由度 $(f = n_1 + n_2 - 2)$ 下的临界值 $t_{p, f}$ 值（$t_表$），则表明被检验的两组均值间有显著性差异；反之，没有显著性差异。

应用 t 检验时，要求被检验的两组数据具有相同或相近的方差（标准差）。因此在 t 检验之前必须进行 F 检验，只有在两方差一致性前提下才能进行 t 检验。

例 2 − 9 某药物研究所化验室测量阿莫西林胶囊标准品（含阿莫西林 0.228 克/粒），得如下结果：测量 6 次，均值为 0.226 克/粒，$S = 0.5\%$，问此测量是否有系统误差？

解：根据题意得

$$t_{计} = |\bar{x} - \mu| \cdot \frac{\sqrt{n}}{S} = |0.228 - 0.226| \cdot \frac{\sqrt{6}}{0.5\%} = 0.98$$

查表 2 − 4，得 $t_{0.95, 5} = 2.57$，因此 $t_{计} < t_表$，说明此化验室的检测没有系统误差。

例 2 − 10 用硼砂及碳酸钠两种基准物质标定盐酸的浓度，所得结果分别为

| 用硼砂标定 | 0.098 96 | 0.098 91 | 0.099 01 | 0.098 96 | |
| 用碳酸钠标定 | 0.099 11 | 0.098 96 | 0.098 86 | 0.099 01 | 0.099 06 |

当置信度为 95% 时，用这两种基准物质标定盐酸是否存在显著性差异？

解：根据题意得

$$\overline{x_1} = 0.09896, \quad \overline{x_2} = 0.09897, \quad S_1 = 0.005\%, \quad S_2 = 0.01\%$$

$$F_{\text{计}} = \frac{S_2^2}{S_1^2} = 4，\text{又：} f_1 = 3，f_2 = 4，F_{\text{表}} = 9.12$$

所以 $F_{\text{计}} < F_{\text{表}}$，说明两种标定方法精密度没有显著性差异。

$$S_{\text{合}} = \sqrt{\frac{(n_1 - 1) S_1^2 + (n_2 - 1) S_2^2}{n_1 + n_2 - 2}} = \sqrt{\frac{(4 - 1) 0.005\%^2 + (5 - 1) 0.01\%^2}{4 + 5 - 2}} = 0.009\%$$

$$t_{\text{计}} = \frac{\overline{x_1} - \overline{x_2}}{S_{\text{合}}} \times \sqrt{\frac{n_1 \cdot n_2}{n_1 + n_2}} = \frac{|0.09896 - 0.09897|}{0.009\%} \cdot \sqrt{\frac{4 \times 5}{4 + 5}} = 0.166$$

查表 $2 - 4$，得 $t = 2.37$，因为 $t_{\text{计}} < t_{\text{表}}$，所以两种标定方法的均值无显著性差异。

目标检测

答案解析

一、单项选择题

1. 从精密度好就可断定分析结果可靠的前提是（　　）

    A. 随机误差小　　　　　　B. 系统误差小　　　　　　C. 平均偏差小

    D. 相对偏差小　　　　　　E. 标准偏差小

2. 下述情况中，使分析结果产生负误差的是（　　）

    A. 以盐酸标准溶液测量某碱样，所用滴定管未洗净，滴定时内壁挂液珠

    B. 测量 $H_2C_2O_4 \cdot H_2O$ 的摩尔质量时，草酸失去部分结晶水

    C. 用于标定标准溶液的基准物质在称量时吸潮了

    D. 用于标定标准溶液的基准物质倒入烧杯时，撒出少许

    E. 滴定时速度过快，并在到达终点后立即读取滴定管读数

3. 滴定时不慎从锥形瓶中溅失少许试液，属于（　　）

    A. 系统误差　　　　　　　B. 偶然误差　　　　　　　C. 过失误差

    D. 方法误差　　　　　　　E. 不能确定

二、多项选择题

1. 提高分析结果准确度的方法是（　　）

    A. 做空白试验　　　　　　B. 增加平行测定的次数　　C. 校正仪器

    D. 使用纯度为 98% 的基准物　E. 选择合适的分析方法

2. 系统误差产生的原因有（　　）

    A. 仪器误差　　　　　　　B. 方法误差　　　　　　　C. 偶然误差

    D. 试剂误差　　　　　　　E. 操作误差

3. 表示分析结果准确度高低用（　　）

    A. 相对偏差　　　　　　　B. 相对误差　　　　　　　C. 标准偏差

    D. 绝对误差　　　　　　　E. 平均偏差

三、名词解释

有效数字

四、简答题

分析过程中的系统误差可采用哪些措施来消除？

五、计算题

1. 已知分析化学常用的分析天平能称准至 ±0.0001g，如果要使试样的称量误差不大于0.1%，那么至少要称取试样多少克？

2. 测量某样品中的蛋白质含量，六次平行测量的结果是20.48%、20.55%、20.58%、20.60%、20.53%、20.50%。

（1）计算这组数据的平均值、平均偏差、相对平均偏差。

（2）若此样品是标准样品，蛋白质含量为20.45%，计算以上测量的绝对误差和相对误差。

书网融合……

重点小结

微课

习题

PPT

第三章 滴定分析法概论

学习目标

知识目标：通过本章的学习，应能掌握滴定分析法的基本术语、滴定液浓度的表示方法、滴定液的配制与标定方法、滴定分析计算的依据；熟悉滴定分析法对滴定反应的要求及滴定方式；了解滴定分析法的方法分类及特点。

能力目标：具备滴定分析具体操作的能力。

素质目标：通过本章的学习，树立科学严谨、认真负责的工作作风，培养学生理论联系实际的学习理念。

第一节 概　述

滴定分析法又称容量分析法，是将一种已知准确浓度的试剂溶液（即滴定液、滴定剂或标准溶液），通过滴定管滴加到被测物质的溶液中，直到所加的滴定液与被测物质按化学反应式所示的计量关系定量反应为止，然后根据所加的滴定液的浓度和体积，计算出被测物质含量的方法。它是一种简便、快速和应用广泛的定量分析方法，主要用于常量分析。滴定分析法有几种分类，具体的测定原理、条件及其运用，将在后面的章节中展开讨论，本章着重讨论滴定分析法的一般问题。

一、滴定分析法的基本术语 📱微课

滴定液是指已知准确浓度的试剂溶液，又称标准溶液。滴定是指将滴定液从滴定管逐滴加到被测物质溶液中的过程。当滴加的滴定液的量与被测物质的量正好符合化学反应式所示的计量关系时，称反应达到了化学计量点（简称计量点，以 *sp* 表示）。

在滴定分析中，到达化学计量点时，溶液的外观变化往往无法察觉，通常在被测溶液中需加入一种辅助试剂，借助它的颜色变化判断化学计量点的到达，这种辅助试剂称为指示剂。指示剂通常可分为酸碱指示剂、氧化还原指示剂、金属指示剂和沉淀指示剂等。

在滴定过程中，指示剂颜色发生改变的那一点，称为滴定终点（以 *ep* 表示）。滴定终点（实验测量值）与化学计量点（理论值）往往不完全一致，由此不一致所产生的误差称为终点误差（又称滴定误差、滴定终点误差，以 *TE* 表示）。在滴定分析中，应选择合适的指示剂，使滴定终点尽量接近化学计量点，以减小终点误差。

二、滴定分析法的分类

根据滴定液与被测物质之间所发生化学反应的类型不同，可将滴定分析法分为酸碱滴定法、氧化还原滴定法、沉淀滴定法和配位滴定法。

1. 酸碱滴定法　该分析方法以酸、碱发生中和反应为基础。其实质可用下式表示。

$$H^+ + OH^- \rightleftharpoons H_2O$$

酸碱中和反应的实质是质子的转移，一般能与酸、碱直接或间接发生质子转移的物质都能利用酸

碱滴定法测定。

2. 氧化还原滴定法　该分析方法以氧化还原反应为基础。其反应机制比较复杂，反应实质是基于电子的转移。根据滴定液的不同，氧化还原滴定法可分为碘量法、高锰酸钾法、亚硝酸钠法和铈量法等。如碘量法

$$3I_2 + 6OH^- \rightleftharpoons IO_3^- + 5I^- + 3H_2O$$

$$I_2 + 2S_2O_3^{2-} \rightleftharpoons 2I^- + S_4O_6^{2-}$$

该分析方法可用于测定氧化性物质或还原性物质。

3. 沉淀滴定法　该分析方法以沉淀反应为基础。目前应用较为广泛的是以生成难溶性银盐的反应为基础的沉淀滴定法——银量法，其反应如下。

$$Ag^+ + X^- \rightleftharpoons AgX\downarrow$$

其中 X^- 代表 Cl^-、Br^-、I^- 及 SCN^- 等离子。

4. 配位滴定法　该分析方法以配位反应为基础。氨羧配位剂是一类以氨基二乙酸为基体的配位剂，目前应用最广的是乙二胺四乙酸（EDTA）。其基本反应如下。

$$M + Y \rightleftharpoons MY$$

其中，M 代表金属离子；Y 代表 EDTA；MY 代表形成的配位化合物。

三、滴定分析法对滴定反应的要求及滴定方式

（一）滴定分析法对滴定反应的基本要求

滴定分析法是以滴定液和被测物质之间的化学反应为基础，对物质进行定量分析。它可应用于各种类型的化学反应，但并非所有化学反应都适用于滴定分析。能适用于滴定分析的化学反应必须具备下列条件。

1. 反应必须有确定的化学计量关系，不能有副反应发生。
2. 反应必须按化学反应式定量完成，即达到化学计量点时，反应的完成程度须达到99.9%以上。
3. 反应速率要快，对于速率较慢的反应，应有相应的措施加快其反应速率，如加热、加入催化剂等。
4. 必须有适宜的指示剂或简便可靠的方法来确定滴定终点。

（二）滴定方式

根据滴定方式的不同，滴定分析法可分为下列四种。

1. 直接滴定法　当滴定反应完全符合滴定分析法的基本要求时，可以将滴定液直接滴加到被测物质的溶液中，这种滴定方式称为直接滴定法。在滴定分析中，它是最常用、最基本的滴定方式。

2. 返滴定法　当反应物是固体或滴定反应速率慢，加入滴定液后反应不能立即定量完成，故不能用直接滴定法进行滴定。可在被测物质中，先加入定量且过量的滴定液，待反应完全后，用另一种标准溶液滴定剩余的滴定液，这种滴定方式称为返滴定法，又称剩余滴定法。

3. 置换滴定法　当滴定液与被测物质之间的化学反应无确定的计量关系，或伴有副反应发生时，不能用直接滴定法进行滴定。可在被测物质中，加入某种试剂与被测物质发生反应，置换出另一种物质，再用标准溶液滴定置换出的物质，这种滴定方式称为置换滴定法。

4. 间接滴定法　当被测物质与滴定液不能直接反应时，可先将被测物质与某种试剂反应转化成适当的产物，再用适当的滴定液滴定该产物，进而间接求得被测物质的含量，这种滴定方式称为间接滴定法。

在化学反应中，符合滴定分析法基本要求的反应非常有限，故返滴定法、置换滴定法、间接滴定

法等方法的应用扩大了滴定分析的应用范围。

四、滴定分析常用仪器

（一）分析天平

分析天平是进行准确称量的一种仪器，是定量分析工作中不可缺少的重要仪器。目前分析天平的种类越来越多，精密度越来越高。

1. 分析天平的分类　分析天平按结构分为双盘等臂电光天平、单盘减码式不等臂电光天平和电子天平。目前常用的几种分析天平的型号和主要规格见表 3 – 1。

表 3 – 1　常用的几种分析天平的型号和主要规格

名称	型号	最大载重量（g）	分度值（毫克/格）
全机械加码电光天平	TG – 328A	200	0.1
半机械加码电光天平	TG – 328B	200	0.1
电子天平	HZK – FA210	210	0.1
电子天平	FA2204B	200	0.1
电子天平	JA2603B	260	1
电子天平	JA5003B	500	1

分析天平的分类方法有很多，按称量范围分为常量天平、半微量天平、微量天平和超微量天平；根据国家标准 GB/T 26497—2022 规定，以天平的名义分度值与天平最大载荷之比将天平分成了 10 级；按用途分为检定天平、分析天平、精密天平和普通天平。

电子天平根据电磁力平衡原理制成，具有去皮、自校、记忆、计数、故障显示等功能。特点是性能稳定、操作简便、快速准确以及灵敏度高。电子天平的种类很多，如 JA 系列、JY 系列、FA 系列和 MS 系列等，如图 3 – 1 所示。不同型号的电子天平的操作方法略有不同，一般操作步骤如下。

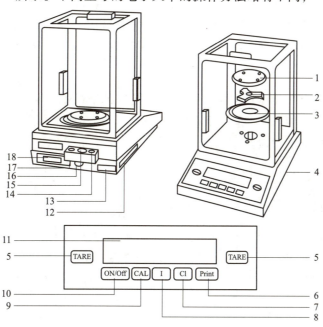

图 3 – 1　电子天平的构造

1. 秤盘；2. 秤盘支架；3. 屏蔽环；4. 地脚螺旋；5. 去皮键；6. 打印键；7. 清除键；8. 功能键；
9. 校正键；10. 开/关键；11. 显示器；12. 标签；13. 型号牌；14. 防盗装置；15. 水平仪；
16. 电源接口；17. 菜单去联锁开关；18. 数据接口

（1）调试　将天平置于稳定、平整的工作台上，调整水平调节螺丝使水泡处于水平仪中心位置，应避免天平震动、阳光照射、气流及强电磁波干扰。检查天平盘内是否干净，必要的话予以清扫。

（2）预热　接通电源，预热至规定时间。

（3）开机　轻按"ON"键，开机，指示灯全亮，天平进行显示自检，显示型号，稍后显示称量模式，即可开始使用。

（4）校准　首次使用天平称量之前或天平改变安放位置后必须进行校准。方法是在秤盘空载的情况下，用标准砝码进行校准。

（5）直接称量　按"TARE"键清零，打开天平侧门，将称量物置于秤盘上，关闭天平侧门，待数字不再变动后即得称量物的质量。打开天平侧门，取出称量物，关闭天平侧门。

（6）去皮称量　按"TARE"键清零，打开天平侧门，将容器至于秤盘上，关闭天平侧门，待天平稳定后按"TARE"键清零，即去除皮重。取出容器，将称量物置于容器中，将容器放回秤盘上，关闭天平侧门，待显示屏数值稳定后，读出称量物的准确质量。将秤盘上的物品取出后，显示屏显示负数，再按"TARE"键恢复至零。

（7）关机并记录　待称量全部结束后，按"OFF"键关闭天平，将天平还原。在天平的使用记录本上登记称量操作的时间和天平状态，并签名。整理好台面之后方可离开。

2. 称量方法

（1）直接称量法　是用于称取固体物品的质量，或一次称取一定质量的样品。被称量物质应不易潮解或升华。如称量某小烧杯的质量或称量某样品的质量。

（2）固定质量称量法　又称增量法，用于称量某一固定质量的试样。该方法操作速度慢，适用于不易吸潮，在空气中能稳定存在的粉末或小颗粒样品。如在滴定分析中，利用直接配制法配制滴定液时，需称量固定质量的基准物质。

（3）递减称量法　利用每两次称量之差求得试样的质量，又称差量法。适用于易挥发、易吸水、易氧化及易与二氧化碳反应的物质，也可用于连续称量多份样品或基准物质。其优点是将样品装在称量瓶中进行称量，可避免样品接触空气中的氧气、二氧化碳和水分等，不能直接称量的样品可采用此方法。递减称量法称取的试样质量应在一定范围内（一般要求在 $m \pm m \times 10\%$ 之间）。

（二）容量瓶

容量瓶是用于准确配制一定浓度溶液的容器。它是一种细长颈、梨形的平底玻璃瓶，配有磨口塞。瓶颈上刻有环状标线，瓶身上一般标示有温度和容积。当在所示温度下瓶内液体到达标线处时，该液体体积即为瓶上所注明的容积数。

1. 规格
容量瓶有棕色和无色两种，其规格有 2.5、5、10、25、50、100、250、500、1000ml 等，如图 3-2 所示。

2. 容量瓶的使用方法

（1）检漏　使用前检查瓶塞处是否漏水。具体操作方法：在容量瓶内装入半瓶水，塞紧瓶塞，用右手示指顶住瓶塞，另一只手五指托住容量瓶底，使其瓶口朝下，观察容量瓶瓶塞处是否漏水。若不漏水，将瓶正立且将瓶塞旋转180°后，再次倒立，检查是否漏水，若两次操作，容量瓶瓶塞周围皆无水漏出，则表明容量瓶不漏水。只能使用经检查不漏水的容量瓶。

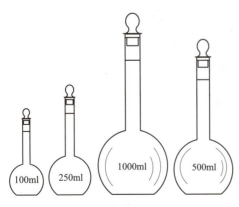

图 3-2　几种常见规格的容量瓶

（2）洗涤　若容量瓶无明显污渍，可先用自来水冲洗，再用纯化水润洗 2～3 次。若不能冲洗干净，则用铬酸洗液洗涤。

（3）配制溶液　将准确称量的固体溶质置于烧杯中，加少量溶剂溶解后，将该溶液转移至容量瓶中。用溶剂洗涤烧杯 2～3 次，并把洗涤液全部转移至容量瓶中，确保把溶质全部转移至容量瓶中。转移溶液时须用玻璃棒引流。操作时将玻璃棒一端靠在容量瓶颈内壁上，玻璃棒其他部位不能触及容量瓶口，以免溶液流到容量瓶外壁上，如图 3-3 所示。加入适量溶剂后，振摇，进行初混。

（4）向容量瓶中加入的液体液面离环状标线 0.5～1cm 时，应改用胶头滴管小心滴加，最后使液体的弯月面与标线正好相切。若加入的液体超过标线，则须重新配制。注意观察时眼睛与液面和标线应在同一水平面上。

（5）摇匀　定容之后，按照图 3-4 所示将容量瓶中的溶液摇匀，操作是盖紧瓶塞，左手示指按住塞子，右手指尖顶住瓶底边缘，将容量瓶倒转并振荡，再倒转过来，仍使气泡上升到顶，如此反复15～20 次，即可混匀。静置后若发现液面低于刻度线，不要再向容量瓶内添加溶剂，这是因为容量瓶内极少量溶液在瓶颈处润湿所损耗，不会对所配制溶液的浓度产生影响，否则，所配制的溶液浓度将会降低。

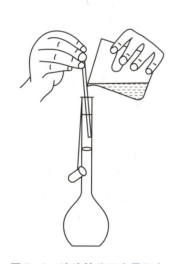

图 3-3　溶液转移至容量瓶中

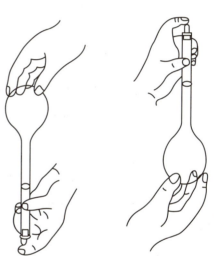

图 3-4　摇匀操作

3. 注意事项

（1）容量瓶购入后，先清洗后进行校准，校准合格后才能使用。

（2）大多数物质不能在容量瓶中直接溶解，应先将溶质溶解于烧杯中，然后用玻璃棒引流转移至容量瓶中。但易溶解且不发热的物质可以直接转入容量瓶中进行溶解。

（3）水与有机溶剂混合后会放热、吸热或发生体积变化。对于放热的，要先加入适量溶剂距标线约 0.5cm 处，放冷至室温后再定容至刻度；对于体积发生变化的，要加入适量溶剂（不要加至细颈处，以方便振摇），振摇后再加至距标线约 0.5cm 处，放置一段时间后再定容至刻度。

（4）溶解溶质的溶剂与洗涤烧杯的溶剂之和不能超过容量瓶的标线。

（5）不能对容量瓶加热。若溶质在溶解过程中放热，则须等溶液冷却后再转移至容量瓶中。因为容量瓶所标定的温度一般是 20℃，若转移至容量瓶中的溶液温度较高或较低，相应地容量瓶会发生热胀冷缩，致使其体积不准确，进而所配制的溶液浓度也不准确。

（6）容量瓶只能用于配制溶液，不能长时间储存溶液，因为瓶体可能会被储存的溶液腐蚀（尤其是碱性溶液），致使容量瓶的体积不准确。配制好的溶液可以保存在干燥的试剂瓶中。

（7）容量瓶使用完毕后，洗涤干净。在瓶口和瓶塞之间夹一小纸条，然后塞上瓶塞，以免长期放置后瓶口和瓶塞发生粘连。

（三）滴定管

滴定管是容量分析中最基本的测量仪器，它是由具有准确刻度的细长玻璃管及开关组成，在滴定时用来测定自管内流出溶液的体积。

1. 滴定管的规格　常量分析用的滴定管一般有 25ml 和 50ml，刻度小至 0.1ml，可估读到 0.01ml，读数误差一般有 ±0.02ml，所以每次滴定所用溶液体积最好在 20ml 以上，若滴定所用溶液体积过小，则滴定管读数误差影响较大。

半微量分析中使用的滴定管，刻度小至 0.02ml，可估读到 0.005ml。微量分析中使用的微量滴定管，其规格一般为 1~5ml，刻度小至 0.01ml，可估读到 0.002ml。

在滴定分析时，选用何种规格的滴定管见表 3-2。

表 3-2　滴定分析时滴定管的选择

消耗滴定液的体积	选用滴定管的规格
25ml 以上	50ml
15~25ml	25ml
10~15ml	15ml
10ml 以下	10ml 或 10ml 以下

2. 滴定管的种类

（1）酸式滴定管　是下端带有玻璃活塞的滴定管。其玻璃活塞是固定配合该滴定管的，不能任意更换。主要用于盛放酸性溶液或氧化性溶液，因碱性滴定液常使玻塞与玻孔黏合，以致难以转动，故碱性滴定液不宜用酸式滴定管［图 3-5（a）］。

（2）碱式滴定管　管端下部连有橡皮管，管内装一玻璃珠控制溶液的流速，一般用作碱性标准溶液的滴定。由于橡皮管的弹性可造成液面的变动，故其准确度不如酸式滴定管。具有氧化性的溶液或其他易与橡皮管起作用的溶液，如高锰酸钾溶液、碘溶液、硝酸银溶液等不能使用碱式滴定管［图 3-5（b）］。

另外滴定管有棕色和无色两种，棕色滴定管一般用于需避光的滴定液，如亚硝酸钠滴定液、高锰酸钾滴定液、碘滴定液等。

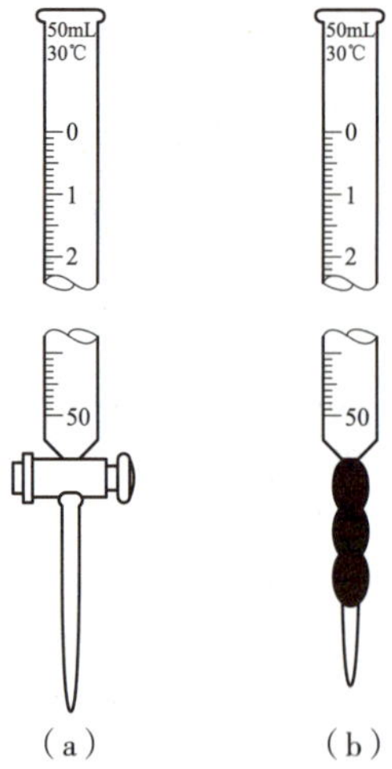

3. 滴定管的使用方法

（1）检漏　滴定管使用前，先检查是否漏水。方法是先关闭活塞（碱式滴定管无需此操作），将适量水装入滴定管中，直立两分钟，用滤纸在酸式滴定管活塞周围和管尖处检查是否有水渗出。然后将酸式滴定管的活塞旋转 180°，再直立 2 分钟，同样用滤纸检查。如皆不漏水，即可使用。

图 3-5　滴定管
（a）酸式；（b）碱式

若酸式滴定管活塞转动不灵活或漏水，则可在活塞上涂凡士林。操作如图 3-6 所示。通常是取出活塞，拭干，在活塞两端沿圆周抹一薄层凡士林作润滑剂，然后将活塞插入套内，顶紧，沿同一方向旋转几下使凡士林分布均匀（呈透明状态）即可，再在活塞尾端套一橡皮圈，将活塞固定在塞套内。注意凡士林不要涂得太多，否则易使活塞的小孔或滴定管下端管尖堵塞。

经检漏后，若碱式滴定管漏水，可稍稍转动玻璃珠，若仍漏水，则需更换橡皮管或玻璃珠。须注意碱式滴定管使用前应先检查橡皮管是否破裂或老化，检查玻璃珠大小是否适当，若有问题，应及时更换。

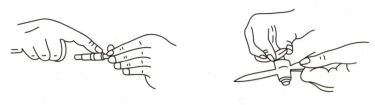

图 3 – 6 活塞涂凡士林

（2）洗涤　滴定管使用前必须先洗涤，洗涤时以不损伤内壁为原则，以内壁不挂水珠为洗净标准。若无明显污渍，可先用自来水冲洗，再用纯化水洗涤 2 ~ 3 次即可，若洗不干净，须用铬酸洗液洗涤。

酸式滴定管洗涤前，关闭活塞，倒入 1/2 ~ 1/3 滴定管体积的铬酸洗液，打开旋塞，放出少量洗液洗涤管尖，然后边转动边向管口倾斜，两手平持滴定管，使洗液布满全管，最后从管口放出（也可用铬酸洗液浸洗）。滴定管经洗液洗过后，先用自来水冲净，再用纯化水洗涤 2 ~ 3 次即可。

碱式滴定管的洗涤方法与酸式滴定管不同，碱式滴定管可以将管尖与玻璃珠取下，放入装有洗液的玻璃槽中浸洗，管体倒立于洗液中，用吸耳球将洗液吸上洗涤。滴定管经洗液洗过后，先用自来水冲净，再用纯化水洗涤 2 ~ 3 次即可。

（3）润洗及装液　洗涤干净的滴定管在使用前，必须用待装溶液润洗 2 ~ 3 次，以免滴定液被滴定管内壁的水稀释。加入待装溶液至滴定管 1/2 ~ 1/3 处，然后边转动边向管口倾斜，两手平持滴定管，使洗液布满全管，最后从管口放出润洗液。润洗后开始装液，注意不能经小烧杯或漏斗等转入滴定液，须将滴定液直接由试剂瓶注入滴定管中。

（4）排气泡　润洗后装液时，装入滴定管的标准溶液应超过标线零刻度以上，因滴定管口未充满溶液，要排气泡。

酸式滴定管排气泡的方法：迅速打开活塞使溶液冲出，排出气泡。碱式滴定管排气泡的方法（图 3 – 7）：将碱式滴定管管体竖直，胶管向上弯曲，左手拇指和示指用力捏挤玻璃珠，使溶液从尖嘴喷出，排出气泡。另外须对光检查橡胶管内气泡是否完全赶尽，因气泡一般藏在玻璃珠处，不易发现。

（5）读数　从滴定管夹子上取下滴定管，手持滴定管上端使其垂直于地面，读数时要注意视线与液面处在同一水平面上（图 3 – 8），否则将会引起误差。无色或浅色溶液读数时，应该在弯月面下缘最低点与刻线相切处；若标准溶液颜色太深，不能观察下缘时，可以读液面两侧最高点。注意每次测定标准溶液都应该装至刻度线的零刻度，这样平行测定时可以消除因滴定管上下刻度不均匀所造成的误差。读数时要求估读到 0.01ml。

图 3 – 7　碱式滴定管排出气泡

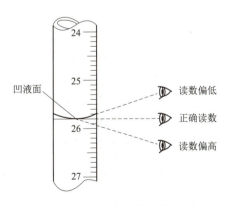

图 3 – 8　滴定管读数

气泡排出完毕后，再调节液面至 0.00ml 刻度处，即可进行滴定。

4. 滴定操作

（1）酸式滴定管的操作方法　将滴定管垂直地夹在滴定管夹上，左手控制旋塞，拇指在前，示指、中指在后，无名指和小指向手心弯曲，并轻贴出口管部分。用左手拇指、示指和中指控制旋塞转动，手指弯曲，手掌要空。右手拇指、示指和中指拿住锥形瓶颈部，瓶底离台 2 ～ 3cm，滴定管下端尖嘴部分伸入锥形瓶口 1 ～ 2cm，微动右手腕关节摇动锥形瓶，边滴边摇使滴下的溶液混合均匀。

规范摇动锥形瓶的方式为：右手执锥形瓶颈部，手腕用力使瓶底沿同一方向画圆，使溶液在锥形瓶内均匀旋转，形成漩涡。切勿使滴定管口与锥形瓶接触（图 3 – 9）。

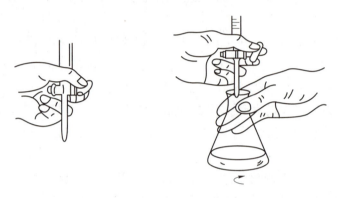

图 3 – 9　酸式滴定管的滴定操作

（2）碱式滴定管的操作方法　将滴定管垂直地夹在滴定管夹上，左手控制滴定管，拇指在前，示指在后，用其他三指辅助固定管尖。用拇指和示指捏住玻璃珠所在部位，向右侧挤压橡胶管，使玻璃珠偏向手心，进而使溶液从玻璃珠右侧的空隙中流出。切勿上下移动玻璃珠，也不要捏玻璃珠下端橡胶管，以免空气进入形成气泡，使体积造成误差。右手滴定操作方法同酸式滴定管（图 3 – 10）。

图 3 – 10　碱式滴定管的滴定操作

（3）滴定速度　滴定时，液体流速由快到慢，开始时被测溶液颜色无明显变化，滴速可以快些（3 ～ 4 滴/秒），但必须成滴，不应成液柱流下。接近终点时，应逐滴滴下，每加一滴即摇匀，观察溶液颜色是否变化。最后应使滴定液悬于管口（即半滴滴定液），用锥形瓶内壁靠下，然后用洗瓶中少量的纯化水冲下，摇匀，观察直至出现终点颜色且 30 秒内不变色，即为滴定终点。

（4）终点操作　终点时，立刻关闭活塞停止滴定。取下滴定管，右手持管上部无液部分，使滴定管垂直于水平面，正确读出数据。读数完毕后，弃去滴定管内剩余溶液，洗净后倒置于滴定管架上。

5. 滴定管使用的注意事项

（1）酸式滴定管长期不用时，活塞部位要垫上纸条；碱式滴定管长期不用时，橡胶管应拔下保存。

（2）挤压橡胶管的过程中不可过分用力，以免溶液流出过快。

（3）转动活塞时，中指及食指不要伸直，应微微弯曲，轻轻向左扣住，这样既容易操作，又可防止把活塞顶出。

（4）每次滴定须从零刻度开始，以抵消滴定管的刻度误差。

（5）在装满滴定液后，滴定前"初读"零点，应静置1~2分钟再读一次，如液面读数仍为零才能滴定。达到滴定终点后，须等1~2分钟，使附着在内壁的滴定液流下来后再读数，"终读"也读两次。读数时视线与液面最低点处在同一水平面上，"初读"和"终读"的标准一致。

（四）移液管

移液管是用于精确移取一定体积液体的量器，它是一种量出式仪器。

1. 移液管的规格　分为腹式吸管和刻度吸管两种，如图3-11所示。腹式吸管是中间有一膨大部分的细长玻璃管，其下端为尖嘴状，上端管颈处刻有一环状标线，表明所移取的准确体积。常用的规格有5、10、20、25、50ml等。通常把具有刻度的直形玻璃管称为刻度吸管，又称吸量管。常用的吸量管有1、2、5、10ml等规格。刻度吸管可以移取在其刻度范围内的不同体积的液体，其体积通常可准确到0.01ml。

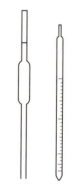

图3-11　移液管

2. 移液管的使用方法

（1）洗涤　洗涤程序同滴定管，若用自来水洗不干净，应先用铬酸洗液润洗，以除去管内壁的油污。方法是用洗耳球将洗液吸至移液管1/2~1/3处，平持移液管，慢慢转动直至内壁全部布满洗液，将洗液放至原洗液瓶中（若仍不净，可将移液管置于装有洗液的玻璃缸内浸泡一段时间），然后用自来水冲洗残留的洗液，再用纯化水润洗2~3次。洗净后的移液管内壁应不挂水珠。移取溶液前，应先用滤纸将移液管外壁的水吸干，然后用待移取的溶液润洗2~3次，确保所移取溶液的浓度不变。

（2）移液　用右手的拇指和中指捏住移液管的上端，将移液管的下口插入待吸取的溶液中，插入深度一般为1~2cm。左手拿洗耳球，先把球中空气挤出，然后将球的尖嘴接在移液管上口，慢慢松开压扁的洗耳球将溶液吸入移液管内，注意观察液面位置，待液面至刻度标线以上1~2cm时，立即用右手的示指按住管口。

（3）调节液面　将移液管向上提升离开溶液，用滤纸条擦拭移液管下端外壁，将移液管置于烧杯上方，管身保持垂直，稍放松示指（亦可慢慢转动移液管）使管内溶液缓缓从下口流出，直至溶液的弯月面与标线相切为止，立即用示指压紧管口。将移液管尖端的液滴靠在烧杯壁上弃去，移出移液管，插入接受溶液的器皿中（图3-12）。

（4）放出溶液　接受溶液的器皿若是锥形瓶，应使锥形瓶倾斜30°，移液管直立，尖端紧靠锥形瓶内壁，稍松开示指，使溶液沿锥形瓶瓶壁慢慢流下，待溶液流出完毕，等15秒后再移出移液管，使附着在管壁的溶液流出。若移液管未标明"吹"字，则残留在移液管尖端的溶液不可吹出；若移液管标明"吹"字，则应将移液管尖端的溶液吹出（图3-13）。

3. 移液管的使用注意事项

（1）移液管插入待移取溶液中，深浅应适当，太浅会吸空，把溶液吸到洗耳球内污染溶液，太深又会在管外黏附过多溶液。

（2）在实验中移液管与待移取溶液应一一对应，不应串用以避免污染。移液管使用后，应洗净放在移液管架上。

（3）使用刻度吸管时，应从刻度最上端开始放出所需体积，而不是需要多少体积只吸取多少体积放出。

（4）移取溶液时，应选用体积大小适当的移液管，不能采用两个或两个以上的移液管分次移取，然后相加来量取所需体积的溶液。

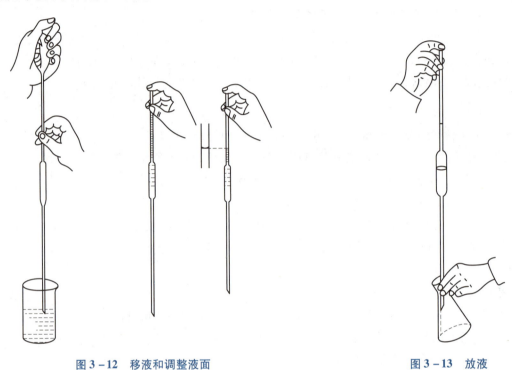

图 3-12　移液和调整液面　　　　　　　　　　　　　　图 3-13　放液

第二节　基准物质与滴定液

一、基准物质及试剂分类

（一）基准物质

基准物质是一种高纯度的、化学性质稳定且组成与化学式高度一致的物质。可用它直接配制滴定液或标定滴定液。基准物质应符合以下要求。

1. 组成与化学式要完全相符。若含结晶水，其含量也应与化学式相符合，如 $H_2C_2O_4 \cdot 2H_2O$ 等。

2. 物质纯度要高，主要成分含量在 99.9% 以上。

3. 物质性质要很稳定，不被空气中的氧所氧化，不吸收空气中的 CO_2 和水等。

4. 参加反应时，按反应式定量地进行，不发生副反应。

5. 物质的摩尔质量要尽可能大，以减少称量误差。

常用的基准物质有纯金属和纯化合物，如 Cu、Zn、Fe、NaCl、Na_2CO_3、$Na_2B_4O_7 \cdot 10H_2O$ 等。

（二）试剂分类

化学试剂品种繁多，其分类方法目前尚未统一，标准不同，则分类不同。根据纯度及杂质含量的多少，可以分为优级纯试剂、分析纯试剂、化学纯试剂和实验试剂几个等级。

1. 优级纯试剂（GR）　又称一级品或保证试剂，纯度≥99.8%，这种试剂纯度很高，杂质含量很低，适用于精密的分析工作和科学研究工作，使用绿色瓶签。

2. 分析纯（AR）　又称二级试剂，纯度≥99.7%，略次于优级纯，适合于工业分析及一般研究工作，使用红色瓶签。

3. 化学纯（CP）　又称三级试剂，纯度≥99.5%，适用于学校分析工作。使用蓝色（深蓝色）瓶签。

4. 实验试剂（LR）　又称四级试剂，纯度较差，杂质含量较高。适用于一般的实验和合成制备。使用黄色瓶签。

化学试剂除了以上几个等级之外，还有基准试剂、高纯试剂等。基准试剂是纯度高、杂质少、稳定性好且化学组分恒定的化合物。基准试剂可作为基准物质，用于直接配制滴定液或标定溶液的浓度。高纯试剂又称为超纯试剂，是指纯度远高于优级纯的试剂，质量分数≥999.99%。目前除少数产品制定国家标准外，大部分高纯试剂的质量标准还不是很统一，有高纯、特纯、超纯、光谱纯等不同分类，特别适用于一些痕量分析中。

另外，标准物质是一种已经确定了具有一个或多个足够均匀的特性值的物质或材料。它是分析工作中量值的基础，要求非常高，应有国家权威机构提供。它主要应用于校准测量仪器和装置、评价测量分析方法、考核分析人员的操作技术水平、控制生产过程中产品的质量等。

二、滴定液浓度表示方法

1. 物质的量浓度　是指单位体积溶液中含溶质 B 的物质的量，简称浓度，以符号 c_B 表示，即

$$c_B = \frac{n_B}{V} \tag{3-1}$$

式中，c_B 为物质的量浓度，简称浓度，mol/L；n_B 为 B 物质的物质的量，mol；V 为溶液的体积，L。

计算 B 物质的物质的量浓度，首先要知道 B 物质的物质的量，即

$$n_B = \frac{m_B}{M_B} \tag{3-2}$$

式中，m_B 为 B 物质的质量，g；n_B 为 B 物质的物质的量，mol；M_B 为 B 物质的摩尔质量，g/mol。

例 3-1　1L NaCl 溶液中含有 NaCl 58.5g，请计算 NaCl 溶液的物质的量浓度。

解： NaCl 的摩尔质量为 58.5g/mol，根据式 3-2 可得

$$n_{NaCl} = \frac{m_{NaCl}}{M_{NaCl}} = \frac{58.5g}{58.5g/mol} = 1mol$$

根据式 3-1 可得

$$c_{NaCl} = \frac{n_{NaCl}}{V} = \frac{1mol}{1L} = 1mol/L$$

故 NaCl 溶液的物质的量浓度为 1mol/L。

2. 滴定度　在常规分析中，为了使计算简便快速，也用滴定度表示滴定液的浓度。滴定度指每毫升滴定液相当于被测物质的质量，以 $T_{T/B}$ 表示。

$$T_{T/B} = \frac{m_B}{V_T} \tag{3-3}$$

式中，m_B 为被测物质 B 的质量，g；V_T 为溶液的体积，ml；$T_{T/B}$ 为滴定度，g/ml。

例 3 – 2　已知 $T_{K_2Cr_2O_7/Fe^{2+}} = 0.005000g/ml$，用该浓度的 $K_2Cr_2O_7$ 滴定液测定某溶液中 Fe^{2+} 的质量，滴定终点时，消耗 $K_2Cr_2O_7$ 滴定液 $10.00ml$，计算被测溶液中 Fe^{2+} 的质量。

解： 已知 $T_{K_2Cr_2O_7/Fe^{2+}} = 0.005000g/ml$，根据式 3 – 3 可得

$$m_{Fe^{2+}} = T_{K_2Cr_2O_7/Fe^{2+}} \cdot V_{K_2Cr_2O_7}$$
$$= 0.005000 \times 10.00$$
$$= 0.05000 \ （g）$$

故被测溶液中 Fe^{2+} 的质量为 $0.05000g$。

三、滴定液的配制与标定

（一）滴定液的配制

1. 直接配制法　是指精密称取一定量的基准物质，用适当的溶剂溶解后，定量地转移到容量瓶中，稀释至刻线，根据称取的物质的质量和溶液的体积，可算出滴定液的准确浓度。只有基准物质可采用此法配制。

例如，精密称取 $1.060g$ 基准物质 Na_2CO_3，置于烧杯中，用纯化水溶解后，转移至 $1L$ 容量瓶中，用纯化水稀释至刻度，即得 $0.01000mol/L\ Na_2CO_3$ 滴定液。

2. 标定法　很多物质不符合基准物质的条件，不能用直接配制法配制其滴定液。可先将其配制成接近于所需浓度的溶液，再用基准物质或另一种滴定液来测定该溶液的准确浓度，这个操作过程称为标定法。

例如，欲配制 $0.1mol/L\ NaOH$ 滴定液，可先称取 $NaOH$ 固体，配制成约 $0.1mol/L\ NaOH$ 溶液，然后称取一定量的基准物质邻苯二甲酸氢钾进行标定或用已知准确浓度的 HCl 滴定液进行标定，即可求得 $NaOH$ 滴定液的准确浓度。

（二）滴定液的标定

利用基准物质按直接配制法配制滴定液，通过计算可得到其准确浓度。而采用标定法，必须通过标定才能得到待标定溶液的准确浓度，标定的方法有两种。

1. 基准物质标定法

（1）多次称量法　精密称取若干份基准物质，用适量溶剂分别溶解于不同锥形瓶中，然后用待标定的滴定液滴定，依据基准物质的质量和所消耗的待标定滴定液的体积，可计算出待标定滴定液的准确浓度。

（2）移液管法　精密称取一份基准物质，用适量溶剂溶解于烧杯中，定量转移至容量瓶中，稀释至刻度，摇匀备用。然后用移液管定量移取于锥形瓶中，用待标定的滴定液滴定，平行测定若干次，即可算出待标定滴定液的准确浓度。

2. 比较法标定　准确移取一定体积的已知准确浓度的滴定液，用待标定的溶液进行滴定，或准确移取一定体积的待标定溶液，用已知准确浓度的滴定液进行滴定。然后根据滴定液的浓度和所消耗的两种溶液的体积，可算出待标定溶液的浓度。这种用已知准确浓度的滴定液来测定待标定溶液准确浓度的操作过程称为比较法。此法操作简便，但精确度不及基准物质标定法。

不管采取基准物质标定法，还是滴定液比较法，一般都要平行测定 3 ~ 4 次，测定结果的误差和偏差应符合规定。对于一些在放置过程中不稳定的滴定液，2 个月后，需重新标定。

第三节　滴定分析计算

一、滴定分析计算的依据

（一）计算依据

被测物质与滴定液之间的反应称为滴定反应。在滴定分析中，设 T 为滴定液，B 为被测物质，C 和 D 为生成物，则滴定反应可如下表示。

$$bB + tT \rightleftharpoons cC + dD$$

当滴定反应到达化学计量点时，t mol T 物质与 b mol B 物质恰好完全反应，即被测物质（B）与滴定液（T）的物质的量之间的化学计量关系为

$$n_B : n_T = b : t$$

即

$$n_B = \frac{b}{t}n_T \text{ 或 } n_T = \frac{t}{b}n_B \tag{3-4}$$

（二）滴定分析计算的基本公式

1. 滴定液浓度的计算公式

（1）直接配制法　已知基准物质 T 的摩尔质量为 M，单位为 g/mol；将基准物质 T 配制成体积为 V 的滴定液，根据溶质在配制前后物质的量相等的原则有

$$\frac{m_T}{M_T} = c_T V_T \tag{3-5}$$

（2）标定法

1）基准物质标定法　根据式 3-4 可得，用基准物质 B 标定滴定液的计算公式为

$$n_B = \frac{b}{t}n_T$$

即

$$\frac{m_B}{M_B} = \frac{b}{t}c_T V_T \tag{3-6}$$

2）比较法标定　以浓度为 c_T 的滴定液 T 标定体积为 V_B 的被测物质 B 的溶液，到达化学计量点时，若消耗 V_T（ml）滴定液 T，则待标定溶液中物质 B 的物质的量浓度为

$$c_B V_B = \frac{b}{t}c_T V_T \tag{3-7}$$

2. 物质的量浓度与滴定度的相互换算公式　由滴定度的定义、式 3-3 及式 3-6 得，滴定液对被测物质的滴定度为

$$T_{T/B} = \frac{b}{t}c_T M_B \times 10^{-3} \tag{3-8}$$

3. 被测物质含量的计算公式　滴定分析中，可以用质量分数表示被测物质的含量，质量分数是指纯物质的质量与供试品的质量之比，用 ω_B 表示。《中国药典》（现行版）中药物含量常用百分含量表示，将质量分数乘以 100% 即可。

设供试品的质量为 m_s，纯物质的质量为 m_B。由 $\omega_B = m_B/m_s$ 和式 3-6 可得

$$\omega_{B} = \frac{bc_{T}V_{T}M_{B}}{tm_{s}} \tag{3-9}$$

若体积 V_T 的单位为 ml，则

$$\omega_{B} = \frac{bc_{T}V_{T}M_{B}}{tm_{s}} \times 10^{-3} \tag{3-10}$$

则百分含量为

$$B\% = \frac{bc_{T}V_{T}M_{B}}{tm_{s}} \times 10^{-3} \times 100\% \tag{3-11}$$

当滴定液的浓度用滴定度表示时，则

$$\omega_{B} = \frac{m_{B}}{m_{s}} = \frac{T_{T/B}V_{T}}{m_{s}} \tag{3-12}$$

$$或\ B\% = \frac{m_{B}}{m_{s}} = \frac{T_{T/B}V_{T}}{m_{s}} \times 100\% \tag{3-13}$$

知识链接

滴定度是指在规定了滴定液的物质的量浓度的前提下，该滴定液对某药品的滴定度。然而在工作中，滴定液实际的物质的量浓度往往与规定浓度不完全一致。如果在计算中要使用该滴定度，必须用校正因数 F 进行校正，F 等于实际浓度除以规定浓度，其值应在 $0.95 \sim 1.05$，计算公式如下。

$$F = \frac{c_{实际}}{c_{规定}}$$

则

$$\omega_{B} = \frac{m_{B}}{m_{s}} = \frac{T_{T/B}V_{T}F}{m_{s}}$$

$$B\% = \frac{m_{B}}{m_{s}} = \frac{T_{T/B}V_{T}F}{m_{s}} \times 100\%$$

二、滴定分析计算典型实例

（一）滴定液浓度的计算实例

1. 直接配制法的计算实例

例 3-3 精密称取基准物质邻苯二甲酸氢钾 2.5635g，加适量水溶解后，定量转移至 100ml 容量瓶中，加水稀释至刻度，摇匀。求该邻苯二甲酸氢钾滴定液的物质的量浓度。

解： 根据式 3-1 和式 3-2 可得

$$c_{C_8H_5KO_4} = \frac{n_{C_8H_5KO_4}}{V} = \frac{m_{C_8H_5KO_4}}{M_{C_8H_5KO_4} \cdot V} = \frac{2.5635}{204.22 \times 100 \times 100^{-3}} = 0.1255\text{mol/L}$$

故该邻苯二甲酸氢钾滴定液的物质的量浓度为 0.1255mol/L。

2. 标定法的计算实例

例 3-4 精密称取基准物质无水碳酸钠 0.1255g，置于 250ml 锥形瓶中，加适量水溶解后，用待标定的 HCl 溶液进行滴定，以甲基橙为指示剂，到达滴定终点时共消耗 22.54ml HCl 溶液。求该 HCl 溶液的物质的量浓度。

解： $$Na_2CO_3 + 2HCl \Longrightarrow 2NaCl + CO_2\uparrow + H_2O$$

根据 Na_2CO_3 和 HCl 的反应式及式 3-6 可得

$$\frac{m_{Na_2CO_3}}{M_{Na_2CO_3}} = \frac{b}{t}c_{HCl}V_{HCl}$$

$$\frac{0.1255}{106.0} = \frac{1}{2}c_{HCl} \times 22.54 \times 10^{-3}$$

$$c_{HCl} = 0.1050 \text{ （mol/L）}$$

故该 HCl 溶液的物质的量浓度为 0.1050mol/L。

例 3 - 5　精密移取待标定 NaOH 溶液 25.00ml，置于锥形瓶中，用 HCl 滴定液（0.1135mol/L）进行滴定，到达滴定终点时共消耗 24.26ml HCl 滴定液。求该 NaOH 溶液的物质的量浓度。

解：
$$NaOH + HCl \Longrightarrow NaCl + H_2O$$

根据 NaOH 和 HCl 的反应式及式 3 - 7 可得

$$c_{NaOH}V_{NaOH} = \frac{b}{t}c_{HCl}V_{HCl}$$

$$c_{NaOH} \times 25.00 \times 10^{-3} = \frac{1}{1} \times 0.1135 \times 24.26 \times 10^{-3}$$

$$c_{NaOH} = 0.1101 \text{ （mol/L）}$$

故该 NaOH 溶液的物质的量浓度为 0.1101mol/L。

（二）物质的量浓度与滴定度的相互换算实例

1. 已知滴定液的浓度，求滴定度

例 3 - 6　已知 $AgNO_3$ 滴定液的浓度为 0.1028mol/L，求该 $AgNO_3$ 滴定液对 NaCl 的滴定度。

解：
$$AgNO_3 + NaCl \Longrightarrow AgCl \downarrow + NaNO_3$$

根据 $AgNO_3$ 和 NaCl 的反应式及式 3 - 8 可得

$$T_{AgNO_3/NaCl} = \frac{b}{t}c_{AgNO_3}M_{NaCl} \times 10^{-3}$$

$$T_{AgNO_3/NaCl} = \frac{1}{1} \times 0.1028 \times 58.44 \times 10^{-3}$$

$$= 0.006014 \text{ （g/ml）}$$

故该 $AgNO_3$ 滴定液对 NaCl 的滴定度为 0.006014g/ml。

2. 已知滴定度，求滴定液的浓度

例 3 - 7　已知某 HCl 滴定液对 CaO 的滴定度为 0.002786g/ml，求该 HCl 滴定液的浓度。

解：
$$CaO + 2HCl \Longrightarrow CaCl_2 + H_2O$$

根据 CaO 和 HCl 的反应式及式 3 - 8 可得

$$T_{HCl/CaO} = \frac{b}{t}c_{HCl}M_{CaO} \times 10^{-3}$$

$$c_{HCl} = \frac{tT_{HCl/CaO}}{bM_{CaO}} \times 10^3$$

$$c_{HCl} = 2 \times \frac{0.002786}{56.08} \times 10^3$$

$$= 0.09936 \text{ （mol/L）}$$

故该 HCl 滴定液的浓度为 0.09936mol/L。

（三）被测物质含量的计算实例

1. 利用被测物质的摩尔质量计算物质含量的实例

例 3 - 8　精密称取 $CaCO_3$ 试样 0.1852g，置于锥形瓶中，加适量水溶解，并加适量指示剂，用

HCl 滴定液（0.1105mol/L）滴定，到达滴定终点时，消耗该 HCl 滴定液 22.36ml，求试样中 $CaCO_3$ 的百分含量。

解：
$$CaCO_3 + 2HCl \Longrightarrow CaCl_2 + CO_2 \uparrow + H_2O$$

根据 $CaCO_3$ 和 HCl 的反应式及式 3-11 可得

$$CaCO_3\% = \frac{bc_T V_T M_{CaCO_3} \times 10^{-3}}{tm_s} \times 100\%$$

$$CaCO_3\% = \frac{1}{2} \times \frac{0.1105 \times 22.36 \times 100.09 \times 10^{-3}}{0.1852} \times 100\%$$

$$= 66.77\%$$

故该试样中 $CaCO_3$ 的百分含量为 66.77%。

2. 利用滴定度计算物质含量的实例

例 3-9 精密称取供试品草酸（$H_2C_2O_4$）0.1524g，置于锥形瓶中，加适量水溶解，并加适量指示剂，用 KOH 滴定液（0.1053mol/L）滴定，到达滴定终点时，消耗该 KOH 滴定液 24.28ml，求（1）该 KOH 滴定液（0.1053mol/L）对 $H_2C_2O_4$ 的滴定度；（2）该供试品中草酸的质量分数；（3）该供试品中草酸的百分含量。

解：
$$H_2C_2O_4 + 2KOH \Longrightarrow K_2C_2O_4 + 2H_2O$$

（1）根据 $H_2C_2O_4$ 和 KOH 的反应式及式 3-8 可得

$$T_{KOH/H_2C_2O_4} = \frac{b}{t} c_{KOH} M_{H_2C_2O_4} \times 10^{-3}$$
$$= \frac{1}{2} \times 0.1053 \times 90.04 \times 10^{-3}$$
$$= 0.004762 \ (g/ml)$$

（2）根据式 3-12 可得

$$\omega_{H_2C_2O_4} = \frac{T_{KOH/H_2C_2O_4} V_{KOH}}{m_S}$$
$$= \frac{0.004762 \times 24.28}{0.1524}$$
$$= 0.7587$$

（3）根据式 3-13 可得

$$H_2C_2O_4\% = \frac{T_{KOH/H_2C_2O_4} V_{KOH}}{m_S} \times 100\%$$
$$= 75.87\%$$

故该 KOH 滴定液（0.1053mol/L）对草酸的滴定度为 0.004762g/ml；该供试品中草酸的质量分数为 0.7587；该供试品中草酸的百分含量为 75.87%。

（四）估算应称物质质量的计算实例

例 3-10 欲配制 0.2042mol/L 硼砂（$Na_2B_4O_7 \cdot 10H_2O$）滴定液 1000.0ml 应精密称取硼砂多少克？

解： 根据式 3-5 可得

$$\frac{m_{Na_2B_4O_7 \cdot 10H_2O}}{M_{Na_2B_4O_7 \cdot 10H_2O}} = c_{Na_2B_4O_7 \cdot 10H_2O} \cdot V_{Na_2B_4O_7 \cdot 10H_2O}$$

$$m_{Na_2B_4O_7 \cdot 10H_2O} = 0.2042 \times 1000 \times 10^{-3} \times 381.4$$

$$= 77.88（g）$$

例 3 – 11 标定 0.11mol/L NaOH 溶液时，为使滴定终点时消耗 NaOH 溶液的体积在 15 ~ 20ml，应称取基准物质邻苯二甲酸氢钾的质量范围是多少？

解：
$$C_8H_5KO_4 + NaOH \rightleftharpoons C_8H_4O_4KNa + H_2O$$

当消耗 NaOH 溶液 15ml 时，根据式 3 – 6 可得

$$\frac{m_{C_8H_5KO_4}}{M_{C_8H_5KO_4}} = \frac{b}{t}c_{NaOH}V_{NaOH}$$

$$m_{C_8H_5KO_4} = \frac{1}{1} \times 0.11 \times 15 \times 204 \times 10^{-3}$$

$$= 0.34（g）$$

当消耗 NaOH 溶液 20ml 时，同理可得

$$m_{C_8H_5KO_4} = \frac{1}{1} \times 0.11 \times 20 \times 204 \times 10^{-3}$$

$$= 0.45（g）$$

故应称取基准物质邻苯二甲酸氢钾的质量范围是 0.34 ~ 0.45g。

（五）估算消耗滴定液体积的计算实例

例 3 – 12 为标定 0.1mol/L NaOH 溶液的准确浓度，精密移取 20ml 该 NaOH 溶液，用盐酸滴定液（0.1205mol/L）进行滴定，问滴定终点时约消耗盐酸滴定液（0.1205mol/L）的体积是多少？

解：
$$HCl + NaOH \rightleftharpoons NaCl + H_2O$$

根据反应式和式 3 – 7 可得

$$c_{NaOH}V_{NaOH} = \frac{b}{t}c_{HCl}V_{HCl}$$

$$0.1 \times 20 = \frac{1}{1} \times 0.1205 V_{HCl}$$

$$V_{HCl} = 16.60（ml）$$

故滴定终点时约消耗盐酸滴定液的体积是 16.60ml。

实训一 分析天平及滴定分析仪器的使用练习

一、实训目的

1. 熟练掌握分析天平的操作方法。
2. 熟练掌握容量瓶、滴定管及移液管的使用方法。
3. 电子分析天平的基本构造。

二、实训原理

1. 托盘天平是根据杠杆原理设计制成的。电子天平是根据电磁力平衡原理设计制成的。

2. 滴定分析法的原理是将一种已知准确浓度的滴定液，通过滴定管滴加到被测物质的溶液中，直到所加的滴定液与被测物质按化学反应式所示的计量关系定量反应为止，然后根据所加的滴定液的浓度和体积，计算出被测物质含量的方法。例如：

$$Na_2CO_3 + 2HCl \rightleftharpoons 2NaCl + CO_2 \uparrow + H_2O$$

$$NaOH + HCl \rightleftharpoons NaCl + H_2O$$

三、实训用品

1. 仪器 托盘天平、电光天平、电子天平、称量瓶、表面皿、容量瓶、酸式滴定管、碱式滴定管、移液管、锥形瓶、洗耳球、洗瓶、滴管、烧杯、玻璃棒等。

2. 试剂 固体 Na_2CO_3、HCl（0.1mol/L）、NaOH（0.1mol/L）、甲基橙指示剂、酚酞指示剂、纯化水等。

四、实训操作

1. 操作步骤

（1）认识分析天平的结构，容量瓶、滴定管、移液管的规格和分类。

（2）分析天平的称量练习 以电子分析天平为例。利用递减称量法称取 3 份质量约为 0.50g 的 Na_2CO_3 样品，每份样品的质量在 0.45～0.55g。操作方法是用滤纸条从干燥器中取出称量瓶（图 3－14），用纸片夹住瓶盖柄打开瓶盖，用药匙加入适量 Na_2CO_3 样品（略多于所需总量，但不超过称量瓶容积的三分之二），盖上瓶盖，置于天平秤盘中央，待数字稳定后，记录质量为 m_1。用滤纸条取出称量瓶，在预先备好的接收器（如锥形瓶）上方倾斜瓶身，用瓶盖轻轻敲击称量瓶口使试样慢慢落入接收器中。当估计试样质量接近 0.50g 时，将瓶身缓缓竖直，同时继续用瓶盖轻轻敲击称量瓶口，使黏在称量瓶口的试样落回称量瓶中，盖好瓶盖。再将称量瓶放入天平秤盘中央，待数字稳定后，记录质量为 m_2，则质量减少量即为试样质量。即第一份试样的质量 $P_1 = m_1 - m_2$。

图 3－14 称量瓶的使用

若敲出质量多于所需质量，则须重新称量。重复以上操作，可称取多份试样。

计算 3 份 Na_2CO_3 试样的质量分别为

$$P_1 = m_1 - m_2$$

$$P_2 = m_2 - m_3$$

$$P_3 = m_3 - m_4$$

（3）容量瓶的操作练习 试漏→洗涤→转移溶液（先以纯化水代替）→淋洗烧杯→再次转移溶液→定容→摇匀。

（4）移液管的操作练习 洗涤→待装溶液润洗（先以纯化水代替）→吸液→调液面→放液于容器中。

（5）滴定管的操作练习

1）酸式滴定管的操作练习 检漏→洗涤→用 0.1mol/L HCl 溶液润洗→装液至零刻度以上→排出

气泡→调好零点。用移液管精密移取 25.00ml 0.1mol/L NaOH 溶液，置于锥形瓶中，加 1 滴甲基橙指示剂，用该 HCl 溶液滴定至混合溶液颜色由黄色变为橙色，即为滴定终点，重复练习 3 次。

2）碱式滴定管的操作练习　检漏→洗涤→用 0.1mol/L NaOH 溶液润洗→装液至零刻度以上→排出气泡→调好零点。用移液管精密移取 25.00ml 0.1mol/L HCl 溶液，置于锥形瓶中，加 2 滴酚酞指示剂，用该 NaOH 溶液滴定至混合溶液颜色由无色变为浅红色且 30 秒内不褪色，即为滴定终点，重复练习 3 次。

2. 数据记录　递减称量法称取 Na_2CO_3 样品的质量进行记录。

质量（g）	编号		
	I	II	III
倾出样品前称量	m_1	m_2	m_3
倾出样品后称量	m_2	m_3	m_4
样品的质量	P_1	P_2	P_3

五、注意事项

1. 为获得准确的称量结果，在进行称量前必须将电子天平接通电源预热并达到规定时间。

2. 使用去皮功能时，容器和待称物的总重不可大于天平的最大称量值。

3. 如需取下天平上的圆秤盘，请将秤盘按顺时针方向转动后再取下，切勿将秤盘往上硬拨，以免损坏传感器。

4. 如天平示值出现异常，必要时，需用标准砝码对天平进行校准。

5. 容量瓶、移液管、滴定管均不可用粗糙物品擦洗内壁，避免因划痕而造成体积不准确。

6. 容量瓶的磨口塞和容量瓶是配套的，不可随意调换。

7. 用移液管吸取液体时，一定要用洗耳球吸取溶液，不可用嘴吸取。

8. 向滴定管中装液时，滴定液不能经其他容器倒入滴定管中，必须从试剂瓶直接倒入滴定管中。

9. 滴定完毕后，读取数据时，初读和末读必须是同一标准，以减少误差。

六、思考题

1. 使用电子天平时，水泡不在水平仪的中心位置，应如何调节？

2. 简述直接称量法和递减称量法的不同点。

3. 酸式滴定管和碱式滴定管出现漏液，应怎么处理？

4. 若凡士林堵塞酸式滴定管的管口，应怎么处理？

5. 使用容量瓶配制溶液时，所加溶剂超过刻度线以上，该如何处理？

····· 目标检测

答案解析

一、单项选择题

1. 滴定过程中，指示剂颜色发生改变的转折点是（　　）

　　A. 终点误差　　　　　　　B. 化学计量点　　　　　　C. 滴定终点

　　D. 滴定误差　　　　　　　E. 滴定终点误差

2. 测定固体碳酸钙的含量，先加入定量且过量的 HCl 滴定液，待反应完全后，再用 NaOH 滴定液滴定剩余的 HCl。这种滴定方式为（　　）

    A. 直接滴定法　　　　　　B. 剩余滴定法　　　　　　C. 置换滴定法

    D. 间接滴定法　　　　　　E. 酸碱滴定法

3. 将 10.6854g Na_2CO_3 基准物质，配制成 500ml 滴定液，该滴定液的准确浓度为（　　）

    A. 0.2016mol/L　　　　　B. 0.20mol/L　　　　　　C. 0.1008mol/L

    D. 0.2mol/L　　　　　　 E. 0.10mol/L

4. 下列关于基准物质的说法，错误的是（　　）

    A. 物质要很稳定

    B. 物质应有足够的纯度

    C. 物质的质量应尽可能小，以减小称量误差

    D. 物质的组成与化学式应完全相符

    E. 物质参与反应时，应能按反应式定量地进行

5. 滴定度 $T_{T/B}$ 是指（　　）

    A. 1ml 滴定液相当于被测物质 B 的质量

    B. 1L 滴定液相当于被测物质 B 的质量

    C. 1ml 滴定液中含有被测物质 B 的质量

    D. 1L 滴定液中含有被测物质 B 的质量

    E. 1ml 滴定液相当于被测物质 T 的质量

二、多项选择题

1. 基准物质必须具备的条件是（　　）

    A. 纯度足够高　　　　　　B. 组成与化学式完全符合　　C. 摩尔质量要尽量大

    D. 性质稳定　　　　　　　E. 价廉易得

2. 根据化学反应类型不同，可将滴定分析法分为（　　）

    A. 配位滴定法　　　　　　B. 沉淀滴定法　　　　　　C. 酸碱滴定法

    D. 置换滴定法　　　　　　E. 氧化还原滴定法

3. 常见的滴定方式有（　　）

    A. 直接滴定法　　　　　　B. 间接滴定法　　　　　　C. 置换滴定法

    D. 配位滴定法　　　　　　E. 返滴定法

4. 化学试剂按照杂质含量的多少可分为（　　）

    A. 基准试剂　　　　　　　B. 高纯试剂　　　　　　　C. 优级纯试剂

    D. 化学纯试剂　　　　　　E. 分析纯试剂

5. 滴定液配制的方法有（　　）

    A. 直接配制法　　　　　　B. 标定法　　　　　　　　C. 容量瓶配制法

    D. 间接配制法　　　　　　E. 移液管配制法

三、名词解释

滴定分析法　滴定液　滴定度

四、简答题

1. 在滴定分析中，什么是化学计量点？它与滴定终点有何不同？

2. 标准溶液的标定方法有哪些？

五、计算题

1. 已知浓硫酸的物质的量浓度为18.4mol/L，欲配制100ml 2.0mol/L 硫酸溶液，需移取浓硫酸多少毫升？应选用什么量器移取？如何进行配制？

2. 要加多少毫升水到 2L 0.2045mol/L HCl 溶液中，才能使该盐酸溶液对 $CaCO_3$ 的滴定度为 0.004850g/ml？

书网融合……

重点小结

微课

习题

PPT

第四章　酸碱滴定法

学习目标

　　知识目标：通过本章的学习，应能掌握一元酸碱滴定曲线的特点、滴定条件及指示剂的选择；熟悉酸碱指示剂的变色原理、变色范围及影响因素，多元弱酸碱的滴定；了解混合指示剂的特点。

　　能力目标：能够正确配制与标定常用的酸碱滴定液，具备正确判定酸碱滴定过程中的滴定终点的能力。

　　素质目标：通过对本章强酸强碱滴定中滴定突跃的学习，明白量变引起质变的道理，只有量的积累才能发生质的飞跃，在学习中注重知识的积累，厚积薄发，培养持之以恒的学习态度。

　　酸碱滴定法是以酸碱反应为基础的滴定分析方法。利用该方法可以测定一些具有酸碱性的物质，也可以用来测定某些能与酸碱作用的物质。有许多不具有酸碱性的物质，也可通过化学反应生成酸或碱，并用酸碱滴定法测定含量。酸碱滴定法在药品检验中的应用十分广泛，阿司匹林、布洛芬等常见药品的主成分含量测定均用到本法。

第一节　概　　述

一、酸碱的定义

　　酸碱质子理论认为：凡能给出质子的物质是酸；凡能接受质子的物质是碱。

$$HA \rightleftharpoons H^+ + A^-$$

$$酸 \qquad\qquad 碱$$

　　从上式可以看出，酸给出质子变成碱；碱结合质子变成酸。通过一个质子的得失，相互转化的一对酸碱，称为共轭酸碱对。酸给出质子生成其共轭碱，碱得到质子变成其共轭酸。

二、酸碱反应的实质

　　酸碱反应的实质是酸碱间通过质子的转移生成另外一种碱和酸的过程。

$$HAc + NH_3 \rightleftharpoons NH_4^+ + Ac^-$$

　　在反应过程中，HAc 给出质子后生成其共轭碱 Ac^-；NH_3 接受质子后生成其共轭酸 NH_4^+。

第二节　酸碱指示剂

一、酸碱指示剂的变色原理

　　酸碱指示剂一般是有机弱酸或有机弱碱，在溶液中发生酸碱离解平衡，即发生结构改变。共轭酸碱对由于结构不同，而具有不同的颜色，当溶液改变时，酸碱指示剂结构发生变化，从而引起溶液颜色的变化。

　　例如，酚酞指示剂为有机弱酸，在 pH <8 的溶液中无色、pH >10 的溶液中其共轭碱显红色。由于酸碱指示剂结构较为复杂，一般用简式表示。酚酞指示剂的酸式结构用 HIn 表示，其呈现颜色为酸式色（无色）；酚酞指示剂的碱式结构用 In$^-$ 表示，呈现的颜色为碱式色（红色），酚酞在水溶液中存在下列离解平衡。

$$HIn \rightleftharpoons H^+ + In^-$$
　　　　　酸式　　　　　　碱式
　　　　（无色）　　　　（红色）

酸式(无色)　　　　　　　　碱式(红色)

　　从离解平衡式可知：当溶液 pH 降低时，平衡向左移动，酚酞主要以酸式结构存在，呈现无色；当溶液 pH 升高时，平衡向右移动，酚酞主要以碱式结构存在，呈现红色。

二、酸碱指示剂的变色范围

（一）理论变色范围

　　综上所述，酸碱指示剂的变色与溶液的 pH 有关。但是否溶液 pH 稍有变化，都能引起指示剂的颜色变化呢？

　　由实践可知，并不是溶液 pH 稍有变化，都能引起指示剂的颜色改变，因此须了解指示剂的颜色变化与溶液 pH 变化之间的关系。现以弱酸型指示剂为例讨论酸碱指示剂变色的 pH 范围。

　　弱酸型指示剂在溶液中存在下列离解平衡。

$$HIn \rightleftharpoons H^+ + In^-$$

$$K_{HIn} = \frac{[H^+][In^-]}{[HIn]} \Rightarrow \frac{[In^-]}{[HIn]} = \frac{K_{HIn}}{[H^+]}$$

　　指示剂的离解平衡常数 K_{HIn} 又称为指示剂常数。在一定温度下，K_{HIn} 是一个常数。因此，溶液中酸式体与碱式体平衡浓度的比值只与 $[H^+]$ 有关。

　　人眼对颜色的分辨有一定的限度，一般情况下，当溶液中同时存在两种颜色时，在两种颜色的浓度相差 10 倍或者 10 倍以上时，人眼才能分辨出其中浓度较大的那种颜色。为此，可推导出指示剂的颜色变化与溶液 pH 变化关系如下。

　　$\frac{[In^-]}{[HIn]} \geqslant 10$ 时，pH $\geqslant pK_{HIn} + 1$，呈 In$^-$（碱式）颜色。

　　$\frac{[In^-]}{[HIn]} \leqslant \frac{1}{10}$ 时，pH $\leqslant pK_{HIn} - 1$，呈 HIn（酸式）颜色。

　　$\frac{[In^-]}{[HIn]} = 1$ 时，pH $= pK_{HIn}$，呈指示剂的中间过渡色。

　　pH $= pK_{HIn}$ 称为酸碱指示剂的理论变色点。

　　只有当溶液的 pH $\leqslant pK_{HIn} - 1$ 或 pH $\geqslant pK_{HIn} + 1$ 时，才能明显看到指示剂的酸式色或碱式色，pH =

$pK_{HIn} \pm 1$ 称为指示剂的变色范围。根据理论推算，其应为 2 个 pH 单位，但实验测得的指示剂的变色范围并不都是 2 个 pH 单位，而是略有上下。这是由于人眼对不同颜色的敏感程度不一样，加上两种颜色相互掩盖，所以实际变色范围与理论变色范围存在一定差别。例如甲基红 $pK_{HIn} = 5.1$，理论变色范围 pH 为 4.1 ~ 6.1，实际变色范围 pH 为 4.4 ~ 6.2。

指示剂的变色范围越窄，指示变色越敏锐。在化学计量点附近时，溶液 pH 稍有改变，指示剂就立即由一种颜色变到另一种颜色。常用酸碱指示剂见表 4 - 1。

表 4 - 1　常用的酸碱指示剂（室温）

指示剂	pH 变色范围	酸色	碱色	pK_{HIn}	浓度
百里酚蓝	1.2 ~ 2.8	红	黄	1.65	0.1% 乙醇（20%）溶液
甲基黄	2.9 ~ 4.0	红	黄	3.25	0.1% 乙醇（90%）溶液
溴酚蓝	3.0 ~ 4.6	黄	蓝	4.10	0.1% 乙醇（20%）溶液
甲基橙	3.1 ~ 4.4	红	黄	3.45	0.1% 水溶液
溴甲酚绿	3.8 ~ 5.4	黄	蓝	4.90	0.1% 乙醇（20%）溶液
甲基红	4.4 ~ 6.2	红	黄	5.10	0.1% 乙醇（60%）溶液
溴百里酚蓝	6.0 ~ 7.6	黄	蓝	7.30	0.1% 乙醇（20%）
中性红	6.8 ~ 8.0	红	黄	7.40	0.1% 乙醇（60%）溶液
酚红	6.8 ~ 8.0	黄	红	7.90	0.1% 乙醇（20%）溶液
酚酞	8.0 ~ 10.0	无色	紫红	9.10	0.1% 乙醇（60%）溶液
百里酚酞	9.4 ~ 10.6	无色	蓝	10.00	0.1% 乙醇（90%）溶液
靛胭脂红	11.6 ~ 14.0	蓝	黄	12.20	25% 乙醇（50%）溶液

（二）影响指示剂变色范围的因素

1. 对指示剂变色范围区间的影响

（1）温度　指示剂常数 K_{HIn}，主要受温度的影响，温度改变，指示剂的变色范围也随之改变。例如甲基橙指示剂在 18℃ 时，变色范围为 pH 3.1 ~ 4.4；在 100℃ 时，变色范围为 pH 2.5 ~ 3.7。所以滴定应在室温下进行，有必要加热时，须将溶液冷却到室温后再滴定。

（2）溶剂　指示剂在不同溶剂中，pK_{HIn} 不同。例如甲基橙在水溶液中 $pK_{HIn} = 3.45$，而在甲醇溶液中 $pK_{HIn} = 3.80$。

2. 对变色范围宽度的影响

（1）指示剂的用量　指示剂用量过多，会导致指示剂终点变色不敏锐，加之指示剂本身是弱酸或弱碱，也要消耗部分滴定液，造成一定误差。酸碱指示剂用量也不能太少，因为指示剂颜色太浅不易观察到溶液颜色的变化，一般而言，每 25ml 溶液滴加 1 滴指示剂为宜。

（2）滴定程序　对于人眼的辨别能力而言，颜色由浅色变为深色较敏感。因此在滴定时，使指示剂的颜色由无色变为有色，由浅色变为深色，将更易辨认。例如用 NaOH 滴定液滴定 HCl 溶液时，可选用酚酞或甲基橙作指示剂。如果用酚酞作指示剂，溶液颜色由无色变成红色，颜色是由浅变深，易于辨认；若用甲基橙作指示剂，溶液颜色由红色变成黄色，颜色由深变浅，难以辨认，易滴过量。因此在实践中用 NaOH 滴定液滴定 HCl 溶液时一般选用酚酞作指示剂，而用 HCl 滴定液滴定 NaOH 溶液时一般选用甲基橙作指示剂。

三、混合指示剂

单一指示剂，其变色范围一般较宽，有的在变色过程中还出现难以辨别的过渡色。在某些酸碱滴定中，为了达到一定的准确度，需要将滴定终点限制在较窄小的 pH 范围内，这就需要改用混合指示剂。

混合指示剂具有变色范围窄、变色敏锐的特点，其常用的配制方法有两种。一种是在某种指示剂中加入一种惰性染料，例如，甲基橙和靛蓝组成的混合指示剂，靛蓝在滴定过程中不变色，只作甲基橙变色的蓝色背景，在滴定过程中其颜色变化随溶液 pH 变化见表 4 - 2。

表 4 - 2 甲基橙 + 靛蓝的颜色随 pH 变化情况

溶液的酸度	甲基橙的颜色	靛蓝的颜色	甲基橙 + 靛蓝的颜色
pH≥4.4	黄色	蓝色	绿色（黄 + 蓝）
pH =4.0	橙色	蓝色	浅灰色（橙 + 蓝）
pH≤3.1	红色	蓝色	紫色（红 + 蓝）

由表 4 - 2 可见，甲基橙由黄（红）色变到红（黄）色时，有一过渡色，即橙色，人眼较难辨别；而甲基橙 - 靛蓝混合指示剂由绿（紫）色变到紫（绿）色，其过渡色是浅灰色（几乎呈无色），人眼易于辨别。

另一种配制方法是用两种或两种以上的指示剂按一定比例混合而成。例如，溴甲酚绿和甲基红混合后，其颜色随溶液 pH 变化的情况如下：溴甲酚绿和甲基红按 3∶1 混合后，在 pH 小于 5.1 的溶液中显酒红色，在 pH 大于 5.1 溶液中显绿色，而在 pH 为 5.1 的溶液中显浅灰色，此例说明混合指示剂不仅变色敏锐，而且变色范围比单一指示剂更窄，可用作计量点附近 pH 变化较小滴定中的指示剂。

第三节　酸碱滴定曲线和指示剂的选择

酸碱滴定反应的反应终点，是通过酸碱指示剂的颜色变化指示的，而指示剂颜色的变化又取决于溶液的 pH。因此，要选择合适的指示剂，就必须了解滴定过程中尤其是在计量点附近内溶液的 pH 变化情况，为此引入酸碱滴定曲线。酸碱滴定曲线是以溶液的 pH 为纵坐标，滴入滴定液的体积为横坐标所绘制的曲线。滴定分析中，滴定曲线不仅体现了滴定过程中溶液 pH 随滴定液加入量的变化规律，而且是正确选择指示剂的重要依据。

下面对几种常见类型滴定曲线进行分别讨论。

一、强酸强碱滴定 🅔 微课

此类型滴定的基本反应为

$$H^+ + OH^- \rightleftharpoons H_2O$$

以 NaOH（0.1000mol/L）滴定 20.00ml HCl（0.1000mol/L）溶液为例，讨论强碱滴定强酸溶液 pH 的变化情况及指示剂的选择原则。

（一）滴定过程 pH 的变化规律

滴定过程可分为 4 个阶段。

1. 滴定前　HCl 溶液的酸度由 HCl 溶液的初始浓度决定，即溶液的酸度为

$$[H^+] = 0.1000mol/L$$

$$pH = 1.00$$

2. 滴定开始至计量点前　部分 HCl 溶液被中和，其溶液 pH 由剩余 HCl 的酸度决定。

例如，滴入 NaOH 溶液 19.98ml 时，溶液中剩余 HCl 溶液 0.02ml，此时，0.1% 的 HCl 溶液未被中和，即溶液的酸度为

$$[H^+] = \frac{0.1000 \times 0.02}{20.00 + 19.98} = 5.0 \times 10^{-5} \, mol/L$$

$$pH = 4.30$$

3. 计量点时　此时滴入的碱溶液与酸溶液以等物质的量完全反应，生成 NaCl 和 H_2O，此时溶液呈中性，溶液 pH 由 H_2O 的离解决定，即

$$[H^+] = [OH^-] = 1.0 \times 10^{-7} mol/L$$

$$pH = 7.00$$

4. 计量点后　溶液 pH 由加入过量 NaOH 滴定液的量和溶液的体积来决定。

例如，滴入 NaOH 滴定液 20.02ml 时，NaOH 滴定液过量 0.02ml，此时，NaOH 过量了 0.1%，即溶液的酸度为

$$[OH^-] = \frac{0.1000 \times 0.02}{20.00 + 20.02} = 5.0 \times 10^{-5} \, mol/L$$

$$pOH = 4.30$$

$$pH = 14.00 - pOH = 14.00 - 4.30 = 9.70$$

如此逐一计算滴定过程中的 pH 列于表 4-3。

表 4-3　用 NaOH（0.1000mol/L）滴定 20.00ml HCl 溶液
（0.1000mol/L）的 pH 变化（25℃）

V（加入 NaOH） （ml）	HCl 被滴定百分数 （%）	V（剩余 HCl） （ml）	V（过量 NaOH） （ml）	pH
0.00	0.00	20.00		1.00
18.00	90.00	2.00		2.28
19.80	99.00	0.20		3.30
19.98	99.90	0.02		4.30
20.00	100.00	0.00		7.00
20.02	100.01		0.02	9.70
20.20	101.00		0.20	10.07
22.00	110.00		2.00	11.68
40.00	200.00		20.00	12.52

（二）滴定曲线与滴定突跃

如果以 NaOH 加入量为横坐标，以溶液的 pH 为纵坐标作图，即得强碱滴定强酸的滴定曲线。由图 4-1 可以看出，从滴定开始到加入 NaOH 滴定液到 19.98ml 时，溶液仍然呈酸性，曲线的形状比较平坦，在计量点 ±0.1% 附近，即加入 NaOH 从 19.98～20.02ml 时，溶液的 pH 由 4.30 急剧变到 9.70，改变了 5.40 个 pH 单位，并且溶液由酸性突变到碱性，发生了质的变化。因此把化学计量点前后 0.1% 范围内由于 1 滴酸或碱的加入，引起溶液 pH 急剧变化的现象称为滴定突跃。滴定突跃所在的 pH 范围称为滴定突跃范围。

（三）酸碱指示剂的选择

滴定突跃范围对选择指示剂有指导意义，它是选择指示剂的重要依据。指示剂的选择原则：指示

剂的变色范围全部或部分落入滴定突跃范围内,或指示剂的变色点尽量接近化学计量点。一般而言,滴定突跃范围越大,可以选择的指示剂越多;反之,滴定突跃范围越小,可以选择的指示剂越少,滴定突跃范围小到一定程度,则无法在滴定突跃范围内找到合适的指示剂指示滴定终点。

(四)影响滴定突跃范围的因素

酸碱的浓度可以改变滴定突跃范围的大小。三种不同浓度的 NaOH 滴定液滴定不同浓度 HCl 溶液的滴定曲线如图 4 - 2 所示。由图可知,浓度越大,滴定突跃范围越大,可供选择的指示剂越多;浓度越低,突跃范围越小,指示剂的选择就受到限制。例如用 0.01mol/L NaOH 滴定 0.01mol/L HCl 溶液时,由于其突跃范围减小到 pH 5.30 ~ 8.70,甲基橙就不适用了,因此被测液与滴定液的浓度不能太小。

如果反过来用 HCl(0.1000mol/L)滴定 NaOH(0.1000mol/L),则滴定曲线形状与图 4 - 1 是对称的,突跃范围是 pH 9.70 ~ 4.30。

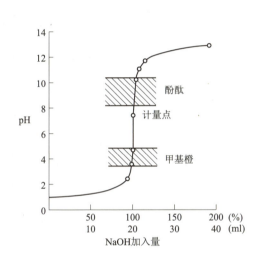

图 4 - 1 0.1000mol/L NaOH 滴定液滴定 0.1000mol/L HCl 溶液的滴定曲线

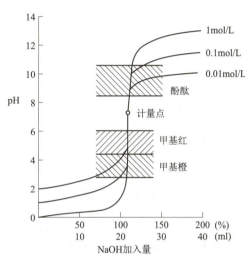

图 4 - 2 不同浓度 NaOH 滴定液滴定不同浓度 HCl 溶液的滴定曲线

二、强碱滴定弱酸

此类型滴定反应实质可表示为

$$HA + OH^- \rightleftharpoons H_2O + A^-$$

下面以 NaOH(0.1000mol/L)滴定 HAc(0.1000mol/L)20.00ml 为例,讨论强碱滴定弱酸的 pH 变化情况及指示剂的选择。

(一)滴定过程 pH 的变化规律

滴定过程可分为 4 个阶段。

1. 滴定前 由于 HAc 是弱酸,不完全电离,其溶液浓度不等于酸度,溶液的 pH 应根据弱酸溶液酸度的计算简式 $[H^+] = \sqrt{K_a \times c_a}$ 求出。

2. 滴定开始至计量点前 此时溶液由未反应完的 HAc 与反应产物 NaAc 组成,由于 HAc - NaAc 为酸性溶液缓冲体系,其溶液 pH 由计算缓冲溶液酸度的公式 $[H^+] = K_a \times \dfrac{[HAc]}{[Ac^-]}$ 求出。

3. 计量点时 当滴入 NaOH 滴定液 20.00ml 时,NaOH 与 HAc 以等物质的量相互作用完全,生成

NaAc 溶液。由于 NaAc 是强碱弱酸盐，溶液显弱碱性，其 pH 由计算弱碱溶液酸度的公式 $[OH^-] = \sqrt{\dfrac{K_w}{K_a} \times c_b}$ 求出。

4. 计量点后　由于过量 NaOH 的加入，抑制了 Ac^- 水解，溶液的酸度应由过量 NaOH 的物质的量和溶液的体积求出。

如此逐一计算滴定过程中的 pH 列于表 4-4。

表 4-4　0.1000mol/L NaOH 滴定 0.1000mol/L HAc 溶液的 pH 变化

NaOH 加入量		剩余的 HAc		算式	pH
%	ml	%	ml		
0	0	100	20.00	$[H^+] = \sqrt{K_a \times c_a}$	2.87
50	10.00	50	10.00		4.75
90	18.00	10	2.00		5.71
99.0	19.80	1	0.20	$[H^+] = K_a \times \dfrac{[HAc]}{[Ac^-]}$	6.75
99.9	19.98	0.1	0.02		7.70
100	20.00	0	0	$[OH^-] = \sqrt{\dfrac{K_w}{K_a} \times c_b}$	8.70
100.1	0.02	0.1	0.02	$[OH^-] = 10^{-4.3}$　$[H^+] = 10^{-9.7}$	9.70
101.0	20.20	1	0.20	$[OH^-] = 10^{-3.3}$　$[H^+] = 10^{-10.7}$	10.70

（二）滴定曲线与指示剂的选择

如果以 NaOH 加入量为横坐标，以溶液的 pH 为纵坐标作图，即得强碱滴定弱酸的滴定曲线。从图 4-3 可以看出，强碱滴定弱酸曲线有如下特点。

1. 弱酸起点高　由于弱酸不完全电离，所以以 NaOH 滴定液滴定同一浓度的 HCl 和 HAc 时，弱酸的曲线起点比较高，且酸性越弱，起点越高。

2. 滴定曲线的斜率变化不同　滴定刚开始一会，少量的 HAc 被中和为 NaAc，抑制了 HAc 的离解，使溶液中 $[H^+]$ 浓度迅速降低，发生了同离子效应，pH 增加较快，即曲线斜率变化较大；随着滴定的继续进行，溶液中形成了 HAc - NaAc 缓冲体系，此时溶液 pH 变化缓慢，曲线斜率变化较小，曲线形状变化较平缓；接近计量点时，由于 HAc 浓度越来

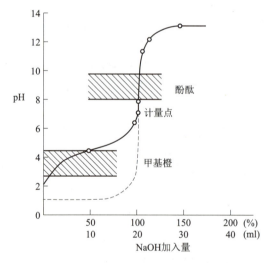

图 4-3　0.1000mol/L NaOH 滴定液滴定 0.1000mol/L HAc 溶液的滴定曲线

越低，缓冲作用逐渐减弱直至消失，随着碱的加入，溶液碱性增强，溶液 pH 增加较快，曲线斜率又迅速增大，曲线的形状出现陡峭的变化，形成滴定突跃。

3. 计量点后　由于过量 NaOH 的加入，抑制 NaAc 的水解，溶液的 pH 主要由加入 NaOH 的量决定，因此曲线形状的变化与滴定强酸相似。

4. 突跃范围小　由于滴定产物 NaAc 为强碱弱酸盐，呈碱性（pH 8.73），因此，导致滴定突跃的 pH 变化相对较小，即滴定突跃范围的 pH 7.70 ~ 9.70，在酸性范围内变色的指示剂，如甲基橙、甲基红都不能用，应选用酚酞或百里酚酞作指示剂。

（三）影响滴定弱酸突跃范围的因素

图 4-4 为用 NaOH（0.1000mol/L）滴定不同强度酸（0.1000mol/L）的滴定曲线。由图可知，滴定弱酸的突跃范围不仅与弱酸的浓度有关，还与弱酸的强度（K_a）有关。当弱酸的浓度一定时，K_a 越小，即酸性越弱时，滴定突跃范围越小。当 $K_a \leqslant 10^{-9}$ 时，已无明显的滴定突跃，因此找不到合适的指示剂确定化学计量点。

因此若用强碱直接滴定弱酸，必须满足 $c_a \cdot K_a \geqslant 10^{-8}$。反之，须改用其他方法测定。

三、强酸滴定弱碱

若用强酸（0.1000mol/L HCl）滴定同一浓度的弱碱（氨水），其滴定曲线见图 4-5。化学计量点时生成铵盐，其水解呈弱酸性，即突跃范围是在酸性区域（pH 6.30~4.30）。因此只能选择在酸性区域变色的指示剂，如甲基红、甲基橙等指示终点。若用强酸直接滴定弱碱，必须满足 $c_b \cdot K_b \geqslant 10^{-8}$。

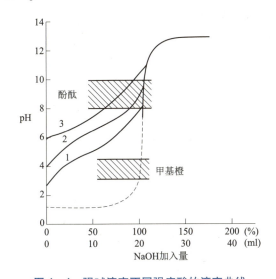

图 4-4 强碱滴定不同强度酸的滴定曲线

1. $K_a = 10^{-5}$；2. $K_a = 10^{-7}$；3. $K_a = 10^{-9}$

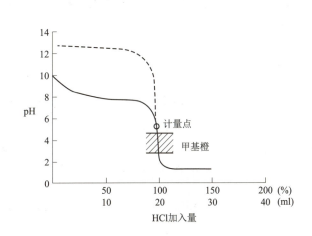

图 4-5 0.1000mol/L HCl 滴定液滴定

0.1000mol/L $NH_3 \cdot H_2O$ 溶液的滴定曲线

四、多元弱酸的滴定

以 NaOH（0.1000mol/L）滴定 H_3PO_4（0.1000mol/L）20.00ml 为例，讨论滴定多元酸的特点及指示剂的选择。

H_3PO_4 是三元弱酸，在溶液中分步离解为

$$H_3PO_4 \rightleftharpoons H^+ + H_2PO_4^- \qquad K_{a_1} = 7.5 \times 10^{-3}$$
$$H_2PO_4^- \rightleftharpoons H^+ + HPO_4^{2-} \qquad K_{a_2} = 6.3 \times 10^{-8}$$
$$HPO_4^{2-} \rightleftharpoons H^+ + PO_4^{3-} \qquad K_{a_3} = 4.4 \times 10^{-13}$$

用 NaOH 滴定 H_3PO_4 时，酸碱反应也是分步进行的。

$$H_3PO_4 + NaOH \rightleftharpoons NaH_2PO_4 + H_2O$$
$$NaH_2PO_4 + NaOH \rightleftharpoons Na_2HPO_4 + H_2O$$

由于 HPO_4^{2-} 的 K_{a_3} 太小，$c_a \cdot K_a \leqslant 10^{-8}$，不能直接滴定，因此在滴定曲线上只有两个突跃，如图 4-6 所示。

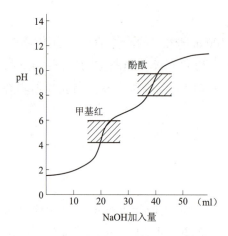

图 4-6　0.1000mol/L NaOH 滴定液滴定

0.1000mol/L H₃PO₄ 的滴定曲线

多元酸的滴定曲线计算复杂，在实际工作中，通常只计算计量点时的 pH，然后选用在此 pH 附近变色的指示剂指示滴定终点。

上例中，第一计量点的滴定产物是 $H_2PO_4^-$，其 pH 可由 $[H^+] = \sqrt{K_{a_1} \cdot K_{a_2}}$ 近似算出

$$pH = \frac{1}{2}(pK_{a_2} + pK_{a_1}) = \frac{1}{2}(7.21 + 2.12) = 4.66$$

可选用甲基红作指示剂。

第二计量点的滴定产物是 HPO_4^{2-}，计量点时溶液的 pH 为

$$[H^+] = \sqrt{K_{a_2} \cdot K_{a_3}}$$

$$pH = \frac{1}{2}(pK_{a_2} + pK_{a_3}) = \frac{1}{2}(7.21 + 12.67) = 9.94$$

可选用酚酞作指示剂。

判断多元酸有几个滴定突跃，能否被准确分步滴定，通常根据以下两个原则来确定：①由 $c_a \cdot K_{a_n} \geqslant 10^{-8}$，可确定各级离解的 H^+ 能被准确滴定；②由 $K_{a_n}/K_{a_{n+1}} \geqslant 10^4$，可确定相邻两级离解的 H^+ 能被分步滴定。

五、多元弱碱的滴定

以 HCl（0.1000mol/L）滴定 Na₂CO₃（0.1000mol/L）为例，讨论滴定多元弱碱的特点。

Na₂CO₃ 是 H₂CO₃ 钠盐，为二元弱碱，水溶液呈碱性。其两级离解平衡常数分别为：$K_{b_1} = 1.79 \times 10^{-4}$，$K_{b_2} = 2.38 \times 10^{-8}$，且 $\dfrac{K_{b_1}}{K_{b_2}} \approx 10^4$，因此 Na₂CO₃ 能被强酸分步滴定，且有两个滴定突跃，如图 4-7 所示。

滴定反应为

$$HCl + Na_2CO_3 \Longleftrightarrow NaHCO_3 + NaCl$$

$$NaHCO_3 + HCl \Longleftrightarrow NaCl + H_2O + CO_2 \uparrow$$

当滴到第一计量点时，生成物 NaHCO₃ 为两性物质，其 pH 为

$$[H^+] = \sqrt{K_{a_1} \cdot K_{a_2}} = \sqrt{4.3 \times 10^{-7} \times 5.6 \times 10^{-11}} = 4.9 \times 10^{-9} \text{mol/L}$$

$$pH = 8.31$$

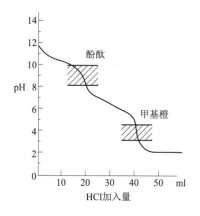

图 4-7　0.1000mol/L HCl 滴定液滴定

0.1000mol/L Na₂CO₃ 溶液的滴定曲线

故可选酚酞作指示剂。

当滴到第二计量点时，生成 H₂CO₃ 饱和溶液，因其 $K_{a_1} \gg K_{a_2}$，所以只需考虑一级离解，H₂CO₃ 饱和溶液的浓度约为 0.04mol/L，其 pH 为

$$[H^+] = \sqrt{K_{a_1} \cdot c_a} = \sqrt{4.3 \times 10^{-7} \times 0.04} = 1.3 \times 10^{-4} \text{mol/L}$$

$$pH = 3.89$$

故可用甲基橙作指示剂。

滴定接近第二计量点时，由于生成的 CO₂ 易溶于水形成过饱和溶液，使溶液中酸度增大，终点稍提前，因此接近终点时，应剧烈振摇溶液或将溶液煮沸除去 CO₂，冷却后，再继续滴定至终点。

　　判断多元碱有几个滴定突跃，能否被准确分步滴定，通常根据以下两个原则来确定：①由 $c_b \cdot K_{b_n} \geqslant 10^{-8}$，第 n 级离解的碱能被准确滴定；②由 $K_{b_n}/K_{b_{n+1}} \geqslant 10^4$，第 n 级离解的碱能被分步滴定。

第四节　应　用

一、滴定液

　　酸碱滴定中最常用的滴定液是 HCl 滴定液和 NaOH 滴定液。由于 HCl 有挥发性，NaOH 有吸湿性，且容易与空气中的二氧化碳发生反应，所以一般采用间接法配制。

（一）0.1mol/L 的 HCl 滴定液的配制与标定

1. 配制　市售浓 HCl 的密度约为 1.19g/ml，质量分数为 0.37，物质的量浓度为

$$c = \frac{m}{MV} = \frac{1000 \times 1.19 \times 0.37}{36.45 \times 1} \approx 12 \text{（mol/L）}$$

配制 HCl 滴定液（0.1mol/L）1000ml，应取浓 HCl 的体积为

$$12 \times V = 0.1 \times 1000$$

$V = 8.3$ml（浓 HCl 易挥发，配制时应比计算量多取一部分，可以取 8.5ml）

2. 标定　常用无水碳酸钠或硼砂作为基准物质标定 HCl 的浓度，标定反应如下。

$$Na_2CO_3 + 2HCl \Longrightarrow 2NaCl + H_2O + CO_2 \uparrow$$

（二）0.1mol/L 的 NaOH 滴定液的配制和标定

1. 配制　NaOH 易吸收空气中的 CO_2 生成 Na_2CO_3，利用 Na_2CO_3 不溶于饱和 NaOH 溶液，而沉淀于底部的性质，通常将 NaOH 配成饱和溶液，贮于塑料瓶静置数日，使沉淀与溶液分层，配制时取上清液，用新煮沸放冷的蒸馏水稀释、摇匀。

2. 标定　常用邻苯二甲酸氢钾作为基准物质标定 NaOH，反应方程式如下。

二、应用示例

　　酸碱滴定法能测定一般的酸碱及能与酸碱起反应的物质，因而应用范围非常广泛。

（一）直接滴定法

　　凡是 $C_a K_a \geqslant 10^{-8}$ 的酸性物质和 $C_b K_b \geqslant 10^{-8}$ 的碱性物质，均可用碱滴定液和酸滴定液直接滴定。

1. 阿司匹林中乙酰水杨酸的含量测定　阿司匹林主要成分是乙酰水杨酸（$pK_a = 3.49$），是一种历史悠久的解热镇痛药，用于治感冒、发热、头痛、牙痛、关节痛、风湿病。乙酰水杨酸含有芳酸酯类结构，在水溶液中能电离出 H^+ 从而显酸性，所以可用氢氧化钠滴定液，以酚酞作指示剂进行滴定测定它的含量。滴定反应方程式如下。

　　由于乙酰水杨酸不易溶于水，所以滴定反应需要在中性乙醇溶液中进行。可按下式计算乙酰水杨酸的含量。

$$\omega_{C_9H_8O_4} = \frac{c_{NaOH}V_{NaOH}M_{C_9H_8O_4} \times 10^{-3}}{S}$$

2. 药用氢氧化钠的含量测定　氢氧化钠在生产和贮存中易吸收空气中的 CO_2，而成为 NaOH 和 Na_2CO_3 的混合碱。分别测定各自的含量有两种方法。

（1）双指示剂法　准确称取一定量试样，溶解后，按如下过程测定。

$$\left.\begin{array}{l} NaOH \\ Na_2CO_3 \end{array}\right\} \xrightarrow[V_1]{HCl/酚酞} \left\{\begin{array}{l} NaCl \\ NaHCO_3 \end{array}\right. \xrightarrow[V_2]{HCl/甲基橙} \left\{\begin{array}{l} \cdots\cdots \\ H_2O+CO_2 \end{array}\right.$$

红色　　　　　　　　无色　　　　　　黄色　　　　橙黄

其含量计算式为

$$NaOH\% = \frac{c_{HCl}(V_1 - V_2)\dfrac{M_{NaOH}}{1000}}{m_s} \times 100\%$$

$$Na_2CO_3\% = \frac{\dfrac{1}{2}c_{HCl}(2V_2)\dfrac{M_{NaOH}}{1000}}{m_s} \times 100\%$$

（2）氯化钡法　先取一份试液，加甲基橙指示剂用 HCl 滴定液滴至橙色，NaOH 和 Na_2CO_3 共同消耗的体积消耗的 HCl 体积为 V_1 ml。另取一份相同体积的试样溶液，加入过量的 $BaCl_2$ 溶液，使 Na_2CO_3 转变成 $BaCO_3$ 沉淀析出。然后加酚酞指示剂，用 HCl 滴定液滴定至红色刚好褪去，记录滴定 NaOH 所消耗的 HCl 体积 V_2 ml。

可按下式计算含量

$$NaOH\% = \frac{c \cdot V_2 \cdot M_{NaOH} \times 10^{-3}}{S} \times 100\%$$

$$Na_2CO_3\% = \frac{\dfrac{1}{2}c(V_1 - V_2) \cdot M_{Na_2CO_3} \times 10^{-3}}{S} \times 100\%$$

（二）间接滴定法

有些物质虽具有酸碱性，但难溶于水；有些物质酸碱性很弱，不能用强酸、强碱直接滴定，而需用间接法测定。可通过一些反应增强其酸或碱性，或者通过一些反应生成一定量的酸或碱，然后采用间接滴定法测定被测物质含量。

硼酸酸性很弱，$K_a = 5.4 \times 10^{-10}$，因此不能用氢氧化钠滴定液直接滴定，但是它能与甘油作用生成的甘油硼酸 $K_a = 3 \times 10^{-7}$，故可用氢氧化钠滴定液间接滴定硼酸。

$$\begin{array}{c} OH \\ | \\ B-OH \\ | \\ OH \end{array} + 2\begin{array}{c} CH_2-OH \\ | \\ CH-OH \\ | \\ CH_2-OH \end{array} \rightleftharpoons \left[\begin{array}{c} CH_2-O \quad O-CH_2 \\ HO-CH \quad\quad B \quad\quad CH-OH \\ CH_2-O \quad O-CH_2 \end{array}\right]^- H^+ + 3H_2O$$

操作方法：精密称取硼酸约 0.2g，加水与丙三醇的混合液 30ml，微热使其溶解，放冷至室温，加酚酞指示剂 2 滴，用 0.1000mol/L 氢氧化钠滴定液滴定至溶液显粉红色。氢氧化钠与甘油硼酸等物质的量反应，即氢氧化钠与硼酸 1：1 作用，硼酸的含量计算公式如下。

$$H_3BO_3\% = \frac{c_{NaOH}V_{NaOH}M_{H_3BO_3} \times 10^{-3}}{S} \times 100\%$$

知识链接

非水溶液酸碱滴定

非水酸碱滴定法是在水以外的溶剂（非水溶剂）中进行的酸碱滴定法。水是常用溶剂，具有安全、价廉的优点。但是以水为介质进行酸碱滴定有一定局限性，例如一些在水中离解常数很小的弱酸或弱碱，由于没有明显的滴定突跃，不能直接滴定；还有一些有机酸或碱在水中溶解度较小，使滴定反应难以进行；另外还有一些多元酸或多元碱，混合酸（碱），由于它们的离解常数较接近，在水中不能分步或分别滴定。采用非水溶剂（包括有机溶剂和不含水的无机溶剂）作为滴定介质，往往可以克服上述困难。"非水滴定"扩大了酸碱滴定的范围，在有机药物分析中的应用更为广泛。

实训二 氢氧化钠滴定液的配制与标定

一、实训目的

1. 掌握氢氧化钠溶液的配制与标定方法。
2. 熟悉用减量法称量固体物质。
3. 练习滴定操作和滴定终点的判断。

二、实训原理

NaOH 易吸收空气中的 CO_2，使得溶液中含有 Na_2CO_3。

经标定后的含有碳酸钠的标准碱溶液，用它测定酸含量时，若使用与标定时相同的指示剂，则所含碳酸盐对测定无影响；若测定与标定不是用相同的指示剂，则将发生一定的误差。因此应配制不含碳酸盐的标准溶液。

由于 Na_2CO_3 在饱和 NaOH 溶液中不溶解，因此可以用饱和 NaOH 溶液（含量约为52%，W/W），相对密度约为1.56，配制不含 Na_2CO_3 的 NaOH 溶液。待 Na_2CO_3 沉淀后，量取一定量的上清液，稀释至所需浓度，即得。用来配制氢氧化钠的蒸馏水，应加热煮沸放冷，除去其中的 CO_2。

标定碱溶液的基准物质很多，如草酸、苯甲酸、邻苯二甲酸氢钾（$KHC_8H_4O_4$）等。最常用的是邻苯二甲酸氢钾，滴定反应如下。

$$\text{邻苯二甲酸氢钾} + NaOH \rightleftharpoons \text{产物} + H_2O$$

计量点时由于弱酸盐的水解，溶液呈弱碱性，应采用酚酞为指示剂。

三、实训用品

1. **仪器** 碱式滴定管（50ml），锥形瓶（250ml），量筒（5ml、50ml），称量瓶，试剂瓶。
2. **试剂** NaOH（A.R），邻苯二甲酸氢钾，酚酞指示剂（0.1%）。

四、实训操作

1. 操作步骤

（1）氢氧化钠滴定液的配制

1）氢氧化钠饱和水溶液的配制 取氢氧化钠约120g，倒入装有100ml蒸馏水的烧杯中，搅拌使之溶解成饱和溶液。冷却后，置于塑料瓶中，静止数日，澄清后备用。

2）氢氧化钠溶液（0.1mol/L）的配制 取澄清的饱和氢氧化钠液2.5ml，加新煮沸的冷蒸馏水400ml，摇匀即得。

（2）氢氧化钠溶液（0.1mol/L）的标定 用减量法精密称取3份于105～110℃干燥至恒重的基准物邻苯二甲酸氢钾，每份约0.5g，分别放在250ml锥形瓶中，各加新煮沸放冷的蒸馏水50ml，小心振摇使之完全溶解。加酚酞指示剂2滴，用氢氧化钠溶液滴定至溶液呈微红色，且保持30秒不褪色，即为终点，记录所消耗氢氧化钠溶液的体积。平行测定三次，根据所消耗的氢氧化钠体积及邻苯二甲酸氢钾的质量计算氢氧化钠溶液的浓度。

2. 数据记录

	I	II	III
（$KHC_8H_4O_4$＋称量瓶）初重（g）			
（$KHC_8H_4O_4$＋称量瓶）末重（g）			
$KHC_8H_4O_4$重 m（g）			
NaOH初读数（ml）			
NaOH终读数（ml）			
V_{NaOH}（ml）			
c_{NaOH}（mol/L）			
平均值（mol/L）			
相对平均偏差（%）			

3. 结果计算

$$c_{NaOH} = \frac{m}{V_{NaOH} \times M \times 10^{-3}}$$

五、注意事项

1. 固体氢氧化钠应在表面皿上或小烧杯中称量，不能在纸上称量。

2. 滴定之前，应检查橡皮管内和滴定管管尖处是否有气泡，如有气泡应予以排除。

3. 盛装基准物的3个锥形瓶应编号，以免张冠李戴。

六、思考题

1. 配制NaOH饱和溶液时，应选择何种天平称取试剂？为什么？

2. 用邻苯二甲酸氢钾为基准物标定氢氧化钠溶液的浓度，若希望消耗氢氧化钠溶液（0.1mol/L）约25ml，问应称取邻苯二甲酸氢钾多少克？

实训三　醋酸溶液浓度的测定

一、实训目的

1. 掌握氢氧化钠滴定液测定醋酸溶液浓度的反应原理。
2. 明确判定滴定终点的方法。
3. 掌握移液管的使用方法。

二、实训原理

醋酸为一元弱酸，其解离常数 $K_a = 1.8 \times 10^{-5}$，因此可用 NaOH 滴定液直接滴定。化学计量点时反应产物是 NaAc，在水溶液中显弱碱性，可用酚酞作指示剂，反应如下。

$$HAc + NaOH \rightleftharpoons NaAc + H_2O$$

三、实训用品

1. **仪器**　碱式滴定管（50ml），锥形瓶（250ml），量筒（25ml），移液管（25ml），试剂瓶。
2. **试剂**　NaOH（A.R），醋酸试液，酚酞指示剂（0.1%）。

四、实训操作

1. **操作步骤**　准确移取 25.00ml 醋酸试液置于盛有 25ml 去 CO_2 的蒸馏水的锥形瓶中，加入酚酞指示剂 2 滴，用 NaOH 滴定液滴定至溶液呈微红色，30 秒内不褪色为终点。平行测定三次，计算醋酸溶液的浓度和相对平均偏差。

2. **数据记录**

	I	II	III
NaOH 初读数（ml）			
NaOH 终读数（ml）			
V_{NaOH}(ml)			
c_{HAc}(mol/L)			
平均值（mol/L）			
相对平均偏差（%）			

3. **结果计算**

$$c_{HAc} = \frac{c_{NaOH} V_{NaOH}}{V_{HAc}}$$

五、注意事项

1. 因醋酸具有挥发性，测定时应取一份滴定一份。
2. 为了减小醋酸的挥发，移取试液前锥形瓶中加入蒸馏水稀释醋酸。

六、思考题

1. 测定醋酸为什么要用酚酞作指示剂？用甲基橙是否可以？试说明理由。
2. 本实验为何滴至酚酞变成微红色，持续 30 秒不褪色才为滴定终点？

目标检测

答案解析

一、单项选择题

1. HCl 滴定 Na_2CO_3 接近终点时，需要煮沸溶液，其目的是（　）
   A. 除去 O_2　　　B. 为了加快反应速度　　　C. 除去 CO_2
   D. 因为指示剂在热的溶液中容易变色　　　E. 除去水蒸气
2. 可用来标定 HCl 滴定液的基准物是（　）
   A. 无水 Na_2CO_3　　　B. 邻苯二甲酸氢钾　　　C. 草酸
   D. 氢氧化钠　　　E. 高氯酸
3. 据理论推算，酸碱指示剂的变色范围为（　）
   A. 1 个 pH 单位　　　B. 2 个 pH 单位　　　C. 3 个 pH 单位
   D. 4 个 pH 单位　　　E. 5 个 pH 单位

二、多项选择题

1. 影响酸碱指示剂变色范围的因素有（　）
   A. 温度　　　B. 溶剂　　　C. 指示剂用量
   D. 滴定剂用量　　　E. 滴定程序
2. 酸碱滴定法可直接滴定的物质有（　）
   A. 强酸　　　B. $c \cdot K_b \geq 10^{-8}$ 的弱碱　　　C. $c \cdot K_a \geq 10^{-8}$ 的弱酸
   D. 强碱　　　E. 中性盐

三、名词解释

酸碱滴定曲线　滴定突跃

四、简答题

1. 盐酸滴定液应采用何法配制？为什么？
2. 为什么可用氢氧化钠直接滴定？

五、计算题

1. 用碳酸钠作基准物标定盐酸溶液的浓度，若用甲基橙作指示剂，称取碳酸钠 0.3524g，用去盐酸溶液 25.49ml，求盐酸溶液的浓度（碳酸钠：105.99）。
2. 滴定 0.1600g 草酸试样，用氢氧化钠溶液（0.1100mol/L）22.90ml，试求试样中草酸的百分含量（草酸：90.00）。

书网融合……

重点小结　　　微课　　　习题

PPT

第五章 配位滴定法

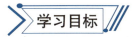

知识目标：通过本章的学习，应能掌握 EDTA 的性质、EDTA 滴定液的配制与标定方法；熟悉配位滴定法对配位反应的要求及配位滴定法的应用；了解常见的金属指示剂及指示剂的封闭、僵化和氧化变质现象。

能力目标：能运用所学知识进行 EDTA 滴定液的配制和标定，进行钙、锌等金属离子含量测定以及试验数据的正确处理。

素质目标：通过本章的学习，树立实事求是、积极进取的目标以及理论联系实际、勇于创新的精神。

第一节 概　述

配位滴定法是配位反应为基础的滴定分析方法，主要用于测定金属离子的含量。配位反应是金属离子与配位剂生成配合物的反应。由于滴定分析法对化学反应有一定要求，因此，不是所有配位反应都能用于配位滴定法。

一、配位滴定法对化学反应的要求

能用于配位滴定的配位反应必须具备以下条件。

(1) 配位反应必须完全，即生成的配合物的稳定常数足够大。

(2) 反应应按一定的反应式定量进行，即金属离子与配位剂的比例（即配位比）要恒定。

(3) 反应速度快。

(4) 有适当的方法检出终点。

配位反应具有极大的普遍性，但不是所有的配位反应及其生成的配合物均可满足上述条件。

受上述条件所限，众多配位剂中仅有一部分可用于配位滴定，有一类氨羧配位剂较适合，氨羧配位剂是一类以氨基二乙酸 $[—N(CH_2COOH)_2]$ 为基体的配位剂，能同时提供 N 和 O 原子作配位原子，几乎可以和所有的金属离子进行配位。这类配位剂中以其中的乙二胺四乙酸（EDTA）最为常用。

二、EDTA 滴定法

用 EDTA 滴定液测定溶液中 Ca^{2+}、Mg^{2+} 等金属离子的反应称 EDTA 滴定法。目前常用的配位滴定方法就是 EDTA 滴定法。金属离子和 EDTA（用 Y 表示）的主反应为 $M + Y \rightleftharpoons MY$。

滴定前：
$$M + EBT \rightleftharpoons M - EBT$$
$$\text{（蓝色）} \qquad \text{（红色）}$$

主反应：
$$M + Y \rightleftharpoons MY$$

终点时：　　　　　　　　　　　M − EBT + Y ⇌ MY + EBT
　　　　　　　　　　　　　　　（红色）　　　　　　（蓝色）

滴定至溶液由红色变为蓝色时，即为终点。

（一）EDTA 性质

乙二胺四醋酸（通常用 H_4Y 表示）简称 EDTA，其结构式如下。

$$\begin{matrix} HOOCCH_2 \\ HOOCCH_2 \end{matrix}\ N-CH_2-CH_2-N\ \begin{matrix} CH_2COOH \\ CH_2COOH \end{matrix}$$

乙二胺四醋酸为白色无水结晶粉末，室温时溶解度较小（22℃时溶解度为 0.02g/100ml H_2O），难溶于酸和有机溶剂，易溶于碱或氨水中形成相应的盐。由于乙二胺四乙酸溶解度小，因而不适用作滴定剂。

EDTA 二钠盐（$Na_2H_2Y \cdot 2H_2O$，也简称为 EDTA，相对分子质量为 372.26）为白色结晶粉末，室温下可吸附水分 0.3%，80℃时可烘干除去。在 100～140℃时将失去结晶水而成为无水的 EDTA 二钠盐（相对分子质量为 336.24）。EDTA 二钠盐易溶于水（22℃时溶解度为 11.1g/100ml H_2O，浓度约 0.3mol/l，pH≈4.4），因此通常使用 EDTA 二钠盐作滴定剂。

（二）EDTA 配合物特点

EDTA 和金属离子配位时有以下的特点。

（1）一般情况下和金属离子的配位比是 1∶1，因为 EDTA 有两个氨基和四个羧基，也就是说最多可以提供六个配位原子，大多数金属离子的配位数不超过六，所以配位比以 1∶1 居多。

（2）由于 EDTA 与金属离子形成的配合物大多数带电荷，所以能够溶解于水中，配位反应迅速，使滴定可以在水溶液中进行。

（3）形成的螯合物结构中有多个五元环，所以非常稳定。

（4）EDTA 在和无色金属离子反应时，生成的配离子也无色；如果和有色金属离子反应，一般则生成颜色更深的螯合物，所以便于指示滴定终点。

知识链接

在滴定过程中，一般将 EDTA（Y）与被测金属离子 M 的反应称为主反应，而溶液中存在的其他反应都称为副反应，如下式。

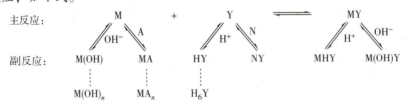

式中 A 为辅助配位剂，N 为共存离子。副反应影响主反应的现象称为"效应"。

如果 H^+ 浓度过高，则可以结合溶液中的 Y 生成相应的酸，导致 Y 参加主反应的能力降低，这种现象叫作酸效应，酸效应的大小用酸效应系数 $\alpha_{Y(H)}$ 来表示。

当溶液中存在其他配位剂 L 时，可和金属离子 M 形成 ML，使金属离子参加主反应的能力降低，这种现象叫配位效应。配位效应的大小用配位效应系数 $\alpha_{M(L)}$ 来表示。

第二节　金属指示剂

在配位滴定过程中，为了指示滴定终点，通常要加入一种配位剂，使之能够和金属离子形成与自身颜色有很大区别的配合物，这种配位剂称为金属指示剂。常用的金属指示剂有铬黑 T（EBT）、二甲酚橙（XO）和 PAN 等。

一、金属指示剂的变色原理

金属指示剂是一类有机染料及配位剂，能与某些金属离子反应，生成与其本身颜色显著不同的配合物以指示配位滴定终点。

在滴定前加入金属指示剂（用 In 表示金属指示剂的配位基团），则 In 与待测金属离子 M 有如下反应（省略电荷）。

$$M + In \rightleftharpoons MIn$$

$$甲色 \quad 乙色$$

这时溶液呈 MIn（乙色）的颜色。当滴入 EDTA 溶液后，Y 先与游离的 M 结合。至化学计量点附近，Y 夺取 MIn 中的 M。

$$MIn + Y \rightleftharpoons MY + In$$

使指示剂 In 游离出来，溶液由乙色变为甲色，指示滴定终点的到达。

以常见金属指示剂铬黑 T（EBT）指示 EDTA 滴定 Mg^{2+}（pH = 10）为例。

（1）先加入少量铬黑 T 到 Mg^{2+} 被测溶液中，此时溶液呈酒红色。

$$Mg^{2+} + EBT \rightleftharpoons Mg - EBT$$

$$（蓝色） \quad （酒红色）$$

铬黑 T 在 pH = 10 的水溶液中呈蓝色，与 Mg^{2+} 的配合物的颜色为酒红色。

（2）接着加入 EDTA 标准溶液滴定，当到达化学计量点时，溶液中游离的 Mg^{2+} 已基本反应完全，此时再加入 EDTA，则 EDTA 开始夺取 Mg - EBT 中的 Mg^{2+}，EBT 就会游离出来，显示出本身的蓝色，滴定到达终点。

$$Mg - EBT + EDTA \rightleftharpoons Mg - EDTA + EBT$$

$$（酒红色） \qquad\qquad （蓝色）$$

二、金属指示剂应具备的条件

不是所有能和金属离子形成配合物的有机染料都可以用来作金属指示剂，它们必须具备以下条件。

1. 金属指示剂与金属离子形成的配合物的颜色，应与金属指示剂本身的颜色有明显的不同，这样才能借助颜色的明显变化来判断终点的到达。

2. 金属指示剂与金属离子形成的配合物 MIn 要有适当的稳定性。如果 MIn 稳定性过高（K_{MIn} 太大），则在化学计量点附近，Y 不易与 MIn 中的 M 结合，终点推迟，甚至不变色，得不到终点。通常要求 $K_{MY}/K_{MIn} \geqslant 10^2$。如果稳定性过低，则未到达化学计量点时 MIn 就会分解，变色不敏锐，影响滴定的准确度。一般要求 $K_{MIn} \geqslant 10^4$。

3. 指示剂要有一定的选择性，即在一定条件下只指示一种或几种金属离子。同时在符合上述要求的前提下，改变滴定条件又可以指示其他的金属离子，这就要求具有一定的广泛性，主要是为了避免加入多种指示剂而发生颜色上的干扰。

4. 金属指示剂与金属离子之间的反应要灵敏、迅速，有良好的可逆性，这样才便于滴定。

5. 金属指示剂应易溶于水，不易变质，便于使用和保存。

三、金属指示剂的封闭、僵化和变质现象

（一）封闭现象

有的指示剂与某些金属离子生成很稳定的配合物（MIn），其稳定性超过了相应的金属离子与 EDTA 的配合物（MY），即 $\lg K_{MIn} > \lg K_{MY}$。例如 EBT 与 Al^{3+}、Fe^{3+}、Cu^{2+}、Ni^{2+}、Co^{2+} 等生成的配合物非常稳定，若用 EDTA 滴定这些离子，过量较多的 EDTA 也无法将 EBT 从 MIn 中置换出来。因此滴定这些离子不用 EBT 作指示剂。如滴定 Mg^{2+} 时有少量 Al^{3+}、Fe^{3+} 杂质存在，到化学计量点仍不能变色，这种现象称为指示剂的封闭现象。解决的办法是加入掩蔽剂，使干扰离子生成更稳定的配合物，从而不再与指示剂作用。

（二）僵化现象

有些指示剂或金属指示剂配合物在水中的溶解度太小，使得滴定剂与金属－指示剂配合物（MIn）交换缓慢，终点拖长，这种现象称为指示剂僵化。解决的办法是加入有机溶剂或加热，以增大其溶解度。例如用 PAN 作指示剂时，经常加入乙醇或在加热下滴定。

（三）氧化变质现象

金属指示剂大多为含双键的有色化合物，易被日光、氧化剂、空气所分解，在水溶液中多不稳定，日久会变质。若配成固体混合物则较稳定，保存时间较长。例如铬黑 T 和钙指示剂，常用固体 NaCl 或 KCl 作稀释剂来配制。

四、常用金属指示剂

（一）铬黑 T（EBT）

铬黑 T 在溶液中有如下平衡。

$$pKa_2 = 6.3 \qquad pKa_3 = 11.6$$

$$H_2In^- \rightleftharpoons HIn^{2-} \rightleftharpoons In^{3-}$$

紫红 　　　 蓝 　　　 橙

因此在 pH < 6.3 时，EBT 在水溶液中呈紫红色；pH > 11.6 时 EBT 呈橙色，而 EBT 与二价离子形成的配合物颜色为红色或紫红色，所以只有在 pH 为 7 ~ 11 使用，指示剂才有明显的颜色变化，实验表明最适宜的酸度是 pH 为 9 ~ 10.5。

铬黑 T 固体相当稳定，但其水溶液仅能保存几天，这是由于聚合反应的缘故。聚合后的铬黑 T 不能再与金属离子显色。pH < 6.5 的溶液中聚合更为严重，加入三乙醇胺可以防止聚合。

铬黑 T 是在弱碱性溶液中滴定 Mg^{2+}、Zn^{2+}、Pb^{2+} 等离子的常用指示剂。

（二）二甲酚橙（XO）

二甲酚橙为多元酸。在 pH 为 0 ~ 6.0，二甲酚橙呈黄色，它与金属离子形成的配合物为红色，是酸性溶液中许多离子配位滴定所使用的极好指示剂。常用于锆、铪、钍、钪、铟、钇、铋、铅、锌、镉、汞的直接滴定法中。

铝、镍、钴、铜、镓等离子会封闭二甲酚橙，可采用返滴定法。即在 pH 5.0 ~ 5.5（六次甲基四胺缓冲溶液）时，加入过量 EDTA 滴定液，再用锌或铅滴定液返滴定。Fe^{3+} 在 pH 为 2 ~ 3 时，以硝酸铋返滴定法测定之。

（三）PAN

PAN 与 Cu^{2+} 的显色反应非常灵敏，但很多其他金属离子如 Ni^{2+}、Co^{2+}、Zn^{2+}、Pb^{2+}、Bi^{3+}、Ca^{2+} 等与 PAN 反应慢或显色灵敏度低。所以有时利用 Cu – PAN 作间接指示剂来测定这些金属离子。Cu – PAN 指示剂是 CuY^{2-} 和少量 PAN 的混合液。将此液加到含有被测金属离子 M 的试液中时，发生如下置换反应。

$$CuY + PAN + M \rightleftharpoons MY + Cu - PAN$$
$$\text{（黄）}\qquad\qquad\qquad\text{（紫红）}$$

此时溶液呈现紫红色。当加入的 EDTA 定量与 M 反应后，在化学计量点附近 EDTA 将夺取 Cu – PAN 中的 Cu^{2+}，从而使 PAN 游离出来。

$$Cu - PAN + Y \rightleftharpoons CuY + PAN$$
$$\text{（紫红）}\qquad\qquad\text{（黄）}$$

溶液由紫红变为黄色，指示终点到达。因滴定前加入的 CuY 与最后生成的 CuY 是相等的，故加入的 CuY 并不影响测定结果。

在几种离子的连续滴定中，若分别使用几种指示剂，往往发生颜色干扰。由于 Cu – PAN 可在很宽的 pH 范围（pH 1.9 ~ 12.2）内使用，因而可以在同一溶液中连续指示终点。

类似 Cu – PAN 这样的间接指示剂，还有 Mg – EBT 等。

（四）其他指示剂

除前面所介绍的指示剂外，还有磺基水杨酸、钙指示剂（NN）等常用指示剂。磺基水杨酸（无色）在 pH = 2 时，与 Fe^{3+} 形成紫红色配合物，因此可用作滴定 Fe^{3+} 的指示剂。钙指示剂（蓝色）在 pH = 12.5 时，与 Ca^{2+} 形成紫红色配合物，因此可用作滴定钙的指示剂。

常用金属指示剂的使用 pH 条件，可直接滴定的金属离子和颜色变化及配制方法列于表 5 – 1 中。

表 5 – 1　常用的金属指示剂及其应用范围

指示剂	pH 使用范围	滴定元素	颜色变化	配制方法	封闭离子	掩蔽剂
钙指示剂	10 ~ 13	Ca^{2+}（pH 12 ~ 13）	酒红 ~ 蓝	与 NaCl 按 1 : 100 的质量比混合	Co^{2+}、Ni^{2+}、Cu^{2+}、Fe^{3+}、Al^{3+} 等	三乙醇胺、NH_3F
铬黑 T	7 ~ 10	Ca^{2+}、Mg^{2+}、Cd^{2+}、Pb^{2+}、Mn^{2+}、Zn^{2+}、稀土金属离子	红 ~ 蓝	与 NaCl 按 1 : 100 的质量比混合	Co^{2+}、Ni^{2+}、Cu^{2+}、Fe^{3+}、Al^{3+}、Ti^{4+}	三乙醇胺、NH_3F
PAN	2 ~ 12	pH 为 2 ~ 3，Bi^{3+}、Th^{4+} pH 为 4 ~ 5，Cu^{2+}、Ni^{2+}、Pb^{2+}、Zn^{2+}、Fe^{2+}、Cd^{2+}	红 ~ 黄 粉红 ~ 黄	1g/L 乙醇溶液	—	—
二甲酚橙（XO）	<6	pH <1，ZrO^{2+} pH 为 1 ~ 3，Bi^{3+}、Th^{4+} pH 为 5 ~ 6，Pb^{2+}、Zn^{2+}、Hg^{2+}、稀土金属离子	红紫 ~ 亮黄		Fe^{3+}、Al^{3+}、Co^{2+}、Ni^{2+}、Cu^{2+} 等	NH_3F、邻二氮菲

第三节 应 用

一、滴定液 📱微课

（一）EDTA 滴定液的配制

EDTA 在水中的溶液度小，所以常用 EDTA 二钠盐配制滴定液，也称为 EDTA 滴定液，分子式为 $C_{10}H_{14}N_2Na_2O_8 \cdot 2H_2O$，相对分子质量为 372.24。配制时称取 EDTA – 2Na 19g，加适量的水使其溶解，配制成 1000ml 溶液，摇匀即得。配制好的 EDTA 滴定液应贮存于聚乙烯塑料瓶或硬质玻璃瓶中，若贮存于软质玻璃瓶中，EDTA 会逐渐与玻璃中 Ca^{2+}、Mg^{2+} 等离子形成配合物，使其浓度不断降低。

在配位滴定中，试验用水的质量是否符合要求十分重要。若试验用水中含有 Al^{3+}、Fe^{3+}、Cu^{2+} 等，可能会使指示剂封闭，影响终点观察；若试验用水中含有 Ca^{2+}、Mg^{2+}、Pb^{2+} 等，滴定中会消耗一定量的 EDTA，对结果产生影响。因此，配位滴定所用试验用水一定要进行质量检查。

知识链接

《中国药典》（现行版）规定，试验用水除另有规定外，均系指纯化水。纯化水为饮用水经蒸馏法、离子交换法、反渗透法或其他适宜的方法制得的制药用水，不含任何添加剂，其质量应符合纯化水项下的规定。

（二）EDTA 滴定液的标定

用于标定 EDTA 滴定液的基准试剂很多，实验室中常用金属锌或氧化锌为基准物，可用二甲酚橙作为指示剂，滴定反应需在 HAc – NaAc 缓冲溶液（pH 5~6）中进行，溶液由紫红色变为亮黄色为终点；若用铬黑 T 作指示剂，滴定反应需在 NH_3 – NH_4Cl 缓冲溶液（pH 为 10）中进行，溶液由紫红色变为纯蓝色为终点。

精密称取 800℃ 灼烧至恒重的基准氧化锌 0.12g，加稀盐酸 3ml 使其溶解，再加水 25ml，加 0.025% 甲基红的乙醇溶液 1 滴，滴加氨试液至溶液呈现微黄色，加纯化水 25ml，加入 10ml NH_3 – NH_4Cl 缓冲溶液（pH = 10），再加入少量铬黑 T 指示剂，用以上配制的 EDTA 滴定液滴定至溶液由紫色变为纯蓝色，并将滴定结果用空白试验较正。根据 EDTA 滴定液消耗量和氧化锌的取用量，算出 EDTA 滴定液的浓度。每 1ml EDTA 滴定液（0.05000mol/L）相当于 4.069mg 的氧化锌。

标定好的 EDTA 滴定液应妥善贮存，必要时应对其复标。

二、滴定方式

配位滴定法应用非常广泛，能够直接或者间接滴定大多数金属元素。就滴定方式而言，有直接滴定法、间接滴定法、返滴定法和置换滴定法。

（一）直接滴定法

直接滴定法是配位滴定中的基本方法。只要金属离子与 EDTA 的配位反应符合滴定分析的要求，都应采用直接滴定法，这样操作简便且可减少误差。多数金属离子可用直接滴定法进行配位滴定。只用当直接滴定遇到困难时才采用以下几种滴定方式。

（二）返滴定法

返滴定法是在适当的酸度下，在被测物质液中加入定量且过量的 EDTA 滴定液，使待测离子与 EDTA 配位完全。然后加入指示剂，以适当的金属离子滴定液返滴定过量的 EDTA 滴定液，依据两种滴定液的浓度和用量即可求得被测物质含量。

返滴定法适用于下列情况：被测离子与 EDTA 反应缓慢；被测离子在测定条件下发生水解等副反应干扰测定；无合适的指示剂或被测离子对指示剂有封闭作用。

（三）置换滴定法

利用置换反应，置换出等物质量的另一种金属离子（或 EDTA），然后进行滴定，这就是置换滴定。置换滴定法不仅能扩大配位滴定法的应用范围，还可以提高配位滴定法的选择性。

1. 置换出金属离子　Ag^+ 不能用 EDTA 滴定液直接滴定，因为形成的配合物不够稳定（$\lg K_{AgY} = 7.32$）。所以滴定时将 Ag^+ 试液中加入过量的 $[Ni(CN)_4]^{2-}$ 溶液中，则会发生如下置换反应。

$$2Ag^+ + [Ni(CN)_4]^{2-} \rightleftharpoons 2[Ag(CN)_2]^- + Ni^{2+}$$

在 pH = 10 的氨溶液中，以紫脲酸铵为指示剂，用 EDTA 滴定置换出 Ni^{2+}，从而间接得到 Ag^+ 的含量。

2. 置换出 EDTA　如测定锡－铅焊料中锡、铅含量，试样溶解后加入一定量并过量的 EDTA，煮沸，冷却后用六次甲基四胺调节溶液 pH 至 5～6，以二甲酚橙作指示剂，用 Pb^{2+} 滴定液滴定 Sn^{4+} 和 Pb^{2+} 的总量。然后再加入过量的 NH_4F，置换出 SnY 中的 EDTA，再用 Pb^{2+} 滴定液滴定，即可求得 Sn^{4+} 的含量。

（四）间接滴定法

有些离子与 EDTA 生成的配合物不稳定，如 Na^+、K^+ 等；有些离子和 EDTA 不配位，如 SO_4^{2-}、PO_4^{3-}、CN^-、Cl^- 等阴离子。这些离子可采用间接滴定法测定。在被测溶液中加入过量能与待测离子生成沉淀的沉淀剂，被测离子沉淀完全后，将生成的沉淀分离、溶解，再用 EDTA 滴定液测定。间接滴定法操作过程繁杂，引入误差机会较多，非理想的滴定方法。

三、应用示例

药用锌盐的测定　《中国药典》（现行版）中硫酸锌、氧化锌、枸橼酸锌、醋氨己酸锌、十一烯酸锌、葡萄糖酸锌及其制剂均可采用配位滴定法测定其含量。精密称取待测样品，处理成溶液后，加入氨－氯化铵缓冲溶液（pH 为 10.0）与铬黑 T 指示剂少许，用 EDTA 滴定液滴定至溶液由紫红色变为纯蓝色。根据 EDTA 滴定液的浓度和消耗的体积可测定出 Zn^{2+} 的含量，从而计算出样品中各种锌盐的百分含量。若试液中有 Al^{3+}、Cu^{2+} 等干扰离子存在，可加入 F^- 掩蔽 Al^{3+}，用硫脲掩蔽 Cu^{2+}。

实训四　葡萄糖酸钙口服溶液的含量测定

一、实训目的

1. 掌握 EDTA 法测定钙含量的原理和方法。

2. 了解金属指示剂的特点，并掌握钙紫红素指示剂的性质、应用及终点时颜色的变化。

二、实训原理

滴定条件:在碱性条件下,以钙紫红素指示剂为指示剂,终点由紫色变为纯蓝色。有关反应如下。

滴定前: $Ca^{2+} + NN \rightleftharpoons CaNN$(紫色)

滴定时: $Ca^{2+} + Y \rightleftharpoons CaY$

终点时: $CaNN$(紫色)$+ Y \rightleftharpoons CaY + NN$(纯蓝色)

三、实训用品

1. 仪器 酸式滴定管(50ml)、烧杯(1000ml)、试剂瓶(1000ml)、锥形瓶(250ml)、托盘天平、电子天平。

2. 试剂 乙二胺四乙酸二钠(分析纯)、钙紫红素指示剂、氢氧化钠试液。

四、实训操作

1. 操作步骤 精密量取葡萄糖酸钙口服溶液5ml,置锥形瓶中,用纯化水稀释使成100ml,加氢氧化钠试液15ml与钙紫红素指示剂0.1g,用乙二胺四醋酸二钠滴定液(0.05mol/L)滴定至溶液自紫色转变为纯蓝色。每1ml乙二胺四醋酸二钠滴定液(0.05mol/L)相当于22.42mg的 $C_{12}H_{22}CaO_{14} \cdot H_2O$,并将滴定的结果用空白试验校正。平行测定三次。

2. 数据记录

	Ⅰ	Ⅱ	Ⅲ	空白
葡萄糖酸钙口服溶液取样体积 V(ml)				
EDTA 初读数(ml)				
EDTA 终读数(ml)				
V_{EDTA}(ml)				
葡萄糖酸钙%(g/ml)				
相对平均偏差(%)				

3. 结果计算

$$葡萄糖酸钙\% = \frac{(V_{EDTA} - V_{空白}) \times T \times F}{V} \times 100\% \, (g/ml)$$

五、注意事项

1. 由于 Ca^{2+} 和铬黑T形成的配合物不够稳定,所以测定 Ca^{2+} 多用钙紫红素指示剂,在pH为12~13时测定。

2. 本实验终点颜色由紫色变为纯蓝色。

六、思考题

1. 测定葡萄糖酸钙的原理是什么?

2. 测定葡萄糖酸钙的操作属于什么测定方式?

3. 测定葡萄糖酸钙时,加入氢氧化钠的目的是什么?

答案解析

● ● ● ● 目标检测

一、单项选择题

1. EDTA 滴定液的配制一般采用（　　）

　　A. 直接法　　　　　　　　B. 间接法　　　　　　　　C. 置换法

　　D. 蒸馏法　　　　　　　　E. 升华法

2. 指示剂铬黑 T 在 pH≈10 时的颜色为（　　）

　　A. 红　　　　　　　　　　B. 黄　　　　　　　　　　C. 蓝

　　D. 绿　　　　　　　　　　E. 黑

3. EDTA 与金属离子形成的配合物的配位比为（　　）

　　A. 1∶1　　　　　　　　　B. 2∶1　　　　　　　　　C. 3∶1

　　D. 4∶1　　　　　　　　　E. 5∶1

4. 在 EDTA – 2Na 的各种存在形式中，能直接与金属离子配合的是（　　）

　　A. Y^{4-}　　　　　　　　　B. HY^{3-}　　　　　　　　C. H_4Y

　　D. H_6Y^{2+}　　　　　　　　E. H_2Y^{2-}

5. 以铬黑 T 为指示剂，用 EDTA – 2Na 直接滴定无色金属离子，终点所呈现的颜色是（　　）

　　A. EDTA – 2Na – 金属离子配合物的颜色

　　B. 指示剂 – 金属离子配合物的颜色

　　C. 游离指示剂的颜色

　　D. 金属离子的颜色

　　E. 上述 A 与 C 的混合色

二、多项选择题

1. 实验室常用于标定 EDTA 滴定液的物质是（　　）

　　A. 基准氯化钠　　　　　　B. 重铬酸钾　　　　　　　C. 基准氧化锌

　　D. 基准金属锌　　　　　　E. 无水碳酸钠

2. 用于配位滴定的反应必须具备的条件有（　　）

　　A. 配位反应要进行完全而且快速

　　B. 反应要按一定反应式定量进行

　　C. 要有适当的指示终点的方法

　　D. 滴定过程中生成的配合物最好是可溶的

　　E. 以上都不对

3. EDTA – 2Na 与大多数金属离子配位反应的特点是（　　）

　　A. 配位比为 1∶1　　　　　B. 配合物稳定性高　　　　C. 配合物水溶性好

　　D. 配合物水溶性不好　　　E. 配合物均无颜色

4. 以下关于 EDTA 滴定液配制叙述，正确的是（　　）

　　A. 使用 EDTA 分析纯试剂先配成近似浓度再标定

　　B. 标定条件与测定条件应尽可能接近

　　C. 配制好的 EDTA 滴定液，一般贮存于聚乙烯塑料瓶中或硬质玻璃瓶中

　　D. 标定 EDTA 溶液必须用二甲酚橙指示剂

　　E. 上述均不正确

三、名词解释

EDTA 滴定法　金属指示剂

四、简答题

在 EDTA 滴定中为什么要控制溶液酸度？

五、计算题

　　称取葡萄糖酸钙试样 0.5500g，溶解后，在 pH 为 10 的氨性缓冲液中用 EDTA 滴定，以 EBT 为指示剂，滴定用去 EDTA 液（0.04985mol/L）24.50ml。试求葡萄糖酸钙的含量（葡萄糖酸钙：448.4）。

书网融合……

重点小结

微课

习题

第六章 氧化还原滴定法

PPT

> **学习目标**

知识目标：通过本章的学习，应能掌握碘量法、亚硝酸钠法的基本原理，滴定液的配制和标定，测定方法及计算；熟悉氧化还原指示剂的作用原理及特点；了解氧化还原滴定法的特点及应用。

能力目标：具备熟练配制和标定硫代硫酸钠等滴定液的能力。

素质目标：通过本章的理论及拓展学习和实训练习，培养学生严谨求实的科学态度，增强"绿水青山才是金山银山"的环保意识。

第一节 概 述

一、氧化还原滴定法的概念

氧化还原滴定法是以氧化还原反应为基础，用氧化剂或还原剂为滴定液的一种滴定分析法。该方法应用广泛，能直接测定具有氧化性、还原性的物质，如过氧化氢、维生素 C、亚铁离子等；也能间接测定一些非氧化还原性的物质，如钙离子、盐酸普鲁卡因、磺胺类药物等。

二、氧化还原反应的特点

不是所有氧化还原反应都可以直接用于滴定分析。这是因为氧化还原反应存在电子的转移，大多数反应机制复杂，反应速率慢，常伴有副反应，而且有的反应条件不同时，还会生成不同的产物。因此，在氧化还原滴定法中，严格控制反应条件是非常重要的。

（一）能用于滴定分析的氧化还原反应必须满足的条件

1. 反应必须依据化学反应式的计量关系定量、完全反应，无副反应发生。
2. 反应速率需足够快。
3. 有适当的方法确定化学计量点。

（二）增大氧化还原反应速率的常用方法

1. 增大反应物浓度 一般说来，反应物浓度越大，反应速率越快。例如，在酸性溶液中，一定量的 $K_2Cr_2O_7$ 与 KI 反应为

$$Cr_2O_7^{2-} + 6I^- + 14H^+ \rightleftharpoons 2Cr^{3+} + 3I_2 + 7H_2O$$

增大 I^- 离子浓度或提高溶液酸度，均可使反应速率增大。

2. 升高温度 对大多数反应来说，升高溶液温度，可提高反应速率。温度升高增加了活化分子或活化离子数目，提高了反应速率。一般来说，温度每升高 10℃，反应速率增大 2～3 倍。例如，在酸性溶液中，MnO_4^- 与 $C_2O_4^{2-}$ 的反应：

$$2MnO_4^- + 5C_2O_4^{2-} + 16H^+ \rightleftharpoons 2Mn^{2+} + 10CO_2 + 8H_2O$$

在室温下，上述反应的反应速度缓慢，加热后反应加快。因此，用 $KMnO_4$ 滴定 $H_2C_2O_4$ 时，通常

将溶液加热至 75~85℃。

要注意的是，不是所有滴定反应都能用加热的方式来提高反应速率。要考虑加热时，是否会有额外副反应或过程（如挥发）发生。例如，加热时溶液中的还原性物质（如 Fe^{2+}、Sn^{2+}）更容易被空气中的 O_2 氧化；或者溶液中易挥发物质（如 I_2）挥发加剧，从而增大误差。

3. 加催化剂　分析化学中常用加入催化剂的方法来增大反应速率，若在上述 $KMnO_4$ 与 $H_2C_2O_4$ 的反应中加入 Mn^{2+} 作催化剂，反应速度会大大加快。实际上，反应前可不加入 Mn^{2+}，而利用 $KMnO_4$ 与 $H_2C_2O_4$ 反应生成的 Mn^{2+} 作催化剂，这种生成物自身就起催化作用的反应称为自动催化反应，该现象称自动催化现象。自动催化反应的特点是，刚开始反应速度慢，随着催化剂 Mn^{2+} 的生成，反应速度加快。

三、氧化还原滴定法的分类

氧化还原滴定法的滴定液包括氧化剂和还原剂。其中，还原剂用作滴定液的很少，因其易被空气氧化，常用的有 $Na_2S_2O_3$、$FeSO_4$ 等。而用作滴定液的氧化剂却很多，如 $KMnO_4$、I_2、$K_2Cr_2O_7$、$KBrO_3$ 等。分析化学中一般用滴定液的名称来命名氧化还原滴定法，如高锰酸钾法、碘量法、亚硝酸钠法、重铬酸钾法等。

四、指示剂

在氧化还原滴定中，可以用电位法来确定滴定终点，也可以利用某些物质（指示剂）在化学计量点附近颜色的改变来指示滴定终点。氧化还原滴定法中常用的指示剂有以下几种。

（一）自身指示剂

在氧化还原滴定中，某些滴定液或待测组分本身氧化态和还原态的颜色明显不同，因此，可利用其自身颜色的变化来指示滴定终点，而不需要再另加指示剂，这类溶液称为自身指示剂，如 $KMnO_4$ 滴定液可作自身指示剂。当 $KMnO_4$ 溶液浓度约为 $2\times10^{-6}\,mol/L$ 时，其溶液即可呈现粉红色。因此，在酸性介质中用 $KMnO_4$ 直接滴定无色的还原性物质（如 H_2O_2、$H_2C_2O_4$）时，由于 $KMnO_4$（紫红色）在反应中被还原为 Mn^{2+}（无色），所以在化学计量点后，只要有稍过量的 $KMnO_4$ 就可使溶液由无色变为粉红色，从而确定达到滴定终点。

I_2 滴定液也可用作自身指示剂，I_2 溶液浓度达到 $10^{-5}\,mol/L$ 时，即能呈现浅黄色。有时为了使终点观察更明显，可在被滴定的溶液中加入三氯甲烷或四氯化碳等有机溶剂，根据有机溶剂层紫红色的产生或消失来指示滴定终点。

（二）特殊指示剂

某些物质本身不具有氧化还原性质，不参与氧化还原反应，但可与滴定液或被测物质的氧化态或还原态作用产生特殊的颜色，从而指示滴定终点，这样的物质称为特殊指示剂，如淀粉指示剂。直接碘量法中，I_2 能被淀粉指示剂吸附显示出特殊的蓝色。

（三）氧化还原指示剂

有些物质本身有弱氧化性或弱还原性，其氧化态与还原态具有不同的颜色，在化学计量点附近，通过指示剂被氧化或还原，引起溶液颜色的改变，从而指示滴定终点，这类物质称为氧化还原指示剂。在选择氧化还原指示剂时，指示剂的变色电位范围应在滴定的电位突跃范围之内，并尽量与化学计量点一致。常用的氧化还原指示剂如表 6-1 所示。

表6-1　一些常用的氧化还原指示剂

指示剂	$\varphi_{In}^{\ominus'}(V)$，pH=0	颜色变化	
		氧化态颜色	还原态颜色
靛蓝-磺酸盐	0.25	蓝色	无色
亚甲蓝	0.36	绿蓝	无色
二苯胺	0.76	紫色	无色
二苯胺磺酸钠	0.84	紫红	无色
邻二氮菲亚铁	1.06	淡蓝	红色

氧化还原滴定法中，滴定液和被滴定的物质常常带有颜色，反应前后观察到的颜色变化是其与指示剂所显示颜色的混合色，所以选择氧化还原指示剂时还要注意终点前后颜色的变化是否明显。例如，用 $K_2Cr_2O_7$ 滴定 Fe^{2+} 时，常选用二苯胺磺酸钠作指示剂，当达到滴定终点时，溶液由亮绿色（Cr^{3+}）变为紫红色，颜色变化非常明显。此外，由于氧化还原指示剂本身具有氧化还原作用，会消耗一定量的滴定液。当滴定液的浓度较大时，对分析结果的影响可以忽略不计，但在精确测定或滴定液的浓度小于0.01mol/L时，则需要做空白试验，以校正指示剂误差。

（四）外指示剂

某些物质不能直接加入被滴定的溶液中，而是在化学计量点附近用玻璃棒蘸取少许溶液，在外面与其接触来判断滴定终点，这类物质称为外指示剂。例如，碘化钾-淀粉试纸可用作外指示剂。在亚硝酸钠法中，当滴定达到化学计量点后，稍过量的亚硝酸钠在酸性环境中与碘化钾反应，生成的 I_2 遇淀粉即显蓝色。

（五）不可逆指示剂

有些物质在过量氧化剂存在时会发生不可逆的颜色变化以指示滴定终点，这类物质称为不可逆指示剂。例如，甲基红或甲基橙可用作不可逆指示剂。在溴酸钾法中，酸性溶液中稍过量的溴酸钾产生的溴，能破坏甲基红或甲基橙的呈色结构，以不可逆的褪色反应（红色消失）来指示滴定终点。

第二节　碘量法

一、基本原理

碘量法是基于 I_2 的氧化性和 I^- 的还原性来进行氧化还原滴定的分析方法。固体 I_2 在水中的溶解度很小，且易挥发。因此，通常将 I_2 溶解于 KI 溶液中，以增大 I_2 的溶解度，并减少挥发。此时 I_2 实际上是以 I_3^- 形式存在，一般仍简写为 I_2。

$$I_2 + 2e^- \rightleftharpoons 2I^- \qquad \varphi^\ominus = +0.54V$$

由电对 I_2/I^- 的标准电极电势可知，I_2 是较弱的氧化剂，能与较强的还原剂定量反应；I^- 是中等强度的还原剂，能被许多氧化性物质定量氧化。依据以上反应，碘量法分为直接碘量法和间接碘量法。

（一）直接碘量法

直接碘量法又称为碘滴定法，是以 I_2 为滴定液直接测定具有较强还原性物质（如 S^{2-}、SO_3^{2-}、Sn^{2+}、$S_2O_3^{2-}$ 等）的方法。因为 I_2 的氧化性较弱，所以该法应用范围较窄。

直接碘量法的反应条件为酸性、中性或弱碱性。若溶液的 PH > 9，则会发生 I_2 的歧化反应。

$$3I_2 + 6OH^- \rightleftharpoons IO_3^- + 5I^- + 3H_2O$$

若在强酸性下进行，$S_2O_3^{2-}$ 会发生分解：

$$S_2O_3^{2-} + 2H^+ \rightleftharpoons SO_2\uparrow + S\downarrow + H_2O$$

若用 I_2 滴定液滴定 $Na_2S_2O_3$，须在中性或弱酸性条件下进行，其反应方程式如下。

$$I_2 + 2Na_2S_2O_3 \rightleftharpoons Na_2S_4O_6 + 2NaI$$

该反应为碘量法最重要的反应。

直接碘量法用淀粉作指示剂。计量点前，加入的 I_2 与待测物完全反应；计量点后，过量的 I_2 遇淀粉即显蓝色以指示终点。淀粉指示剂灵敏度很高，当 I_2 浓度为 10^{-5} mol/L 时，溶液即显蓝色。

（二）间接碘量法

间接碘量法又称为滴定碘法，是利用 I^- 的还原性测定氧化性物质的方法。在一定条件下，先加入过量的还原性物质 KI，待氧化性物质被 I^- 完全、定量还原后，再用 $Na_2S_2O_3$ 滴定液滴定生成的 I_2，从而间接测定出氧化性物质的含量。例如，间接碘量法测定 $KMnO_4$ 时，先加入过量的 KI，以定量地释放出 I_2。

$$2MnO_4^- + 10I^- + 16H^+ \rightleftharpoons 2Mn^{2+} + 5I_2 + 8H_2O$$

再用 $Na_2S_2O_3$ 滴定液滴定生成的 I_2。

$$I_2 + 2S_2O_3^{2-} \rightleftharpoons 2I^- + S_4O_6^{2-}$$

根据两个方程式中 I_2 与 MnO_4^- 和 $S_2O_3^{2-}$ 的定量关系，即能求出 $KMnO_4$ 的含量。

可以看出，间接碘量法与直接碘量法 pH 条件基本相同，考虑到 I_2 的歧化反应，反应应在 pH < 9 的溶液中进行，考虑到 $Na_2S_2O_3$ 的分解，反应不应在强酸性下进行。但与 I_2 滴定 $Na_2S_2O_3$ 有所不同，$Na_2S_2O_3$ 滴定 I_2 可在更高的酸度中进行。只要滴定速度较慢，并不断摇动溶液（防止 $Na_2S_2O_3$ 局部过浓），滴入的 $Na_2S_2O_3$ 来不及分解，就被 I_2 反应完全。因此，即使在 $[H^+] = 3 \sim 4$ mol/L 的溶液中滴定，也能得到准确的结果。

另外，有些还原性物质与碘反应速度太慢，可采用返滴定法（剩余滴定）进行测定。在待测物中先加入定量、过量的 I_2 滴定液，待反应完全后，用 $Na_2S_2O_3$ 滴定液滴定剩余的 I_2，从而测定出还原性物质的含量。习惯上将这种滴定方式也称为间接碘量法。

间接碘量法也采用淀粉作指示剂，但指示剂加入的时间与直接碘量法不同。先开始滴定，接近终点前才加入淀粉。这时，淀粉会与溶液中少量的 I_2 形成蓝色吸附化合物，溶液显蓝色。计量点时，溶液中的 I_2 被 $Na_2S_2O_3$ 滴定液完全反应后，$Na_2S_2O_3$ 会与上述蓝色吸附化合物中的 I_2 反应，将其还原为 I^-，使蓝色褪去即为终点。

间接碘量法应用范围较广，可用于测定 Cu^{2+}、$Cr_2O_7^{2-}$、CrO_4^{2-}、IO_3^-、ClO^-、NO_2^-、H_2O_2 等氧化性物质。

（三）碘量法的误差来源

碘量法中最主要的两个误差来源就是 I_2 的挥发和 I^- 被空气中的 O_2 氧化。

1. 防止 I_2 的挥发　①加入过量 $2 \sim 3$ 倍的 KI，使 I_2 形成 I_3^-，增大 I_2 的溶解度；②在室温下滴定；③滴定时使用碘量瓶，不要剧烈摇动。

2. 防止 I^- 被空气中的 O_2 氧化　I^- 易被空气中 O_2 氧化，反应方程式为

$$4I^- + 4H^+ + O_2 \rightleftharpoons 2I_2 + 2H_2O$$

该反应随光照及酸度的增高而加快。因此，①应适当降低溶液酸度；②反应时碘量瓶应置于暗

处，避免阳光直射；③待测氧化性物质被 I^- 完全后应立即滴定生成的 I_2；④滴定速度稍快，减少 I^- 与空气的接触。

碘量法既能测定氧化性物质，也能测定还原性物质；与很多氧化还原滴定法不同，碘量法不仅可在酸性中进行，也能在中性或弱碱性溶液中进行；并且有通用的指示剂（淀粉），因此，碘量法的应用十分广泛。

二、滴定液的配制与标定

（一）碘滴定液的配制和标定

1. 配制　碘易挥发并具有腐蚀性，应采用间接法配制 I_2 滴定液。为增大碘的溶解度并防止其挥发，需加入过量的 KI。配好的碘溶液应贮存于棕色瓶中避光避热，并防止与橡皮塞、软木塞等有机物接触（碘液具有腐蚀性）。

2. 标定　可用 $Na_2S_2O_3$ 滴定液或基准物质标定碘滴定液，常用的基准物质为 As_2O_3，它难溶于水，可用 NaOH 溶液溶解。

$$As_2O_3 + 6NaOH \rightleftharpoons 2Na_3AsO_3 + 3H_2O$$

加入 $NaHCO_3$ 使溶液呈弱碱性（$pH \approx 8$），I_2 可快速、定量地氧化 Na_3AsO_3。

$$Na_3AsO_3 + I_2 + 2NaHCO_3 \rightleftharpoons Na_3AsO_4 + 2NaI + 2CO_2\uparrow + H_2O$$

（二）$Na_2S_2O_3$ 滴定液配制与标定

1. 配制　市售的固体 $Na_2S_2O_3 \cdot 5H_2O$ 晶体易风化或潮解，并且含有少量 S^{2-}、S、SO_3^{2-}、CO_3^{2-}、Cl^- 等杂质，因此只能用间接法配制滴定液。新配的 $Na_2S_2O_3$ 溶液不稳定，易分解，相关反应方程式如下。

（1）水中溶解的 CO_2 使 $Na_2S_2O_3$ 分解为

$$Na_2S_2O_3 + CO_2 + H_2O \rightleftharpoons NaHCO_3 + NaHSO_3 + S\downarrow$$

（2）空气中的 O_2 使 $Na_2S_2O_3$ 分解为

$$2Na_2S_2O_3 + O_2 \rightleftharpoons 2Na_2SO_4 + S\downarrow$$

（3）溶液中的微生物使 $Na_2S_2O_3$ 分解为

$$Na_2S_2O_3 \rightleftharpoons Na_2SO_3 + S\downarrow$$

日光及水中存在的微量 Fe^{3+}、Cu^{2+} 等离子也能促进 $Na_2S_2O_3$ 溶液的分解。因此，配制 $Na_2S_2O_3$ 滴定液时，应将一定量的 $Na_2S_2O_3 \cdot 5H_2O$ 溶于新煮沸并冷却了的纯化水中（驱除水中 CO_2 和 O_2，杀死相关微生物），并加入少量 Na_2CO_3 使溶液呈弱碱性，以抑制微生物的生长。配好的 $Na_2S_2O_3$ 溶液应保存于棕色试剂瓶中，在暗处放置 $1 \sim 2$ 周后再标定。如发现溶液变浑浊，应弃去重新配制。

2. 标定　$Na_2S_2O_3$ 溶液通常可用 KIO_3、$KBrO_3$、$K_2Cr_2O_7$ 等基准物质进行标定，其中以 $K_2Cr_2O_7$ 最为方便。准确称取一定量的 $K_2Cr_2O_7$，加入适量硫酸控制酸度，再加入过量 $4 \sim 5$ 倍的 KI，置于暗处5分钟。反应完全后，加纯化水稀释以降低溶液酸度（避免 I^- 被空气中的 O_2 氧化），并降低 Cr^{3+} 的浓度（使其绿色变浅，便于终点观察）。滴定至接近终点，溶液颜色为黄绿色时，加入淀粉指示剂。再滴定至蓝色褪去即为终点。相关反应如下。

$$Cr_2O_7^{2-} + 6I^- + 14H^+ \rightleftharpoons 2Cr^{3+} + 3I_2 + 7H_2O$$
$$I_2 + 2S_2O_3^{2-} \rightleftharpoons 2I^- + S_4O_6^{2-}$$

三、应用示例

(一) 维生素 C 的测定

维生素 C 又称抗坏血酸，其分子（$C_6H_8O_6$）中的烯二醇基具有强还原性，能被 I_2 定量的氧化为二酮基。可采用直接碘量法进行测定，反应方程式如下。

$$C_6H_8O_6 + I_2 \rightleftharpoons C_6H_6O_6 + 2HI$$

因 $C_6H_8O_6$ 的强还原性，其易被空气中的 O_2 氧化，在碱性溶液中氧化得更快，滴定时应加入一定量的 HAc 使溶液呈酸性。

(二) 漂白粉有效氯的测定

漂白粉是常用的消毒、杀菌剂。它的主要成分是 CaCl(ClO)，其他还有 $CaCl_2$、$Ca(ClO_3)_2$、CaO 等。在酸的作用下漂白粉可释放出氯，释放出的氯具有漂白作用，称为"有效氯"，并以此表示漂白粉的质量和纯度。它的含量常用间接碘量法测定，即在一定的漂白粉中加入过量 KI，生成的 I_2 用 $Na_2S_2O_3$ 滴定液滴定，反应为

$$ClO^- + 2I^- + 2H^+ \rightleftharpoons I_2 + Cl^- + H_2O$$
$$I_2 + 2S_2O_3^{2-} \rightleftharpoons 2I^- + S_4O_6^{2-}$$

第三节　亚硝酸钠法

一、基本原理

(一) 反应原理

亚硝酸钠法是以亚硝酸钠为滴定液，在盐酸存在下测定芳香族伯胺和芳香族仲胺类化合物的氧化还原滴定法。

芳香族伯胺类化合物在盐酸溶液中与 $NaNO_2$ 发生重氮化反应。

$$Ar-NH_2 + NaNO_2 + 2HCl \rightleftharpoons [Ar-\overset{+}{N}\equiv N]\ Cl^- + NaCl + 2H_2O$$

芳香族仲胺类化合物在盐酸溶液中与 $NaNO_2$ 发生亚硝基化反应。

$$\begin{array}{c} Ar \\ {\diagdown} \\ R \end{array}\!\!NH + NaNO_2 + HCl \rightleftharpoons \begin{array}{c} Ar \\ {\diagdown} \\ R \end{array}\!\!N-NO + NaCl + H_2O$$

依据反应类型分别称为重氮化滴定法和亚硝基化滴定法。其中，以重氮化滴定法最为常用。

(二) 重氮化滴定的反应条件

1. 酸度　重氮化反应速率和酸的种类有关，在 HBr 中比在 HCl 中快，在硫酸或硝酸中反应较慢。因 HCl 成本更低，且芳伯胺盐酸盐溶解度也较大，故常使用 HCl 酸化，在 1~2mol/L 的酸度下进行滴定。酸度越高，反应速度越快，并能增加重氮盐的稳定性。酸度不足，生成的重氮盐不稳定易分解，且易与尚未参与反应的芳香族伯胺发生偶联反应。

2. 温度　温度升高，重氮化反应速率增大，但生成的重氮盐稳定性降低，分解加快；HNO_2 的分解或逸失也加快。因此，重氮化反应温度要控制在 15℃ 以下。若采用"快速滴定法"，可在 30℃ 以下进行。

3. 滴定速度 重氮化反应是分子间的反应，反应较慢。滴定速度不宜过快，并要不断搅拌，接近终点时芳伯胺的浓度已经很低，须一滴一滴地加入并搅拌数分钟才能确定终点。《中国药典》（现行版）规定，采用"快速滴定法"可在 30℃ 以下进行，将滴定管管尖插入到液面以下约 2/3 处，在不断搅拌下迅速滴定至接近终点，再将管尖移出液面，缓慢滴定至终点。这样，开始生成的 HNO_2 在剧烈搅拌下向四方扩散并立即与芳伯胺反应，来不及分解或逸失。"快速滴定法"可以缩短滴定时间，在较高的温度下也得到准确的结果。

4. 苯环上取代基的影响 芳伯胺对位有其他取代基存在时，会影响重氮化反应速率。一般来说，像—X、—NO_2、—COOH 这样的吸电子基团会加快反应，而—CH_3、—OH 这样的斥电子基团会使反应速率降低。对于反应较慢的待测药物，滴定时可加入适量的 KBr 作催化剂以加快反应。

（三）指示终点的方法

1. 外指示剂法 亚硝酸钠法可用外指示剂法来确定终点。把 KI 和淀粉混在一起调成糊状，涂在白瓷板上或制成试纸。滴定终点时，用玻璃棒蘸取少许溶液，在备好白瓷板或试纸上划过，如果溶液中已有稍过量的 HNO_2，就能将 I^- 氧化为 I_2，I_2 遇淀粉即显蓝色。当有蓝色划痕出现时，用玻璃棒继续搅拌溶液 1 分钟后再划一次，若仍立即显蓝色说明已到滴定终点。

2. 永停滴定法 外指示剂法操作繁琐，且不易确定滴定终点。《中国药典》（现行版）规定，亚硝酸钠法一般采用永停滴定法确定滴定终点。

二、亚硝酸钠滴定液的配制与标定

1. 配制 $NaNO_2$ 的水溶液很不稳定，放置时浓度明显降低。但在 pH 为 10 左右时，$NaNO_2$ 溶液很稳定，能保持三个月内浓度基本不变。因此配制 $NaNO_2$ 溶液需加入少量 Na_2CO_3 作稳定剂。

2. 标定 标定 $NaNO_2$ 滴定液的常用基准物质是对氨基苯磺酸。对氨基苯磺酸难溶于水，需先加氨水溶解，再加入 HCl。标定反应如下。

$$HO_3S-\text{C}_6\text{H}_4-NH_2 + NaNO_2 + 2HCl \rightleftharpoons [HO_3S-\text{C}_6\text{H}_4-N_2^+]Cl^- + NaCl + 2H_2O$$

$NaNO_2$ 溶液见光易分解，应置于带玻璃塞的棕色瓶中，密闭保存。

三、非那西丁的测定

具有芳伯胺结构的药物，如盐酸普鲁卡因、盐酸普鲁卡因胺和磺胺类药物都可用重氮化滴定法进行测定。一些经适当处理可转变为芳伯胺的化合物也可用重氮化滴定法测定。例如，非那西丁经水解后，可得到游离的芳伯胺，其含量测定反应如下。

$$CH_3CONH-\text{C}_6\text{H}_4-OC_2H_5 + H_2O \rightleftharpoons NH_2-\text{C}_6\text{H}_4-OC_2H_5 + CH_3COOH$$

非那西丁

$$NH_2-\text{C}_6\text{H}_4-OC_2H_5 + NaNO_2 + 2HCl \rightleftharpoons [C_2H_5O-\text{C}_6\text{H}_4-N_2^+]Cl^- + NaCl + H_2O$$

知识链接

高锰酸钾法是以高锰酸钾为滴定液的氧化还原滴定法。高锰酸钾的氧化能力及还原产物与溶液的酸度紧密相关。在强酸性溶液中，$KMnO_4$氧化能力非常强，可被还原为无色的Mn^{2+}。因此，高锰酸钾法通常在H^+浓度为$1\sim2mol/L$的强酸性溶液中进行。应用高锰酸钾法时，可根据待测物的性质采用不同的滴定方式。例如，测定某些还原性物质（Fe^{2+}、H_2O_2等）时，可采用直接滴定法；测定某些氧化性物质（MnO_2等）时，可采用返滴定法；测定某些非氧化还原物质（Ca^{2+}、Th^{4+}等），可采用间接滴定法。常用的高锰酸钾滴定液浓度在0.02mol/L左右，用间接法配制，贮存于棕色试剂瓶；放置7~10天后，用草酸钠等基准物质进行标定。

氧化还原滴定法除以上介绍的碘量法、亚硝酸钠法、高锰酸钾法外，还有重铬酸钾法、硫酸铈法、溴酸钾法等。重铬酸钾法以氧化性较强的$K_2Cr_2O_7$为滴定液，指示剂可用二苯胺磺酸钠、邻苯氨基苯磺酸等氧化还原指示剂，常用于测定亚甲蓝、盐酸小檗碱等药物。由于Cr^{3+}、$Cr_2O_7^{2-}$均会严重污染环境，宜少用。硫酸铈法以强氧化剂$Ce(SO_4)_2$为滴定液，邻二氮菲亚铁为指示剂。通常，可用高锰酸钾法测定的物质也能用硫酸铈法测定。溴酸钾法以强氧化剂$KBrO_3$为滴定液，甲基红、甲基橙或淀粉作指示剂，可用于测定亚铁盐、苯酚、盐酸去氧肾上腺素、联胺等。

实训五 硫代硫酸钠滴定液的配制与标定 📱微课

一、实训目的

1. 掌握$Na_2S_2O_3$滴定液配制与标定的原理及方法。
2. 掌握碘量瓶的使用。
3. 熟悉$Na_2S_2O_3$滴定液准确浓度的计算。

二、实训原理

$Na_2S_2O_3\cdot5H_2O$固体常含有少量S、Na_2SO_3、Na_2SO_4等杂质，且易风化或潮解，故只能用间接法配制其滴定液。由于水中CO_2和微生物、空气中O_2的作用，其浓度也会发生变化。因此，配制$Na_2S_2O_3$溶液时，要用新煮沸放冷的纯化水，并加入少量的Na_2CO_3作稳定剂。配好的$Na_2S_2O_3$溶液应保存于棕色试剂瓶中，在暗处放置1~2周，待其浓度稳定后后再标定。

标定$Na_2S_2O_3$溶液最常用的基准物质是$K_2Cr_2O_7$。先将$K_2Cr_2O_7$与过量的KI反应，置换出I_2。该反应，须在较强的酸性介质并暗处放置10分钟，才能定量进行完全。该反应式为

$$K_2Cr_2O_7+6KI+7H_2SO_4\Longrightarrow3I_2+Cr_2(SO_4)_3+4K_2SO_4+7H_2O$$

再用$Na_2S_2O_3$溶液滴定置换出的I_2。该反应只能在中性或弱酸性介质中进行。所以在滴定前，应加纯化水稀释，这样既能降低溶液酸度，又能使溶液中的颜色变浅，以免影响滴定终点颜色的观察。该反应式为

$$2Na_2S_2O_3+I_2\Longrightarrow Na_2S_4O_6+2NaI$$

以上反应可知，$1mol\ K_2Cr_2O_7$会消耗$6mol\ Na_2S_2O_3$，由此可计算出$Na_2S_2O_3$滴定液的准确浓度。

三、实训用品

1. 仪器 电子天平、碱式滴定管（或聚四氟滴定管，50ml）、碘量瓶（250ml）、量筒（25ml、50ml、100ml）、烧杯（1000ml）、棕色试剂瓶。

2. 试剂　基准 $K_2Cr_2O_7$（固体）、$Na_2S_2O_3 \cdot 5H_2O$（AR）、KI（AR）、2mol/L H_2SO_4、Na_2CO_3（AR）、淀粉指示剂。

四、实训操作

1. 操作步骤

（1）0.1mol/L $Na_2S_2O_3$ 溶液的配制　称取 26g 硫代硫酸钠（$Na_2S_2O_3 \cdot 5H_2O$）置于 1000ml 烧杯中，加入新煮沸放冷的纯化水适量使其完全溶解，然后稀释至 1000ml，再加 0.20g 碳酸钠，摇匀，放置 1~2 周后滤过，并贮存于棕色试剂瓶中备用。

（2）0.1mol/L $Na_2S_2O_3$ 溶液的标定　准确称取在 120℃ 干燥至恒重的基准 $K_2Cr_2O_7$ 约 0.15g，置于碘量瓶中，加 30ml 纯化水使其完全溶解。加入 2.0g KI，轻轻振摇使其溶解，再加 2mol/L 硫酸 20ml，摇匀，密塞，水封，在暗处放置 10 分钟。取出后，先加入 70ml 纯化水稀释，再用待测的 $Na_2S_2O_3$ 溶液滴定。近终点时，加淀粉指示剂 3ml，继续滴定至蓝色消失而显亮绿色，即为滴定终点，记录所消耗 $Na_2S_2O_3$ 溶液的体积。平行测定 3 次，根据所消耗 $Na_2S_2O_3$ 溶液的体积和 $K_2Cr_2O_7$ 的质量，算出 $Na_2S_2O_3$ 滴定液的准确浓度。

2. 数据记录

	I	II	III
（$Na_2S_2O_3 \cdot 5H_2O$ + 称量瓶）初重量（g）			
（$Na_2S_2O_3 \cdot 5H_2O$ + 称量瓶）末重量（g）			
$Na_2S_2O_3 \cdot 5H_2O$ 重量（g）			
$Na_2S_2O_3$ 溶液初读数（ml）			
$Na_2S_2O_3$ 溶液终读数（ml）			
$V_{Na_2S_2O_3}$（ml）			
$c_{Na_2S_2O_3}$（mol/L）			
平均值（mol/L）			
相对平均偏差（%）			

3. 结果计算

$$c_{Na_2S_2O_3} = \frac{1}{6} \times \frac{m_{K_2Cr_2O_7}}{M_{K_2Cr_2O_7} \times V_{Na_2S_2O_3} \times 10^{-3}} \quad M_{K_2Cr_2O_7} = 294.19$$

五、注意事项

1. 为了防止在暗处放置过程中，I_2 挥发和 I^- 被空气中的 O_2 氧化，实验必须使用碘量瓶。

2. 到达滴定终点后，溶液放置时间在 5 分钟以上变蓝，是空气中的 O_2 氧化 I^- 所致，不影响结果。如果很快就回蓝，说明与 $K_2Cr_2O_7$ 和 KI 反应不完全，遇到这种情况，实验应要重做。

3. 滴定开始时要快滴慢摇，以减少 I_2 的挥发；加入淀粉指示剂之后，要慢滴并用力旋摇，以减少淀粉对 I_2 吸附的影响。

4. 3 份样品在暗处的放置时间要相同。

六、思考题

1. 配制和贮存 $Na_2S_2O_3$ 溶液时，需要注意哪些问题？

2. 在用 $Na_2S_2O_3$ 溶液滴定前，如果不加纯化水稀释，会对实验结果造成什么影响？

3. 为什么要在滴定至近终点时才加入淀粉指示剂？如果早加入会对实验结果造成什么影响？

实训六　硫酸铜的含量测定

一、实训目的

1. 熟悉间接碘量法测定硫酸铜的原理。
2. 掌握间接碘量法的操作方法及减少误差的方法。
3. 掌握间接滴定实验结果计算方法。

二、实训原理

胆矾（$CuSO_4 \cdot 5H_2O$）是农药波尔多液的主要原料，硫酸铜属于重金属盐，有毒，在医学上可用作催吐剂，现在认为其毒性太大，但仍是世卫组织列出的一种解毒剂。胆矾中的铜常用间接碘量法进行测定。样品在酸性溶液中，加入过量的 KI，使溶液中 Cu^{2+} 被 KI 完全反应为难溶的乳白色 CuI 沉淀，并析出 I_2，再用 $Na_2S_2O_3$ 滴定液滴定析出的 I_2。反应方程式如下。

$$2Cu^{2+} + 4I^- \rightleftharpoons 2CuI \downarrow + I_2$$
$$I_2 + 2Na_2S_2O_3 \rightleftharpoons Na_2S_4O_6 + 2NaI$$

为了防止 Cu^{2+} 水解，反应须在微酸性（$pH = 3 \sim 4$）溶液中进行。由于 Cu^{2+} 容易和 Cl^- 形成配离子，所以酸化时不能用 HCl。通常用 HAc 调节溶液的酸度。酸度过低，反应速度慢；酸度过高，溶液中的 I^- 容易被空气中的氧氧化成 I_2，使测定结果偏高。

样品中若含有 Fe^{3+}，它能将 I^- 氧化成 I_2 而干扰测定。这时，可加入 NaF 掩蔽。

三、实训用品

1. 仪器　电子天平、50ml 酸式滴定管、250ml 锥形瓶、10ml 吸量管、洗耳球、洗瓶等。

2. 试剂　0.1mol/L $Na_2S_2O_3$、20% KI 溶液、6mol/L HAc 溶液、$CuSO_4 \cdot 5H_2O$（固体）、淀粉指示剂。

四、实训操作

1. 操作步骤　准确称取 $CuSO_4 \cdot 5H_2O$ 约 0.5g，置于锥形瓶中，加 50ml 纯化水溶解，加 4ml 6mol/L HAc 溶液，再加 10ml 20% KI 溶液，立即用 $Na_2S_2O_3$ 滴定液滴定，滴定至接近终点（浅黄色）时，加入淀粉指示剂 2ml，然后继续滴定，滴定至溶液中蓝色消失（溶液呈米色悬浊液），即为终点。

2. 数据记录

试样编号	I	II	III
$CuSO_4 \cdot 5H_2O$ 质量（g）			
$Na_2S_2O_3$ 用量（ml）			

3. 结果计算

$$CuSO_4\% = \frac{c_{Na_2S_2O_3} \times V_{Na_2S_2O_3} \times M_{CuSO_4} \times 10^{-3}}{m_s} \times 100\%$$

五、注意事项

1. 滴定要避光、快速进行，并且不能剧烈摇瓶，以避免 I_2 的挥发或 I^- 被空气中的 O_2 氧化。

2. 加入 KI 后，不必放置，应立即滴定，以防止 CuI 沉淀对 I_2 的吸附太牢固。

3. KI 不可同时加入平行操作的数份样品溶液中，应滴定一份，加一份。

4. 滴定时，溶液由棕红色逐渐变为土黄色、浅黄色，浅黄色时已接近终点，应及时加入淀粉指示剂。

六、思考题

1. $CuSO_4 \cdot 5H_2O$ 易溶于水，为什么还要加入 HAc？

2. 若将 KI 同时加入 3 份待测溶液中，然后依次滴定，实验结果怎样？

3. 加入 KI 起什么作用？是否需要准确加入？

4. 滴定时为什么不能过早加入淀粉指示剂？

.... **目标检测**

答案解析

一、单项选择题

1. 标定亚硝酸钠滴定液常用（　　）

　　A. 对氨基苯磺酸　　　　　　B. 间氨基苯磺酸　　　　　C. 苏丹三

　　D. 结晶紫　　　　　　　　　E. 氯化钠

2. 间接碘量法中，滴定至终点时的溶液放置后很快变蓝（5 分钟内）是由于（　　）

　　A. 空气中氧的作用　　　　　B. 被测物与碘化物反应不完全

　　C. 溶液中淀粉太多　　　　　D. 碘化钾太少

　　E. 溶液中淀粉太少

3. 高锰酸钾法中溶液的酸度应控制在（　　）

　　A. 1～2mol/L　　　　　　　B. 2～4mol/L　　　　　　　C. 4～6mol/L

　　D. 6～8mol/L　　　　　　　E. 0.1～0.2mol/L

4. 重氮化滴定酸化时，常使用的是（　　）

　　A. 硫酸　　　　　　　　　　B. 盐酸　　　　　　　　　　C. 硝酸

　　D. 磷酸　　　　　　　　　　E. 溴化氢

5. 直接碘量法的反应条件是（　　）

　　A. 强酸性　　　　　　　　　B. 弱酸性　　　　　　　　　C. 酸性、中性或弱碱性

　　D. 中性　　　　　　　　　　E. 强碱性

二、多项选择题

1. 下列属于氧化还原滴定法的是（　　）

　　A. 高锰酸钾法　　　　　　　B. 碘量法　　　　　　　　　C. 亚硝酸钠法

　　D. 铈量法　　　　　　　　　E. 银量法

2. 碘量法误差的来源主要有（　　）

  A. I_2 易挥发   B. I^- 被氧化   C. $Na_2S_2O_3$ 被氧化

  D. 待测离子被氧化   E. I_2 被还原

3. 碘量法的指示剂有（　　）

  A. 甲基红   B. 自身指示剂   C. 溴麝香草酚蓝

  D. 淀粉溶液   E. 结晶紫

4. 碘量法可分为（　　）

  A. 重氮化滴定法   B. 直接碘量法   C. 间接碘量法

  D. 亚硝基化滴定法   E. 重铬酸钾法

5. 下列物质中，可以使用氧化还原滴定法测定的是（　　）

  A. 草酸   B. 过氧化氢   C. 硫酸

  D. 亚铁离子   E. 盐酸

三、名词解释

氧化还原滴定法　自身指示剂

四、简答题

1. 间接碘量法中淀粉指示剂为何应在近终点时加入？

2. 标定硫代硫酸钠滴定液应注意些什么？

3. 配制碘滴定液时为何要加入碘化钾？

五、计算题

1. 精密称取维生素 C 样品 0.2056g，加入新煮沸后冷却的纯化水 100ml 与稀醋酸 10ml，摇匀使其完全溶解。加入淀粉指示剂 1ml，用 0.05020mol/L 碘滴定液滴定至终点，消耗 21.87ml。求该维生素 C 样品的百分含量。

2. 用 0.1010mol/L 的硫代硫酸钠滴定液滴定某碘溶液达终点时，消耗硫代硫酸钠溶液的体积与碘溶液的体积之比为 0.8972，求碘溶液的浓度。

书网融合……

重点小结   微课   习题

第七章　沉淀滴定法

PPT

学习目标

知识目标：通过本章的学习，应能掌握沉淀滴定法对沉淀反应的要求及银量法确定终点的基本原理；熟悉莫尔法、佛尔哈德法、法扬司法的滴定条件、应用范围及有关计算；了解银量法的滴定方式、滴定液的配制。

能力目标：具备根据被测物质特点选择合适的银量法进行定量分析的能力。

素质目标：通过本章的学习，加深对返滴定的理解，培养逆向思维能力。

第一节　概　述

一、沉淀滴定法的概念

沉淀滴定法是以沉淀反应为基础的一种滴定分析方法，但不是所有的沉淀反应都能用于滴定分析。由于很多沉淀的溶解度较大，或者易形成过饱和溶液，或者组成不恒定，或者形成沉淀时的反应速度太慢，或者共沉淀现象严重等原因，不适宜进行滴定分析。因此，能用于滴定分析的沉淀反应并不多。

二、沉淀滴定法的条件

沉淀滴定法对沉淀反应的具体要求如下。

1. 要求沉淀溶解度小，反应要完全。
2. 沉淀的组成要固定，即被测离子与沉淀剂之间有准确的化学计量关系。
3. 沉淀反应要迅速。
4. 有合适的指示剂或其他方法指示滴定终点，沉淀的吸附现象应不妨碍终点的确定。

由于上述条件的限制，目前在沉淀滴定分析中应用较广的沉淀反应是卤素离子或硫氰酸根离子与银离子形成微溶性银盐的反应。

$$Ag^+ + X^- \rightleftharpoons AgX\downarrow \text{ 或 } Ag^+ + SCN^- \rightleftharpoons AgSCN\downarrow$$

以上述反应为基础的沉淀滴定法称为银量法。银量法主要用于测定 Cl^-、Br^-、I^-、SCN^- 及 Ag^+ 等离子，也可以测定经处理后能定量产生上述离子的有机化合物。虽然 $BaSO_4$、$PbSO_4$、HgS 等一些沉淀也可用于沉淀滴定分析，但其重要性远不及银量法，因此本章主要介绍银量法。

三、银量法的分类

根据确定滴定终点时所用指示剂的不同，银量法可分为铬酸钾指示剂法、铁铵矾指示剂法及吸附指示剂法。每一种滴定方法又有直接滴定和返滴定两种不同的滴定方式，现将三种银量法具体滴定条件及测定物质总结如表7-1所示。

表7-1 银量法

方法名称	指示剂	滴定条件（PH环境）	滴定液	待测物质（滴定方式）
铬酸钾指示剂法（或莫尔法）	K_2CrO_4	中性或弱碱性（pH 6.5～10.5）	$AgNO_3$	Cl^- 或 Br^-（直接滴定）Ag^+（返滴定）
铁铵矾指示剂法（或佛尔哈德法）	$NH_4Fe(SO_4)_2 \cdot 12H_2O$	酸性（稀 HNO_3）	NH_4SCN	Ag^+（直接滴定）X^- 或 SCN^-（返滴定）
吸附指示剂法（或法扬司法）	吸附指示剂	$pH > pK_a$	$AgNO_3$ $NaCl$	X^- 或 SCN^-（直接滴定）Ag^+（直接滴定）

第二节 银量法指示终点的方法 📱微课

一、铬酸钾指示剂法

以铬酸钾（K_2CrO_4）作指示剂的银量法也叫莫尔法。莫尔法可以在中性或弱碱性溶液中，以 $AgNO_3$ 为滴定液，直接滴定分析 Cl^- 或 Br^- 的含量。如果要测定 Ag^+ 的含量，则要用到返滴定的方式。

（一）测定原理

以测定 Cl^- 为例，在中性或弱碱性溶液中，以 K_2CrO_4 作指示剂，用 $AgNO_3$ 滴定液滴定，其反应为

$$Ag^+ + Cl^- \rightleftharpoons AgCl\downarrow \text{（白色）}$$

$$2Ag^+ + CrO_4^{2-} \rightleftharpoons Ag_2CrO_4\downarrow \text{（砖红色）}$$

该方法的理论依据是分步沉淀原理。由于 $AgCl$ 的溶解度比 Ag_2CrO_4 的溶解度小，当用 $AgNO_3$ 滴定液进行滴定时，$AgCl$ 沉淀先析出，当溶液中 Ag^+ 与 Cl^- 反应达到化学计量点时，微过量的 Ag^+ 与 CrO_4^{2-} 立即反应析出砖红色的 Ag_2CrO_4 沉淀，指示滴定终点到达。

📘 知识链接

当一种试剂能沉淀溶液中多种离子时，在一定条件下，使一种离子先沉淀，而其他离子后沉淀的现象叫分步沉淀。对于同种类型的沉淀，其 K_{sp}（溶度积）越小越先沉淀；K_{sp} 差别越大，分离效果越好。对于不同类型的沉淀，生成沉淀所需试剂离子浓度越小的越先沉淀；沉淀各种离子所需试剂离子浓度差距越大，分步沉淀效果越好。分步沉淀的次序除了与沉淀的 K_{sp} 大小有关，还与被沉淀离子在溶液中的浓度有关，被沉淀离子浓度越大，越易形成沉淀。

（二）测定条件

1. 指示剂的用量 用 $AgNO_3$ 滴定液测定 Cl^-，指示剂 K_2CrO_4 的用量对于滴定准确度有较大影响。指示剂的用量过多或过少，Ag_2CrO_4 沉淀的析出就会过早或过迟，都会产生一定的终点误差。理论上要求 Ag_2CrO_4 沉淀应该恰好在滴定反应达到化学计量点时出现。

化学计量点时 $[Ag^+]$ 为

$$[Ag^+] = [Cl^-] = \sqrt{K_{sp,AgCl}} = \sqrt{1.77 \times 10^{-10}}\,mol/L = 1.33 \times 10^{-5}\,mol/L$$

若此时出现 Ag_2CrO_4 沉淀，则

$$[CrO_4^{2-}] = \frac{K_{sp,Ag_2CrO_4}}{[Ag^+]^2} = \frac{1.12 \times 10^{-12}}{(1.33 \times 10^{-5})^2}\,mol/L \approx 6.33 \times 10^{-3}\,mol/L$$

在实际操作中，由于 K_2CrO_4 溶液显黄色，浓度高时容易影响观察 Ag_2CrO_4 沉淀的砖红色。为了能及时且明显地观察到终点颜色，指示剂的浓度以略低一些为好。实验证明，K_2CrO_4 的浓度为 0.005mol/L 是确定滴定终点的适宜浓度。通常在反应液总体积为 50~100ml 的溶液中加入 5%（g/ml）K_2CrO_4 溶液 1~2ml。显然，K_2CrO_4 浓度降低后，要使 Ag_2CrO_4 析出沉淀，必须多加些 $AgNO_3$ 滴定液，这时滴定液就过量了，终点将在化学计量点后出现，但由于产生的终点误差一般都小于 0.1%，对分析结果的准确度影响不大。但如果溶液较稀，如用 0.01000mol/L $AgNO_3$ 滴定液滴定 0.01000mol/L Cl^- 溶液时，滴定误差可达 0.6%，应用指示剂空白试验进行校正。

2. 溶液的酸度 莫尔法要求溶液的酸度应控制在中性或弱碱性（pH 6.5~10.5）条件下。因为在酸性溶液中，CrO_4^{2-} 会转化为 $Cr_2O_7^{2-}$。CrO_4^{2-} 浓度降低了，Ag_2CrO_4 沉淀过迟出现，甚至不会沉淀。

$$2CrO_4^{2-} + 2H^+ \rightleftharpoons 2HCrO_4^- \rightleftharpoons Cr_2O_7^{2-} + H_2O$$

在强碱性溶液中，Ag^+ 会以棕黑色 Ag_2O 沉淀析出。

$$2Ag^+ + 2OH^- \rightleftharpoons Ag_2O\downarrow + H_2O$$

若溶液酸性太强，可用 $Na_2B_4O_7 \cdot 10H_2O$ 或 $NaHCO_3$ 中和；若溶液碱性太强，可用稀 HNO_3 溶液中和；而溶液中若有 NH_4^+ 存在，溶液 pH 范围应控制在 6.5~7.2。因为在氨碱性溶液中，$AgCl$ 和 Ag_2CrO_4 均可转化为 $[Ag(NH_3)_2]^+$ 而溶解，影响滴定准确度。

3. 排除干扰 莫尔法选择性较差，凡能与 Ag^+ 或 CrO_4^{2-} 产生沉淀的阴、阳离子均干扰滴定，如与 Ag^+ 沉淀的阴离子有 CO_3^{2-}、SO_3^{2-}、PO_4^{3-}、AsO_4^{3-}、S^{2-}、$C_2O_4^{2-}$ 等；与 CrO_4^{2-} 沉淀的阳离子有 Ba^{2+}、Pb^{2+}、Hg^{2+} 等。另外，大量的 Cu^{2+}、Co^{2+}、Ni^{2+} 等有色离子以及在中性或弱碱性溶液中易发生水解的离子如 Al^{3+}、Fe^{3+} 等也会干扰测定，应预先分离。

（三）应用范围

莫尔法主要用于测定 Cl^-、Br^- 和 Ag^+。当测定 Cl^- 或 Br^- 时应剧烈振摇，使被 $AgCl$ 或 $AgBr$ 沉淀吸附的 Cl^- 或 Br^- 及时释放出来，防止终点提前。当试样中 Cl^- 和 Br^- 共存时，测得的结果是它们的总量。若测定 Ag^+，应采用返滴定法，即向含 Ag^+ 的试液中加入过量且定量的 $NaCl$ 滴定液，使 Ag^+ 完全沉淀，然后再用 $AgNO_3$ 滴定液滴定反应剩余的 Cl^-（若直接滴定，先生成的 Ag_2CrO_4 转化为 $AgCl$ 的速度缓慢，滴定终点难以确定）。莫尔法不宜测定 I^- 和 SCN^-，因为 AgI 和 $AgSCN$ 沉淀表面会强烈吸附 I^- 和 SCN^-，即使剧烈振摇也不能完全释放，导致滴定终点过早出现，造成较大的滴定误差。

二、铁铵矾指示剂法

以铁铵矾 $[NH_4Fe(SO_4)_2 \cdot 12H_2O]$ 为指示剂的银量法也叫佛尔哈德（Volhard）法。佛尔哈德法是在酸性条件下（稀硝酸介质中），以铁铵矾作指示剂，用 NH_4SCN 滴定液直接滴定试液中的 Ag^+。若要测定卤素离子 X^- 或 SCN^-，则要用到返滴定的方式。

（一）测定原理

直接滴定法以测定 Ag^+ 为例，当滴定到化学计量点时，微过量的 SCN^- 与 Fe^{3+} 结合生成红色的 $[Fe(SCN)]^{2+}$ 即为滴定终点。其反应式如下。

$$Ag^+ + SCN^- \rightleftharpoons AgSCN\downarrow（白色）$$
$$Fe^{3+} + SCN^- \rightleftharpoons [Fe(SCN)]^{2+}（红色）$$

返滴定法以测定 Cl^- 为例，在酸性（HNO_3 介质）待测溶液中，先用过量且定量的 $AgNO_3$ 滴定液将 Cl^- 全部沉淀，再用铁铵矾作指示剂，用 NH_4SCN 滴定液回滴剩余的 Ag^+。微过量的 SCN^- 与 Fe^{3+} 结合生成红色的 $[Fe(SCN)]^{2+}$ 即为滴定终点。反应如下。

$$Ag^+ + Cl^- \rightleftharpoons AgCl\downarrow（白色）$$
（过量）
$$Ag^+ + SCN^- \rightleftharpoons AgSCN\downarrow（白色）$$
（剩余量）
$$Fe^{3+} + SCN^- \rightleftharpoons [Fe(SCN)]^{2+}（红色）$$

不论是直接滴定法还是返滴定法，当用 NH_4SCN 滴定液滴定 Ag^+ 溶液时，生成的 AgSCN 沉淀能吸附溶液中的 Ag^+，使 Ag^+ 浓度降低，以致红色的 $[Fe(SCN)]^{2+}$ 出现略早于化学计量点。因此在滴定过程中需剧烈摇动，才能使被吸附的 Ag^+ 完全释放出来。

（二）测定条件

1. 控制指示剂的浓度和溶液酸度　实验表明，$[Fe(SCN)]^{2+}$ 的最低浓度为 6.0×10^{-6}mol/L 时刚好在终点能观察到 $[Fe(SCN)]^{2+}$ 的红色。通常控制终点时 $[Fe^{3+}] \approx 0.015$mol/L。由于 Fe^{3+} 在中性或碱性溶液中将形成 $Fe(OH)^{2+}$、$Fe(OH)_2^+$ 等深色配合物，碱性再大，还会产生 $Fe(OH)_3$ 沉淀。因此，滴定应在 $0.1 \sim 1$mol/L HNO_3 酸性溶液中进行，故许多弱酸根离子（PO_4^{3-}、CO_3^{2-} 及 S^{2-} 等）都不干扰测定，使得本法选择性较高。

2. 必须注意的副反应　在测定 I^- 时，应先加入过量的硝酸银滴定液，再加入指示剂，否则将与 Fe^{3+} 发生如下副反应，造成误差。

$$2Fe^{3+} + 2I^- \rightleftharpoons 2Fe^{2+} + I_2$$

测定 Cl^- 时，在化学计量点附近应避免用力振摇。因为 AgSCN 的溶解度小于 AgCl 的溶解度，若用力振摇，滴加的 NH_4SCN 将与 AgCl 发生如下沉淀转化反应。

$$AgCl + SCN^- \rightleftharpoons AgSCN\downarrow + Cl^-$$

这种沉淀转化反应的速率虽然较慢，但这使得本应在终点时产生的红色 $[Fe(SCN)]^{2+}$ 不能及时出现或已经生成的 $[Fe(SCN)]^{2+}$ 又随着振摇而分解，红色褪去。反应直至进行到 Cl^- 与 SCN^- 浓度之间建立一定的平衡关系，才会出现持久的红色，无疑滴定已多消耗了 NH_4SCN 滴定液。为了避免上述现象的发生，通常采用以下措施。

（1）试液中加入过量且定量的 $AgNO_3$ 滴定液后，煮沸，使 AgCl 沉淀凝聚，以减少 AgCl 沉淀对 Ag^+ 的吸附。滤去沉淀，并用稀 HNO_3 充分洗涤沉淀，洗涤液与滤液合并，然后用 NH_4SCN 滴定液回滴滤液中过量的 Ag^+。此法使用沉淀分离法避免了沉淀转化，但操作过程中需要过滤、洗涤，比较烦琐。

（2）在滴入 NH_4SCN 滴定液之前，加入有机溶剂硝基苯、邻苯二甲酸二丁酯或 1,2－二氯乙烷。用力摇动后，有机溶剂将 AgCl 沉淀包住，使 AgCl 沉淀与外部溶液隔离，阻止 AgCl 沉淀与 NH_4SCN 发生转化反应。此法方便，但硝基苯等有机溶剂有毒，也污染环境。

（3）提高 Fe^{3+} 的浓度以减小终点时 SCN^- 的浓度，从而减小上述误差。实验证明，一般溶液中 Fe^{3+} 的浓度为 0.2mol/L 时，终点误差将小于 0.1%。

3. 排除干扰　对于一些强氧化剂、氮的低价氧化物以及铜盐、汞盐等能与 SCN^- 起作用的干扰物质，必须预先除去。

（三）应用范围

铁铵矾指示剂法可直接测定 Ag^+ 含量，选择性较高。可利用返滴定法测定卤素离子 X^- 和 SCN^-，除测定 Cl^- 时注意沉淀转化问题，在测定 Br^-、I^- 和 SCN^- 时，滴定终点十分明显，不会发生沉淀转化。

三、吸附指示剂法

以吸附指示剂进行终点显色的银量法叫吸附指示剂法，也叫法扬司法。

（一）测定原理

吸附指示剂是一类有色的有机染料，它的阴（阳）离子在溶液中容易被带正（负）电荷的胶状沉淀表面所吸附，发生分子结构变化而改变颜色，以指示滴定终点。例如用 $AgNO_3$ 滴定液滴定 Cl^- 时，可用荧光黄作指示剂。荧光黄是一种有机弱酸，用 HFIn 表示，在溶液中存在下列解离平衡。

$$HFIn \rightleftharpoons FIn^-（黄绿色）+ H^+ \quad pK_a = 7$$

在化学计量点前，溶液中 Cl^- 过量，则 AgCl 胶核优先吸附 Cl^-，胶粒带负电，对指示剂中 FIn^- 有排斥作用，溶液呈 FIn^- 的黄绿色。在化学计量点时，溶液中稍过量 Ag^+ 会优先吸附在 AgCl 胶核上，胶粒（$AgCl \cdot Ag^+$）带正电，带正电的溶胶强烈吸附 FIn^-。荧光黄阴离子被吸附后，因发生结构变化而呈粉红色，指示终点到达。

$$AgCl \cdot Ag^+ + FIn^- \xrightarrow{吸附} AgCl \cdot Ag^+ \cdot FIn^-$$
$$（黄绿色）\qquad\qquad （粉红色）$$

（二）测定条件

为了使终点变色敏锐，应用吸附指示剂时需要注意以下几点。

1. 使沉淀保持胶体状态　由于吸附指示剂的颜色变化发生在沉淀微粒表面，因此，应尽可能使卤化银呈胶体状态，具有较大的表面积。为此，在滴定前应将溶液稀释，并加糊精或淀粉等高分子化合物作为保护剂，以防止卤化银胶体凝聚。

2. 控制溶液酸度　溶液的酸度必须有利于指示剂的显色离子存在。常用的吸附指示剂大多是有机弱酸，而起指示作用的是它们的阴离子。不同的吸附指示剂，其 K_a 值不同，为使指示剂呈离子状态，必须控制适当的酸度。酸度大时，H^+ 与指示剂阴离子结合成不被吸附的指示剂分子，无法指示终点。例如荧光黄其 $pK_a = 7$，若 pH < 7 时，荧光黄主要以 HFIn 形式存在，不被吸附，因此荧光黄适用于 pH 7 ~ 10。二氯荧光黄的 $pK_a = 4$，适用于 pH 4 ~ 10。

3. 选择合适的吸附指示剂　胶体沉淀对指示剂离子的吸附能力应略小于对待测离子的吸附能力，否则指示剂将在化学计量点前变色而使终点提前。但不能太小，否则到化学计量点时指示剂不能立即变色，终点推迟。卤化银胶体沉淀对卤素离子和几种常用吸附指示剂的吸附能力次序如下。

$$I^- > SCN^- > 二甲基二碘荧光黄 > Br^- > 曙红 > Cl^- > 二氯荧光黄 > 荧光黄$$

因此，滴定 Cl^- 不能选曙红，而应选荧光黄。测定 Br^- 时，应选曙红为指示剂。测定 I^- 时，则用二甲基二碘荧光黄或曙红。表 7 - 2 中列出了几种常用的吸附指示剂及其应用。

表 7 - 2　常用吸附指示剂

指示剂	被测离子	滴定液	滴定条件	终点颜色变化
荧光黄	Cl^-、Br^-、I^-	$AgNO_3$	pH 7 ~ 10	黄绿→粉红
二氯荧光黄	Cl^-、Br^-、I^-	$AgNO_3$	pH 4 ~ 10	黄绿→红
曙红	Br^-、SCN^-、I^-	$AgNO_3$	pH 2 ~ 10	橙黄→红紫
溴酚蓝	生物碱盐类	$AgNO_3$	弱酸性	黄绿→灰紫
甲基紫	Ag^+	NaCl	酸性溶液	黄红→红紫

4. 滴定时避免强光照射　卤化银胶体沉淀见光易分解为灰黑色金属银，影响滴定终点的观察，因此在滴定过程中应避免强光照射。

（三）应用范围

此法可用于测定 Cl^-、Br^-、I^-、SCN^-、Ag^+ 及生物碱盐类（如盐酸麻黄碱）等的含量。

第三节　应　用

一、滴定液

银量法中常用的滴定液为 $AgNO_3$ 和 NH_4SCN 溶液。$AgNO_3$ 溶液可直接用干燥的基准硝酸银配成滴定液，但在实际工作中常用分析纯 $AgNO_3$ 先配成近似浓度溶液（配制时蒸馏水应不含 Cl^-），再用基准 NaCl 标定。标定时可用上述三种方法中任一种，但最好采用与测定样品相同的方法，以消除方法误差。$AgNO_3$ 滴定液见光易分解，应在棕色试剂瓶中避光保存。存放一段时间后，应重新标定。

市售的 NH_4SCN 常含有杂质，且易吸潮，不能直接配制滴定液，可用 $AgNO_3$ 滴定液按铁铵矾指示剂法的直接滴定法进行标定。

二、应用示例

银量法可以测定无机和有机卤化物的含量。如《中国药典》（现行版）中化学药氯化铵、氯化钠、氯化钾、林旦等的含量测定均使用银量法。

有机卤化物中卤素与分子结合很牢，必须经过适当的处理，如 NaOH 水解法、Na_2CO_3 熔融法及氧瓶燃烧法等方法使有机卤素转变为卤素离子后再用银量法测定。

林旦（$C_6H_6Cl_6$）是一种抗寄生虫药，常用剂型为乳膏剂。如《中国药典》（现行版）规定其含量测定的具体方法为：取本品约 0.4g，精密称定，加乙醇 25ml，置水浴中加热使溶解，冷却，加 1mol/L 乙醇制氢氧化钾溶液 10ml，轻轻摇匀，静置 10 分钟，加水 100ml，加 2mol/L 硝酸溶液中和，并过量 10ml，精密加硝酸银滴定液（0.1mol/L）50ml，摇匀，加硫酸铁铵指示液 2ml，用硫氰酸铵滴定液（0.1mol/L）滴定至溶液显淡棕红色，并将滴定的结果用空白试验校正。每 1ml 硝酸银滴定液（0.1mol/L）相当于 9.694mg 的 $C_6H_6Cl_6$。

> **知识链接**
>
> 《中国药典》（现行版）规定："精密称定"系指称取重量应准确至所取重量的千分之一；"称定"系指称取重量应准确至所取重量的百分之一；"精密量取"系指量取体积的准确度应符合国家标准中对该体积移液管的精密度要求；"量取"系指可用量筒或按照量取体积的有效数位选用量具。取用量为"约"若干时，系指取用量不得超过规定量的 $\pm10\%$。

实训七　氯化钠注射液中氯化钠的含量测定

一、实训目的

1. 掌握氯化钠注射液中氯化钠含量的测定操作。
2. 能根据吸附指示剂的颜色变化来确定终点。

二、实训原理

$AgNO_3$ 滴定液一般用间接法配制，然后用荧光黄（HFIn）吸附指示剂指示终点，采用基准 NaCl 标定其准确浓度。

荧光黄为一种有机弱酸类染料，在水中部分解离出荧光黄阴离子 FIn^- 呈黄绿色。在化学计量点前，溶液中 Cl^- 过量，生成的 AgCl 胶状沉淀首先吸附 Cl^- 使沉淀表面带负电荷 $AgCl \cdot Cl^-$，由于同性电荷相斥，荧光黄阴离子没有被吸附，呈黄绿色。但到计量点后，溶液中 Ag^+ 过量，生成的 AgCl 胶状沉淀吸附 Ag^+ 使沉淀表面带正电荷 $AgCl \cdot Ag^+$，此时吸附荧光黄阴离子，引起指示剂阴离子结构变化，颜色由黄绿色转变为淡红色，变色过程如下。

$$AgCl \cdot Ag^+ + FIn^- \rightleftharpoons AgCl \cdot Ag^+ \cdot FIn^-$$
$$（黄绿色）\qquad\qquad\qquad （粉红色）$$

为了防止 AgCl 胶体的凝聚，滴定前加入糊精溶液，使 AgCl 保持胶状且具有较大的表面积，增大吸附能力，终点变色敏锐。

三、实训用品

1. 仪器　分析天平、称量瓶、台秤、棕色试剂瓶、棕色滴定管、锥形瓶、量筒、烧杯、量杯、吸量管。

2. 试剂　固体 $AgNO_3$、基准 NaCl、2% 的糊精溶液、荧光黄指示剂（0.1% 乙醇溶液）、氯化钠注射液。

四、实训操作

1. 操作步骤　用吸量管准确量取 10.00ml 氯化钠注射液样品于 250ml 锥形瓶中，加 40ml 纯化水，加 2% 的糊精溶液 5ml，加荧光黄指示剂 5～8 滴，用 0.1000mol/L $AgNO_3$ 滴定液滴定至浑浊液由黄绿色转变为淡红色，即为终点，记下消耗 $AgNO_3$ 滴定液的体积。重复平行测定 3 次。

2. 数据记录

测量份数	Ⅰ	Ⅱ	Ⅲ
氯化钠注射液的体积	10.00ml	10.00ml	10.00ml
消耗 $AgNO_3$ 溶液的体积（ml）			
氯化钠注射液的浓度%（g/ml）			
氯化钠注射液的平均浓度%（g/ml）			
相对平均偏差			
是否符合要求			

注：《中国药典》（现行版）规定，等渗灭菌水的 NaCl 溶液中，氯化钠（NaCl）含量应为 0.850%～0.950%（g/ml）。

3. 结果计算　按下式计算氯化钠注射液中氯化钠含量。

$$NaCl\%（g/ml）= \frac{c_{AgNO_3} \cdot V_{AgNO_3} \cdot M_{NaCl} \cdot 10^{-3}}{10.00} \times 100\%$$

五、注意事项

1. 光线可促使 $AgNO_3$ 分解出金属银而使沉淀颜色变深，影响终点的观察，因此，滴定时应避免强光直射。

2. 应用棕色试剂瓶盛装 $AgNO_3$ 滴定液。

六、思考题

1. $AgNO_3$ 滴定液应装在酸式滴定管还是碱式滴定管中？为什么？

2. 配制 $AgNO_3$ 滴定液的容器用自来水洗后，若不用纯化水洗而直接用来配制 $AgNO_3$ 滴定液，将会出现什么现象？为什么？

···· **目标检测**

答案解析

一、单项选择题

1. 铁铵矾指示剂法测定（　　）时，指示剂一定要在加入 $AgNO_3$ 后再加入

    A. SCN^- B. Cl^- C. Br^-

    D. I^- E. Ag^+

2. 铬酸钾指示剂法测定 Cl^- 含量时，要求介质的 pH 控制在 6.5 ~ 10.5，若酸度过高，则（　　）

    A. AgCl 沉淀不完全   B. Ag_2CrO_4 沉淀不易形成   C. Ag_2CrO_4 沉淀过早形成

    D. 形成 Ag_2O 沉淀   E. AgCl 沉淀易形成胶状沉淀

3. 吸附指示剂荧光黄指示终点颜色变化的是（　　）

    A. 阳离子   B. 阴离子   C. 氢离子

    D. 分子   E. 都是

4. 用莫尔法测定氯离子时，终点颜色为（　　）

    A. 白色   B. 砖红色   C. 黄绿色

    D. 蓝色   E. 灰色

二、多项选择题

1. 用银量法测定 $BaCl_2$ 中的 Cl^-，可选用的指示剂是（　　）

    A. 铬酸钾   B. 荧光黄   C. 铁铵矾

    D. 铬黑 T   E. 甲基紫

2. 下列试样能用银量法测定的是（　　）

    A. NaCl   B. $FeCl_3$ C. Na_2SO_4

    D. NaBr   E. 三氯叔丁醇

3. 在进行吸附指示剂法操作时，需注意的条件是（　　）

    A. 在滴定前加入糊精作为保护胶体

    B. 调整溶液的 pH 以增大吸附指示剂的电离程度

    C. 应避免阳光直射

    D. 指示剂吸附性能要适合

    E. 加热并过滤除去卤化银沉淀

三、名词解释

沉淀滴定法

四、简答题

何谓银量法？银量法主要用于测定哪些物质？

五、计算题

1. NaCl 试液 20.00ml，用 0.1023mol/L AgNO₃ 滴定液滴定至终点，消耗了 27.00ml。求 NaCl 溶液中含 NaCl 多少克？

2. 法扬司法测定某试样中碘化钾含量时，称样 1.6520g，溶于水后，用 0.05000mol/L AgNO₃ 滴定液滴定，消耗了 20.00ml。试计算试样中 KI 的质量分数。

书网融合……

　　重点小结　　　　　　微课　　　　　　习题

第八章 重量分析法

PPT

重量分析法是经典的化学分析方法之一，它是根据生成物的质量来确定被测组分含量的方法，通常有沉淀法、挥发法（又称气化法）和萃取法等。

第一节　概　述

重量分析法是用适当的方法先将试样中待测组分与其他组分分离，然后用称量的方法测定该组分的含量。由于重量分析中的测定数据是直接由分析称量而获得，称量误差小，所以重量分析法适用于常量分析，其精确度较高，相对误差一般不超过 $\pm(0.1\% \sim 0.2\%)$，是经典化学分析法之一。

一、重量分析法的分类

重量分析的过程包括分离和称量两大步骤。根据分离方法的不同，重量分析一般可分为沉淀法、挥发法和萃取法等。

（一）沉淀法

沉淀法是重量分析法中的主要方法，这种方法是利用沉淀反应，将待测组分转化为溶解度很小的沉淀，经过滤、洗涤、烘干或灼烧成组成恒定的某种物质，然后称其质量，再计算待测组分的含量。例如，测定试样中 SO_4^{2-} 含量时，在试液中加入过量 $BaCl_2$ 溶液，使 SO_4^{2-} 完全生成难溶的 $BaSO_4$ 沉淀，经过滤、洗涤、烘干、灼烧后，称量 $BaSO_4$ 的质量，再计算试样中 SO_4^{2-} 的含量。

（二）挥发法

挥发法（又称气化法）是利用物质的挥发性质，通过加热或其他方法使试样中的待测组分挥发逸出，然后根据试样质量的减少，计算该组分的含量；或者用吸收剂吸收逸出的组分，根据吸收剂质量的增加计算该组分的含量。例如，测定氯化钡晶体（$BaCl_2 \cdot 2H_2O$）中结晶水的含量，可将一定质量的氯化钡试样加热，使结晶水逸出，根据氯化钡质量的减少，可计算出试样中结晶水的含量；或用吸湿剂（高氯酸镁）吸收逸出的水分，根据吸湿剂质量的增加来计算水分的含量。

（三）萃取法

萃取法是利用待测组分与其他组分在互不相溶的两种溶剂中的溶解度的不同，把待测组分从试样中定量转移至萃取剂中而与其他组分分离，然后蒸干萃取剂，称量干燥物即可计算待测组分在试样中的含量。

二、重量分析法的特点

重量分析法是经典的化学分析方法之一，它通过直接称量得到分析结果，不需要利用容量器皿测定许多数据，也不需要标准试样或基准物质作比较，因此分析结果准确度较高。对高含量组分的测定，一般测定的相对误差小于 0.1%。目前，对于含某些常量元素（如硫、硅、磷、钨、镍等）及水分、挥发物等的试样仍用重量分析法测定。但重量分析法的不足之处是操作较繁琐、耗时多，不适于生产中的控制分析；另外，对于低含量组分的测定误差较大。

第二节 沉淀重量法 ℮微课

沉淀法是一种较老的分离测定法，已具有较悠久的应用历史。在重量分析法中以沉淀法应用最广，故习惯上也常把沉淀重量法简称为重量分析法。

一、沉淀法对沉淀形式和称量形式的要求

（一）沉淀形式和称量形式

利用沉淀重量法进行分析时，首先需要将试样分解为试液，然后加入适当的沉淀剂使其与待测组分发生沉淀反应，这样获得的沉淀称为沉淀形式。该沉淀经过滤、洗涤、在适当温度下烘干或灼烧后，转化为最后可称量的物质，该物质称为称量形式。沉淀形式和称量形式的化学组成可以相同，也可以不同。例如，用沉淀法测定 SO_4^{2-}，加 $BaCl_2$ 为沉淀剂，沉淀形式和称量形式都是 $BaSO_4$，两者相同（式 $8-1$）；而在 Fe^{3+} 的沉淀法测定中，用氨水为沉淀剂，沉淀形式是 $Fe(OH)_3$，经灼烧后所得的称量形式是 Fe_2O_3，两者之间前后发生了化学变化，组成改变了，所以称量形式和沉淀形式不同（式 $8-2$）。

$$\underset{\text{被测组分}}{Ba^{2+}} \xrightarrow{\text{沉淀}} \underset{\text{沉淀形式}}{BaSO_4} \xrightarrow{\text{灼烧}} \underset{\text{称量形式}}{BaSO_4} \qquad (8-1)$$

$$\underset{\text{被测组分}}{Fe^{3+}} \xrightarrow{\text{沉淀}} \underset{\text{沉淀形式}}{Fe(OH)_3} \xrightarrow{\text{灼烧}} \underset{\text{称量形式}}{Fe_2O_3} \qquad (8-2)$$

沉淀重量法则最终会根据称量形式的化学式计算被测组分在试样中的含量。因此，为获得准确的分析结果，沉淀形式和称量形式必须满足以下要求。

（二）对沉淀形式的要求

1. 沉淀要完全 沉淀的溶解度要小，由沉淀溶解造成的损失量，应不超过分析天平的称量误差范围，保证待测组分沉淀完全。例如，测定 Ca^{2+} 时，以形成 $CaSO_4$（$K_{sp}=2.45\times10^{-5}$）和 CaC_2O_4（$K_{sp}=1.78\times10^{-9}$）两种沉淀形式作比较，$CaSO_4$ 的溶解度显然大于 CaC_2O_4 的溶解度。因此，用 $(NH_4)_2C_2O_4$ 作沉淀剂比用 H_2SO_4 作沉淀剂沉淀的更完全。

2. 沉淀要纯净 沉淀纯净是获得准确分析结果的重要因素之一。沉淀应易于过滤和洗涤，且尽量避免其他杂质的沾污。如颗粒较大的 $MgNH_4PO_4\cdot6H_2O$ 晶形沉淀其表面积较小，吸附杂质的机会较少，因此沉淀较纯净，易于过滤和洗涤；颗粒细小的晶形沉淀 CaC_2O_4、$BaSO_4$ 等比表面积大，吸附

杂质多，洗涤次数也相应增多；非晶形沉淀 $Al(OH)_3$、$Fe(OH)_3$ 等体积庞大疏松，吸附杂质较多，过滤费时且不易洗净。在沉淀重量法中，应尽可能获得颗粒较大的晶形沉淀。

3. 沉淀形式易于转化为称量形式　沉淀经烘干、灼烧时，应易于转化为称量形式。例如 Al^{3+} 的测定，若沉淀为 8 – 羟基喹啉铝 $Al(C_9H_6NO)_3$，在 130℃ 烘干后即可称量；而沉淀为 $Al(OH)_3$，则必须在 1200℃ 灼烧才能转变为无吸湿性的 Al_2O_3 后，方可称量。因此，测定 Al^{3+} 时选用前法比后法好。

可见，要想得到准确的分析结果，必须选择适当的沉淀条件以满足对沉淀形式的要求。

（三）对称量形式的要求

1. 具有固定的化学组成　称量形式的组成必须与化学式相符，这是定量计算的基本依据。例如，测定 PO_4^{3-}，可以形成磷钼酸铵沉淀，但组成不固定，无法利用它作为测定 PO_4^{3-} 的称量形式。若采用磷钼酸喹啉法测定 PO_4^{3-}，则可得到组成与化学式相符的称量形式。

2. 化学稳定性要高　称量形式应不易吸收空气中的水和二氧化碳，也不易被空气中的氧所氧化。例如，测定 Ca^{2+} 时，若将 Ca^{2+} 沉淀为 $CaC_2O_4 \cdot H_2O$，灼烧后得到 CaO，易吸收空气中 H_2O 和 CO_2，因此，CaO 不宜作为称量形式。

3. 称量形式的摩尔质量尽可能大，待测组分在称量形式中所占百分比尽可能小　这样可减小称量的相对误差，提高分析结果的准确度。例如，用沉淀法测定 Al^{3+}，可以用氨水沉淀为 $Al(OH)_3$ 后，灼烧成 Al_2O_3 称量；也可以用 8 – 羟基喹啉沉淀为 8 – 羟基喹啉铝 $Al(C_9H_6NO)_3$，烘干后称量。按这两种称量形式计算，0.1000g 铝可获得 0.1888g Al_2O_3 或 1.7040g $Al(C_9H_6NO)_3$。分析天平的称量误差一般为 ±0.2mg。对于称量上述两种称量形式，相对误差分别为 ±0.1% 和 ±0.01%。显然，用 8 – 羟基喹啉沉淀法测定铝准确度较高。

（四）沉淀剂的选择

根据上述对沉淀形式和称量形式的要求，选择沉淀剂时应考虑以下几点。

1. 对待测离子具有较好的选择性　所选的沉淀剂只能和待测组分生成沉淀，而与试液中的其他组分不起作用。例如沉淀锆离子时，选用在盐酸溶液中与锆有特效反应的苦杏仁酸作沉淀剂，这时即使有钛、铁、钡、铝、铬等十几种离子存在，也不发生干扰。

2. 能使待测离子沉淀完全　选择沉淀剂时，应选用与待测离子生成溶解度最小的沉淀的沉淀剂。例如，难溶性钡盐有 $BaCO_3$、$BaCrO_4$、BaC_2O_4 和 $BaSO_4$。上述钡盐中，$BaSO_4$ 溶解度最小。因此，以 $BaSO_4$ 的形式沉淀 Ba^{2+} 比其他形式好。

3. 易于除去　这样沉淀中带有的沉淀剂即便未洗净，也可以经挥发、烘干或灼烧而除去。一些铵盐和有机沉淀剂都能满足这项要求。例如，沉淀 Fe^{3+} 时，沉淀剂应选用氨水而不用 $NaOH$。

4. 溶解度较大　用此类沉淀剂可以减少沉淀对沉淀剂的吸附作用。例如，沉淀 SO_4^{2-} 时，应选 $BaCl_2$ 作沉淀剂，而不用 $Ba(NO_3)_2$。因为 $Ba(NO_3)_2$ 的溶解度比 $BaCl_2$ 小，$BaSO_4$ 吸附 $Ba(NO_3)_2$ 比吸附 $BaCl_2$ 严重。

二、沉淀的制备

在重量分析法中，为了获得准确的分析结果，要求沉淀完全、纯净而且易于过滤洗涤。为此，必须根据不同的沉淀形态，选择不同的沉淀条件，以获得合乎重量分析要求的沉淀形式。

（一）晶形沉淀的沉淀条件

1. 在适当稀或热溶液中进行　在适当稀或热溶液中进行沉淀，可使溶液中相对过饱和度保持较低，减少杂质的吸附，得到纯净的晶形沉淀。对于溶解度较大的沉淀，溶液不能太稀，否则沉淀溶解损失较多，影响结果的准确度。在沉淀完全后，应将溶液冷却后再进行过滤，以减少溶解损失。

2. 快搅慢加　在不断搅拌的同时缓慢滴加沉淀剂，可使沉淀剂迅速扩散，防止局部相对过饱和度过大而产生大量小晶粒。

3. 陈化　是指沉淀完全后，将沉淀连同母液放置一段时间，使小晶粒变为大晶粒，不纯净的沉淀转变为纯净沉淀的过程。陈化过程中，由于小晶粒的溶解度比大晶粒大，随着小晶粒的溶解，被吸留或包藏在沉淀内部的杂质将重新进入溶液，溶液中的构晶离子在大晶粒上沉积，直至达到饱和。因此，陈化过程不仅能使晶粒变大，而且能使沉淀变得更纯净。加热和搅拌可以缩短陈化时间。但是陈化作用对伴随有混晶共沉淀的沉淀，不一定能提高纯度，对伴随有继沉淀的沉淀，不仅不能提高纯度，有时反而还会降低纯度。

综上所述，对于晶形沉淀的沉淀条件，可以概括为"稀、热、慢、搅、陈"五个字，即在较稀的溶液中，在加热的情况下，慢慢加入沉淀剂，边加边搅拌，沉淀完毕后，应将沉淀陈化，再进行过滤。

（二）无定形沉淀的沉淀条件

无定形沉淀的特点是结构疏松，比表面大，吸附杂质多，溶解度小，易形成胶体，不易过滤和洗涤。对于这类沉淀关键问题是创造适宜的沉淀条件来改善沉淀的结构，防止其形成胶体，加速凝聚，便于过滤和减小杂质吸附。因此，无定形沉淀的沉淀条件如下。

1. 在较浓溶液中沉淀　沉淀反应应在较浓的溶液中进行，加入沉淀剂的速度也可以适当加快，这样得到的沉淀含水量少，体积小，结构较紧密。但在浓溶液中，杂质的浓度也比较高，沉淀吸附杂质的量也较多。因此，在沉淀完毕后，应立即加入热水稀释搅拌，使被沉淀吸附的杂质离子转移到溶液中。

2. 在热溶液中及电解质存在下进行沉淀　在热溶液中进行沉淀可防止生成胶体，并减少杂质的吸附。电解质的存在，可促使带电荷的胶体粒子相互凝聚沉降，加快沉降速度。电解质一般选用易挥发性的铵盐如 NH_4NO_3 或 NH_4Cl 等，它们在灼烧时均可挥发除去。有时在溶液中加入与胶体带相反电荷的另一种胶体来代替电解质，可使被测组分沉淀完全。

3. 不需陈化　沉淀完毕后，趁热过滤，不要陈化，因为沉淀放置后逐渐失去水分，聚集得更为紧密，使吸附的杂质更难洗去。洗涤无定形沉淀时，一般选用热、稀的电解质溶液作洗涤液，主要是防止沉淀重新变为胶体难于过滤和洗涤，常用的洗涤液有 NH_4NO_3、NH_4Cl 或氨水等。无定形沉淀吸附杂质较严重，一次沉淀很难保证纯净，必要时进行再沉淀。

（三）均匀沉淀法

为避免因加入沉淀剂所引起的溶液局部相对过饱和的现象发生，常采用边搅拌边加入沉淀剂的方法进行沉淀，但尽管如此，局部过浓的情况仍然难免。为了消除这种现象，从而改善沉淀条件，可利用均匀沉淀法。这种方法是通过某一化学反应，使沉淀剂从溶液中缓慢地、均匀地产生出来，使沉淀在整个溶液中缓慢地、均匀地析出，获得颗粒较大、结构紧密、纯净、易于过滤和洗涤的沉淀。例如，沉淀 Ca^{2+} 时，如果直接加入 $(NH_4)_2C_2O_4$，尽管按晶形沉淀条件进行沉淀，仍得到颗粒细小的 CaC_2O_4 沉淀。若在含有 Ca^{2+} 的溶液中，以 HCl 酸化后，加入 $(NH_4)_2C_2O_4$，溶液中主要存在的是 $HC_2O_4^-$ 和 $H_2C_2O_4$，此时，向溶液中加入尿素并加热至90℃，尿素逐渐水解产生 NH_3。

$$CO(NH_2)_2 + H_2O \rightleftharpoons 2NH_3 + CO_2 \uparrow$$

水解产生的 NH_3 均匀地分布在溶液的各个部分，溶液的酸度逐渐降低，$C_2O_4^{2-}$ 浓度渐渐增大，CaC_2O_4 则均匀而缓慢地析出颗粒较大的晶形沉淀。

均匀沉淀法还可以利用有机化合物的水解（如酯类水解）、配合物的分解、氧化还原反应等方式进行，如表8-1所示。

表8-1 某些均匀沉淀法的应用

沉淀剂	加入试剂	反应	被测组分
OH^-	尿素	$CO(NH_2)_2 + H_2O \rightleftharpoons CO_2 + 2NH_3$	Al^{3+}、Fe^{3+}、Bi^{3+}
OH^-	六次甲基四胺	$(CH_2)_6N_4 + 6H_2O \rightleftharpoons 6HCHO + 4NH_3$	Th^{4+}
PO_4^{3-}	磷酸三甲酯	$(CH_3)_3PO_4 + 3H_2O \rightleftharpoons 3CH_3OH + H_3PO_4$	Zr^{4+}、Hf^{4+}
S^{2-}	硫代乙酰胺	$CH_3CSNH_2 + H_2O \rightleftharpoons CH_3CONH_2 + H_2S$	金属离子
SO_4^{2-}	硫酸二甲酯	$(CH_3)_2SO_4 + 2H_2O \rightleftharpoons 2CH_3OH + SO_4^{2-} + 2H^+$	Ba^{2+}、Sr^{2+}、Pb^{2+}
$C_2O_4^{2-}$	草酸二甲酯	$(CH_3)_2C_2O_4 + 2H_2O \rightleftharpoons 2CH_3OH + H_2C_2O_4$	Ca^{2+}、Th^{4+}、稀土
Ba^{2+}	Ba-EDTA	$BaY^{2-} + 4H^+ \rightleftharpoons H_4Y + Ba^{2+}$	SO_4^{2-}

三、应用示例

在医药卫生领域，沉淀重量法主要用于有机、无机药物的含量测定及药物纯度检查，如水分测定、中草药的灰分测定、炽灼残渣检查等。例如，西瓜霜润喉片中 Na_2SO_4 的含量测定，《中国药典》（现行版）中给出的测定方法如下。

取本品60片，精密称定，研细，取约18g，精密称定，加水150ml，振摇10分钟，离心，滤过，沉淀物用水50ml分3次洗涤，离心，滤过，合并滤液，加盐酸1ml，煮沸，不断搅拌，并缓缓加入热氯化钡试液使沉淀完全，置水浴上加热30分钟，静置1小时，用无灰滤纸或已炽灼至恒重的古氏坩埚滤过，沉淀用水分次洗涤，至洗液不再显氯化物的反应，干燥，并炽灼至恒重，精密称定，与0.6086相乘，计算，即得。

本品每片含西瓜霜以硫酸钠（Na_2SO_4）计，小片应为11.5~13.5mg，大片应为23~27mg。

注："无灰滤纸"系指灼烧后，灰分小于0.0001g的滤纸；"精密称定"系指称取重量应准确至所取重量的千分之一；"称定"系指称取重量应准确至所取重量的百分之一。"恒重"系指供试品连续两次干燥或炽灼后称量的差异在0.3mg以下的重量；炽灼至恒重的第二次称量应在继续炽灼30分钟后进行。

第三节 挥发重量法

挥发法是利用待测组分或其他组分的挥发性（或可转化为挥发性物质），通过加热或其他方法使待测组分与其他组分分离，然后通过称量确定待测组分的含量。根据称量的对象不同，挥发法可分为直接法和间接法。

一、基本原理

（一）直接法

待测组分与其他组分分离后，如果称量的是待测组分或其衍生物，通常称为直接法。例如，对试样中碳酸盐含量进行测定时，首先试样中加盐酸，使之与碳酸盐反应放出 CO_2 气体，再用石棉与烧碱的混合物吸收，后者所增加的重量就是 CO_2 的重量，据此即可求得碳酸盐的含量。此外，在药品分析中，药品灰分和炽灼残渣的测定也属于直接法。只是此时测定的不是挥发性物质，而是测定样品经高温灼烧后剩下的不挥发性无机物（即灰分）。根据灰分的量可以说明样品中含无机杂质的多少。灰分是控制中草药药材质量的检验项目之一。

$$灰分\% = \frac{灰分量}{试样量} \times 100\% \qquad (8-3)$$

对于有些药品，药典规定在灼烧前用硫酸处理，使灰分转化成硫酸盐的形式再进行测定，这一检验项目被称为炽灼残渣，同样属于直接法。

（二）间接法

待测组分与其他组分分离后，通过称量其他组分，测定样品减失的重量来求得待测组分的含量，则称为间接法。在药品检验中的"干燥失重测定法"就是利用挥发法测定样品中的水分和一些易挥发的物质，属于间接法。具体的操作方法是：精密称取适量样品，在一定条件下加热干燥至恒重（所谓恒重是指样品连续两次干燥或灼烧后称得的重量之差小于 0.3mg），用减失重量和取样量相比来计算干燥失重。

$$干燥失重\% = \frac{减失重量}{试样量} \times 100\% \qquad (8-4)$$

在实际应用中，间接法常用于测定样品中的水分。而样品中水分挥发的难易又与环境的干燥程度和水在样品中存在状态有关。一般存在于物质中的水分主要有吸湿水和结晶水两种形式。吸湿水是物质从空气中吸收的水，其含量与空气的相对湿度和物质的粉碎程度有关。环境的湿度越大，吸湿量越大；物质的颗粒越细小（表面积大），则吸湿量也越大。吸湿水一般在不太高的温度下即能除掉。结晶水是水合物内部的水，它有固定的量，可在化学式中表示出来，如 $BaCl_2 \cdot 2H_2O$、$CuSO_4 \cdot 5H_2O$ 等。根据物质性质不同，在去除物质中水分时，常采用以下几种干燥方法。

1. 常压加热干燥　适用于性质稳定，受热不易挥发、氧化或分解的物质。通常将样品置于电热干燥箱中，加热到 $105 \sim 110℃$，保持 2 小时左右，此时吸湿水基本已被除去。但对某些吸湿性强或不易除去的结晶水来说，也可适当提高温度或延长干燥时间。例如，$BaCl_2 \cdot 2H_2O$ 中的结晶水可在 $125℃$ 的温度下恒温加热至水分完全失去。又如氯化钠的干燥失重测定，可在 $130℃$ 进行。另外，还有一些含有结晶水的试样，如 $Na_2SO_4 \cdot 10H_2O$、$NaH_2PO_4 \cdot 2H_2O$、$C_6H_{12}O_6 \cdot H_2O$ 等，虽然受热后不易变质，但因熔点较低，若直接加热至 $105℃$ 干燥，往往会发生表面融化结成一层薄膜，致使水分不易挥发而难以至恒重。因此，必须将这些样品先在较低温度或用干燥剂去除大部分水分后，再置于规定的温度下干燥至恒重。例如，$NaH_2PO_4 \cdot 2H_2O$ 先在 $60℃$ 以下干燥约 1 小时后，再调到 $105℃$ 干燥至恒重。

2. 减压加热干燥　适用于高温易变质或熔点低的物质。为了加速水分挥发，可将样品置于恒温减压干燥箱中，进行减压加热干燥，由于真空泵能抽走干燥箱内大部分空气，降低了样品周围空气的水分压，所以相对湿度较低，有利于样品中水分的挥发。再加之适当提高温度，干燥效率会进一步提高。

3. 干燥剂干燥　适用于受热易分解、挥发及能升华的物质。将样品放置于盛有干燥剂的密闭容器中干燥，可以在常压下进行，也可以在减压下进行。利用干燥剂干燥时，应注意干燥剂的选择。常用的干燥剂有无水氯化钙、硅胶、浓硫酸及五氧化二磷等。但从使用方便考虑，以硅胶为最佳。市售商品硅胶为蓝色透明的指示硅胶，若蓝色变为红色，即表示该硅胶已失效，应在 $105℃$ 左右加热干燥到硅胶重显蓝色，冷却后可再重复使用。

二、应用示例

在医药卫生领域，挥发重量法常用于干燥失重、炽灼残渣、灰分等的测定。例如，注射用甲氨蝶吟的干燥失重测定：取本品适量，以五氧化二磷为干燥剂，在100℃减压干燥至恒重，减失重量不得超过12.0%。

注：《中国药典》（现行版）规定，一般减压是指压力应在2.67kPa（相当于20mmHg柱）以下，此时的干燥温度在60~80℃（除另有规定外）。

▪知识链接

萃取重量法是利用待测组分在互不相溶的两相中具有不同的分配系数，从而实现与其他组分分离分析的方法。萃取法可用溶剂直接从固体样品中萃取待测组分（液-固萃取），也可以先将样品制成水溶液，再用与水互不相溶的有机溶剂萃取水溶液中的待测组分（液-液萃取），其中液-液萃取最常用。它是一种简单、快速，应用范围相当广泛的分离方法。

萃取重量法主要用于生物碱、有机酸、皂苷等总成分的测定。例如测定山豆根中总生物碱的含量。步骤为：取一定量山豆根提取液在，加氨试液使成碱性，使生物碱游离，用三氯甲烷分次萃取直至生物碱提尽为止，合并三氯甲烷液，过滤，滤液在水浴上蒸干，干燥、称重，计算，即可测出山豆根中总生物碱的含量。

实训八　沉淀重量法测定硫酸钠含量

一、实训目的

1. 掌握沉淀重量法的基本原理。
2. 熟悉沉淀重量法测定 SO_4^{2-} 的操作方法和步骤。
3. 了解重量分析法在化学分析中的具体应用。

二、实训原理

在酸性环境下加入氯化钡与硫酸根离子反应生成硫酸钡沉淀。烘干恒重测得硫酸钡沉淀的重量，即可求出样品中硫酸钠的含量。

三、实训用品

1. 仪器　250ml烧杯、500ml烧杯、500ml容量瓶、25ml移液管、10ml量筒、表面皿、水浴锅、慢速定量滤纸、瓷坩埚。

2. 试剂　1:1盐酸、122g/L氯化钡溶液（$BaCl_2 \cdot 2H_2O$）、20g/L硝酸银溶液。

四、实训操作

1. 操作步骤　称取5g试样，精确至0.0002g，置于250ml烧杯中，加100ml水，加热溶解。过滤到500ml容量瓶中，用水洗涤至烧杯不残留硫酸根离子为止（用氯化钡溶液检验）。冷却，用水溶解至刻度，摇匀。

用移液管移取25ml试样溶液置于500ml烧杯中，加入5ml（1:1）盐酸溶液、270ml水，加热至微沸。在搅拌下滴加10ml氯化钡溶液，时间约需1.5分钟，继续搅拌并微沸2.0~3.0分钟，然后，盖上表面皿，保持微沸 5 分钟，再把烧杯放在沸水浴上保持 2 小时。

将烧杯冷却至室温，用慢速定量滤纸过滤。用温水洗涤沉淀至无氯离子为止（取 5ml 洗涤液，加 5ml 硝酸银溶液摇匀，放置 5 分钟，不出现浑浊）。

将沉淀连同滤纸转移至已于（800±20）℃下恒重的瓷坩埚（质量为 m_1）中，在 110℃下烘干。然后灰化，在（800±20）℃下灼烧至恒重（质量为 m_2）。

2. 数据记录

试样质量 m（g）	硫酸钡及瓷坩埚质量 m_1（g）	瓷坩埚质量 m_2（g）

3. 结果计算　以百分含量表示样品中硫酸钠含量按下式计算。

$$Na_2SO_4\% = \frac{m_1 - m_2}{\dfrac{25m}{500}} \times 100\%$$

五、注意事项

1. 重量法要求加入的氯化钡必须过量，才能保证沉淀完全。

2. 注意开始滴加氯化钡溶液时一定要慢，否则沉淀颗粒细小，易通过滤纸，使测定结果偏低，而且给样品洗涤带来困难。

六、思考题

1. 试样中若含有大量的磷酸盐，是否还能用此方法测定硫酸钠的含量？为什么？

2. 晶形沉淀形成的条件是什么？本实验中为什么开始加氯化钡时一定要慢？

目标检测

答案解析

一、单项选择题

1. 在重量分析中，洗涤无定型沉淀的洗涤液应是（　）

    A. 冷溶液　　　　　　　B. 含沉淀剂的稀溶液　　　　　C. 热的电解质溶液

    D. 热溶液　　　　　　　E. 有机溶剂

2. 沉淀重量法中，称量形式的摩尔质量越大（　）

    A. 沉淀越易于过滤洗涤　　B. 沉淀越纯净　　　　　　　C. 沉淀的溶解度越小

    D. 测定结果准确度越高　　E. 沉淀速度越快

3. 下列不是晶形沉淀所要求的沉淀条件的是（　）

    A. 沉淀作用宜在较稀溶液中进行

    B. 应在不断地搅拌作用下加入沉淀剂

    C. 沉淀应陈化

    D. 沉淀宜在冷溶液中进行

    E. 沉淀宜在溶液中放冷之后再过滤，以减少沉淀溶解损失

4. 下述说法正确的是（　　）

    A. 称量形式和沉淀形式应该相同

    B. 称量形式和沉淀形式必须不同

    C. 称量形式和沉淀形式可以不同

    D. 称量形式和沉淀形式中都不能含有水分子

    E. 上述说法都不对

5. 晶形沉淀的沉淀条件是（　　）

    A. 稀、热、快、搅、陈   B. 浓、热、快、搅、陈   C. 稀、冷、慢、搅、陈

    D. 稀、热、慢、搅、陈   E. 陈、快、热、稀、停

二、多项选择题

1. 沉淀重量法对称量形式的要求有（　　）

    A. 具有固定的化学组成

    B. 化学稳定性要高

    C. 称量形式的摩尔质量尽可能大

    D. 待测组分在称量形式中所占百分比尽可能小

    E. 沉淀要易于转化

2. 沉淀重量法对沉淀形式的要求有（　　）

    A. 沉淀要完全

    B. 沉淀要纯净

    C. 沉淀形式易于转化为称量形式

    D. 应易于过滤和洗涤，易于转化

    E. 摩尔质量要大

3. 选择沉淀剂时应考虑的因素有（　　）

    A. 对待测离子具有较好的选择性

    B. 能使待测离子沉淀完全

    C. 易于除去

    D. 溶解度较大

    E. 应选用与待测离子生成溶解度最小的沉淀的沉淀剂

三、名词解释

挥发法　萃取法　沉淀形式　称量形式

书网融合……

    重点小结   微课   习题

第九章　电位法及永停滴定法

PPT

学习目标

知识目标：通过本章的学习，应能掌握指示电极、参比电极、可逆电对、不可逆电对等基本概念；熟悉电位法及永停滴定法的原理；了解相关仪器的构造及特点。

能力目标：能够正确使用 pH 计、电位滴定仪、永停滴定仪进行相关测定。

素质目标：通过本章的学习，培养学生树立创造条件解决问题的职业习惯。

第一节　电化学分析概述 微课1

一、电化学分析的概念

电化学分析是仪器分析的一个重要组成部分，它是应用电化学原理进行物质成分分析的方法，也可用于理论研究，为实验提供重要信息。它具有仪器设备简单、操作方便、分析速度快、灵敏度高、选择性高、易于实现自动化等优点。在生产、科研、医药卫生等领域有着广泛的应用。电位法及永停滴定法均属于电化学分析。

在《中国药典》（现行版）通用技术中采用的 pH 测定法（通则0631）、电位滴定法与永停滴定法（通则0701）等均属于电化学分析。

二、电化学分析的方法

在进行电化学分析时，通常将待测物制成溶液，并将它作为化学电池的一部分，与适当电极组成化学电池。通过测量电池的某种参数，如电压、电流、电阻、电量等的强度或变化，对待测组分进行定性或定量分析。

三、电化学分析的分类

电化学分析可分为电位法、电导法、电解法、伏安法四类。

1. 电位法　是通过测量电极电位，以确定待测物含量的分析方法。包括直接电位法、电位滴定法。

2. 电导法　是通过测量和分析溶液的电导，以确定待测物含量的分析方法。包括电导分析法、电导滴定法。

3. 电解法　是根据通电时，待测物在电池电极上发生定量沉积的性质以确定待测物含量的分析方法。包括电重量法、库仑法、库仑滴定法。

4. 伏安法　是将一微电极插入待测溶液中，利用电解时得到的电流－电压曲线为基础，演变出来的各种分析方法的总称。包括极谱法、溶出法、电流滴定法。

> **知识链接**
>
> 　　电化学分析是最早应用的仪器分析法。始于 19 世纪初，至今已有 200 余年的历史。如今，电化学分析在自动化和与其他分析方法联用技术方面，得到更快地发展。许多电化学分析，既可定性，又可定量；既可用于分析，又可用于分离；既能分析有机物，又能分析无机物。电位分析法应用很早，1960 年以前电位法用于电位滴定的较多，直接电位法只用来测定 pH 与少数离子。之后，由于各种离子选择性电极的研制成功，使直接电位法有了很大发展。
>
> 　　如研发了分子印迹电化学传感器、DNA 电化学生物传感器、细胞电化学生物传感器等，目前电化学传感器已被广泛应用在临床疾病诊断、药品质量、食品安全等领域。

第二节　电位法的基本概念

一、电位法

　　电位法测量的是电极电位。若是根据电极电位测量值，直接求算待测物的含量，称为直接电位法；若是根据滴定过程中电极电位的变化以确定滴定的终点，称为电位滴定法。电位法具有以下特点。

　　（1）设备简单、操作方便，容易实现连续和自动分析。

　　（2）选择性好，共存离子干扰很小。一些组成复杂的试样往往不需要经过分离或掩蔽就可以直接测定。同时它不受溶液的颜色和浑浊等物理性质的影响或限制。

　　（3）灵敏度高。直接电位法可测离子的浓度范围为 $10^{-1} \sim 10^{-5}\,mol/L$，个别可达 $10^{-8}\,mol/L$，对 H^+ 的浓度还可以更低；而电位滴定法的灵敏度则更高。

　　（4）分析速度快。一般可以在数分钟内，甚至数十秒钟内完成测定。

　　因此，电位法广泛地应用于工业、农业、环境保护、临床医学、生物药学、石油、宇航、地质和食品分析等许多领域中，并成为重要的测定手段。

二、化学电池

　　化学电池是电化学分析中必不可少的装置，它由两个电极插在同一溶液内，或分别插在两个能够互相接触的不同溶液内所组成。根据工作方式不同，化学电池可分为原电池、电解池。原电池的电极反应是自发的，将化学能转化为电能（如铜锌原电池）；电解池的电极反应不是自发的，要在两个电极上加一电动势（外接电源）后才能发生，电解池将电能转化为化学能。

三、电极电位

　　将金属插入含有该金属离子的溶液中所组成的体系称为电极。如将金属片 M 插入含有该金属离子 M^{n+} 的溶液中，金属与溶液的接界面上将发生电子的转移，一方面金属表面的原子受极性水分子作用，有离开金属以离子形式进入溶液中的倾向；另一方面，溶液中的金属离子与金属 M 相碰撞，受自由电子的作用，有沉积到金属表面上的倾向。当两过程达到平衡时，结果是金属原子以阳离子的形式进入溶液，此时由于金属表面积累了过剩的电子而带负电，溶液中的阳离子被吸引而分布在金属表面的附近。于是在两相之间形成了一个双电层，产生电极电位（图 9 - 1）。金属越活泼，溶液中该金属离子的浓度越低，金属阳离子进入溶液的倾向越大，电极还原性越强，电极电位越负（小）；反之，电极电位越正（大）。

根据能斯特方程，氧化还原体系为

$$Ox + ne^- \rightleftharpoons Red$$

$$\varphi = \varphi_{Ox/Red}^{\ominus} + \frac{RT}{nF}\ln\frac{\alpha_{Ox}}{\alpha_{Red}} \qquad (9-1)$$

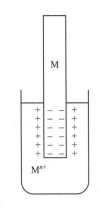

图 9-1 电极电位的产生

式中，R 为气体常数，8.314J/（mol·K）；T 为热力学温度（K）；F 为法拉第常数，96487C/mol；n 为转移的电子数。电对 M^{n+}/M 的电极电位 $\varphi_{M^{n+}/M}$ 与金属离子 M^{n+} 活度的关系可用能斯特方程式表示。金属还原态为固体，活度为 1，将 298K 时各常数值代入式 9-1，则有

$$\varphi_{M^{n+}/M} = \varphi_{M^{n+}/M}^{\ominus} + \frac{0.059}{n}\lg\alpha_{M^{n+}} \qquad (9-2)$$

由上式可知，只要测出 $\varphi_{M^{n+}/M}$，就可以确定 M^{n+} 的活度（当离子浓度很小时，可用浓度代替活度），这就是电位法的理论依据。

在滴定分析中，计量点附近会发生离子浓度的突变（滴定突跃）。若滴定时在被滴定溶液中插入两个适当的电极，构成电池。则在计量点附近随离子浓度的突变，会产生电极电位的突变（电位突跃），以此确定滴定终点，这就是电位滴定法的原理。

四、指示电极和参比电极

指示电极的电位随待测离子浓度的变化而变化（符合能斯特方程），其电极电位能反映离子浓度的大小。参比电极不受待测离子浓度变化的影响，具有较恒定的数值。将指示电极与参比电极一起插入溶液中，即构成一个自发电池。

（一）指示电极 📱 微课2

指示电极的电极电位与相关离子活度（浓度）的关系符合能斯特方程，且具有响应快速、选择性好、重现性好、结构简单、使用方便等特点。常用的指示电极有以下几类。

1. 金属-金属离子电极 将活性金属插入该金属离子的溶液中，即得到相应的电极，通式为 $M | M^{n+}$。例如，将洁净光亮的银丝插入含有 Ag^+ 的溶液中（如 $AgNO_3$ 溶液）。其电极电位在 298K 时为

$$\varphi_{Ag^+/Ag} = \varphi_{Ag^+/Ag}^{\ominus} + 0.059\lg\alpha_{Ag^+} \qquad (9-3)$$

这类电极称为第一类电极，它仅与金属离子的活度有关，故可用于测定金属离子的含量。构成这类电极的金属有 Ag、Zn、Hg、Cu、Cd 等。

2. 金属-金属难溶盐电极 金属表面覆盖其难溶盐，再插入该难溶盐的阴离子溶液中，即得到此类电极。例如，将涂有 AgCl 的银丝插入 KCl 溶液中，组成银-氯化银电极。其电极电位在 298K 时为

$$\varphi_{Ag^+/Ag} = \varphi_{Ag^+/Ag}^{\ominus} + 0.059\lg\alpha_{Ag^+} \qquad (9-4)$$

$$\alpha_{Ag^+} = \frac{K_{sp}}{\alpha_{Cl^-}} \qquad (9-5)$$

这类电极称为第二类电极，电极电位与难溶盐的溶度积有关。

3. 惰性金属电极 有些物质的氧化态和还原态均为水溶性离子，要组成一个电极，需要一个导体，该导体不参与电极反应，只起传递电子的作用，这样的电极称惰性金属电极。例如，将铂插入含有 Fe^{3+}、Fe^{2+} 的溶液中，Pt 电极不参与反应，只作为 Fe^{3+}、Fe^{2+} 相互反应时传递电子的场所。其电极

电位在 298K 时为

$$\varphi_{Fe^{3+}/Fe^{2+}} = \varphi_{Fe^{3+}/Fe^{2+}}^{\ominus} + 0.059 \lg \frac{\alpha_{Fe^{3+}}}{\alpha_{Fe^{2+}}} \tag{9-6}$$

这类电极也称零类电极，其电极电位反映出氧化态与还原态活度的比值，不能作为响应某种金属离子的电极，但可作为氧化还原滴定的指示电极。

4. 离子选择性电极 由固体膜或液体膜作为传感器，选择性响应待测离子浓度（活度），而对其他离子不响应或很少响应的电极称为离子选择性电极，也称为膜电极。膜电极的电位产生机制和上述三类电极不同，电极上没有电子的转移，膜电位的产生是离子的交换和扩散的结果。最早的膜电极是玻璃电极，后来发展了很多阴离子和阳离子选择性电极。

（二）参比电极 ⓔ 微课 3

参比电极的电极电位与待测物无关，具有电位已知、稳定，重现性好，装置简单易于制备，使用方便，寿命长的特点。并且，当有小电流通过时，电极电位不会发生明显变化。

标准氢电极（SHE）是最精确的参比电极，称为一级参比电极。但因其是气体电极，制备过程比较麻烦，所以在电化学分析中很少使用。常用的参比电极有甘汞电极和银 - 氯化银电极。它们的电极电位值是以标准氢电极为参比电极测定出来的，故称为二级参比电极。

1. 甘汞电极 是由金属汞、甘汞（Hg_2Cl_2）和 KCl 溶液组成的电极（图 9 - 2）。电极由两个玻璃套管组成，内管盛 Hg 和 Hg - Hg_2Cl_2 糊状混合物，上端封接一段铂丝插入纯 Hg 中，下端用浸有饱和 KCl 溶液的棉花等多孔物质塞紧，外管中装 KCl 饱和溶液（含有 KCl 固体），下端用微孔玻璃片等多孔物质封住。甘汞电极的电极组成及电极反应如下。

电极组成：$\qquad\qquad$ Hg，$Hg_2Cl_2(s) \mid KCl(c)$

电极反应：$\qquad\qquad$ $Hg_2Cl_2 + 2e^- = 2Hg + 2Cl^-$

电极电位（298K）：

$$\varphi_{Hg_2Cl_2/Hg} = \varphi_{Hg_2Cl_2/Hg}^{\ominus} + \frac{0.059}{2} \lg \frac{\alpha_{Hg_2Cl_2}}{\alpha_{Hg}^2 \alpha_{Cl^-}^2}$$

$$= \varphi_{Hg_2Cl_2/Hg}^{\ominus} - 0.059 \lg \alpha_{Cl^-} \tag{9-7}$$

由式 9 - 7 可知，当温度一定时，甘汞电极的电极电位取决于 Cl^- 活度（浓度），当 KCl 浓度一定时，电极电位则为一定值，当 KCl 活度（浓度）不同时，电极电位可有不同的恒定值（表 9 - 1）。

表 9 - 1 甘汞电极的电极电位（298K）

电极类型	0.1mol/L 甘汞电极	1mol/L 甘汞电极	饱和甘汞电极
KCl 浓度	0.1mol/L	1mol/L	饱和
电极电位	0.3337V	0.2801V	0.2412V

2. 银 - 氯化银电极 银 - 氯化银电极结构简单（图 9 - 3），银丝表面镀上一层氯化银，浸入一定浓度的 KCl 溶液中，即组成银 - 氯化银电极。银 - 氯化银电极的组成及电极反应如下。

电极组成：$\qquad\qquad$ Ag $\mid$ AgCl(s) $\mid$ KCl(c)

电极反应：$\qquad\qquad$ AgCl + e⁻ = Ag + Cl⁻

电极电位（298K）：

$$\varphi_{AgCl/Ag^+} = \varphi_{AgCl/Ag^+}^{\ominus} - 0.059 \lg \alpha_{Cl^-} \tag{9-8}$$

298K 时，对应不同浓度 KCl 溶液，银 - 氯化银电极的恒定电极电位值见表 9 - 2。

表9-2 银－氯化银电极的电极电位（298K）

电极类型	0.1mol/L Ag－AgCl 电极	标准 Ag－AgCl 电极	饱和 Ag－AgCl 电极
KCl 浓度	0.1mol/L	1mol/L	饱和
电极电位	0.2880V	0.2220V	0.1990V

银－氯化银电极结构简单，可制成很小的体积，因此常作为玻璃电极和其他离子选择性电极的内参比电极。

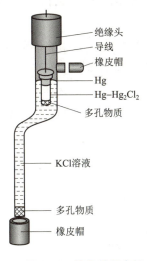

图9-2 饱和甘汞电极

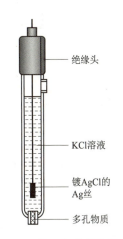

图9-3 银－氯化银电极

第三节 直接电位法

将指示电极与参比电极插入阴阳离子的待测溶液中，通过测量所组成电池的电动势。依据电动势与待测物活度（浓度）之间的函数关系，直接测出待测组分的活度（浓度）的电位法称为直接电位法。

一、溶液 pH 的测定

测定水溶液的 pH 常用饱和甘汞电极作参比电极，pH 玻璃电极做指示电极。

▎**知识链接**

20 世纪初，1906 年克莱姆（M. Cremer）发现当玻璃膜置于两种不同组成的水溶液之间时，会产化一个电位差，这个电位差值受溶液中氢离子浓度的影响。其后，许多学者对此相继进行了研究。1929 年麦克英斯（D. A. Mcinnes）等制成了有实用价值的 pH 玻璃电极，这是直接电位法历史上的第一次突破。

玻璃电极目前仍然是被广泛应用的 pH 电极。随着科学技术的发展，科技工作者相继研发出了醌氢醌电极、离子选择场效应晶体管（ISFET）pH 传感器、酶 pH 传感器、化学修饰 pH 传感器、金属/金属氧化物 pH 电极等新型 pH 电极。

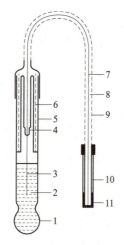

图 9 - 4　玻璃电极构造示意图

1. 玻璃膜球；2. 缓冲溶液；3. Ag - AgCl 电极；4. 导线；

5. 玻璃管；6. 静电隔离层；7. 导线；8. 塑料高绝缘；

9. 金属隔离罩；10. 塑料高绝缘；11. 电极接头

（一）pH 玻璃电极

1. 构造　玻璃管下端接一玻璃球形薄膜，它是电极最主要的组成部分，决定电极的性能（图 9 - 4）。其厚度为 0.03 ~ 0.1mm，由 Na_2O、CaO、SiO_2 构成，球内装有内参比溶液（含 NaCl 的 pH 为 4 或 7 的缓冲溶液或 0.1mol/L 的 KCl 溶液）。溶液中插入一根 Ag - AgCl 电极作内参比电极，其电位恒定，与待测溶液 pH 值无关。

2. 原理　玻璃膜由带负电性的硅酸根骨架构成，Na^+ 可在网格中移动或被其他离子交换，溶液中的 H^+ 能进入晶格代替 Na^+ 的点位，其他阴离子或二价、高价的阳离子不能进入晶格。因此该玻璃膜对 H^+ 有很高的选择性。

$$—O—Si—O—Na + H^+ \rightleftharpoons —O—Si—O—H^+ + Na^+$$

（玻璃）　　（溶液）　　　　（玻璃）　　（溶液）

　　玻璃电极使用前，必须在水溶液中浸泡。在上述平衡中，H^+ 与硅氧结构的键合能力远大于 Na^+ 与硅氧结构的键合能力（约 10^{14} 倍），因此，在酸性或中性溶液中，膜表面的 Na^+ 几乎全被 H^+ 交换，而且 H^+ 能继续渗透到玻璃内部代替 Na^+ 的点位，但越往里面，Na^+ 被 H^+ 交换的就越少。再往里面，在玻璃中间部分，点位全被 Na^+ 占据，为干玻璃层（约 0.1mm 厚）。以上过程平衡后在玻璃表面形成一层 10^{-4} ~ 10^{-5} mm 厚的水化硅胶层。这样，膜内外形成三层结构（膜内外均有溶液），即中间的干玻璃层和两边的水化硅胶层。

　　测定时，由于待测溶液中的 H^+ 浓度与水化硅胶层中的 H^+ 浓度不同，H^+ 将由浓度高的一边向浓度低的一边扩散，而阴离子和高价离子难以进出玻璃膜，余下过剩的阴离子，因此在两相界面间形成一双电层，产生电位差。产生的电位差会抑制 H^+ 的继续扩散，最终达到动态平衡，这时，电位差也达到稳定。这个电位差值即相界电位，如图 9 - 5 所示。

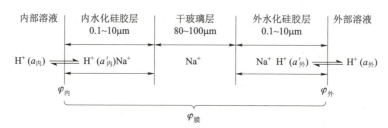

图 9 - 5　膜电位差产生示意图

　　$\varphi_内$ 和 $\varphi_外$ 分别为玻璃膜内、外溶液与水化硅胶层之间产生的相界电位，$\alpha_内$ 和 $\alpha_外$ 分别为膜内、外溶液中 H^+ 的活度。$\varphi_膜$ 为玻璃膜的电位，它是两个相界电位（$\varphi_内$、$\varphi_外$）之差，298K 时：

$$\varphi_膜 = \varphi_外 - \varphi_内 = 0.059 \lg \frac{\alpha_外}{\alpha_内} \qquad (9-9)$$

由于内参比溶液为一定 pH 的缓冲溶液，H^+ 活度 $\alpha_内$ 为一定值，则

$$\varphi_{膜} = K + 0.059\lg\alpha_{外} = K - 0.059\mathrm{pH} \tag{9-10}$$

K 为常数，由式 9-10 可知，氢电极的膜电位与待测溶液中的 pH 呈线性关系。这就是玻璃电极测定溶液 pH 的理论依据。

3. 性能 由于玻璃电极对 H^+ 的高选择性，电极上无电子交换，可测定有色或浑浊的溶液，且测定时不受溶液中氧化剂或还原剂的干扰。

（1）电极斜率 当溶液 pH 变化一个单位时，玻璃电极电位的变化量称为电极斜率（S）。即

$$S = \frac{\Delta\varphi}{\Delta\mathrm{pH}} \tag{9-11}$$

通常玻璃电极的 S 稍小于理论值（298K 时，$S = 59.16\mathrm{mV/pH}$），使用过程中，随着玻璃电极逐渐老化，S 值与理论值的偏离越来越大，当 $S < 52\mathrm{mV/pH}$ 时，就不宜再使用。

（2）碱差和酸差 玻璃电极适用于测定 pH 1~10 的溶液。在 pH>9 的溶液中，普通玻璃电极对 Na^+ 也有响应，因而测出的 H^+ 活度高于真实值，即 pH 读数低于真实值，产生负误差，这种误差称为碱差或钠差。在 pH<1 的溶液中，玻璃电极测出的 pH 高于真实值，产生正误差，称为酸差。其产生原因可能是由于大量水与 H^+ 水合，水的活度显著下降所致。

（3）不对称电位 当膜内外溶液中 H^+ 活度相等时（$\alpha_{内} = \alpha_{外}$），由式 9-9 可知，$\varphi_{膜} = 0$。但实际上，由于制造工艺等原因，玻璃膜内外表面几何形状、结构等有细微差异，可能造成 $\varphi_{膜} \neq 0$，该电位称不对称电位。同一支玻璃电极在一定条件下，不对称电位为常数。在使用电极前，应先将电极在水中浸泡 24 小时以上，可使不对称电位降低并趋于稳定，以不影响测定。

（4）内阻 玻璃电极内阻很大（$50~500\mathrm{M\Omega}$），这就要求通过的电流必须很小，须使用高抗阻的测量仪器。

（5）温度 一般玻璃电极最好在 $0~50℃$ 范围内使用。温度过高，对离子交换不利；温度过低电极内阻增大。测定时，标准溶液与待测溶液温度必须相同。

（二）pH 测定基本原理和方法

1. 测定原理 电位法测定溶液 pH，常用玻璃电极作指示电极，饱和甘汞电极（SCE）作参比电极，将两电极插入待测溶液中即组成电池，其电动势在 298K 时为（按 SCE 电极电位高计算）

$$E = \varphi_{SCE} - \varphi_{玻} = K + 0.059\mathrm{pH} \tag{9-12}$$

由于玻璃电极的不对称电位常有细微变化等原因，式 9-12 中的 K 值不能维持在一定值上，且 K 值不能由理论计算求得。为抵消掉 K 值，电位法测定 pH 值采用以下方法。

2. 测定方法 先将玻璃电极、饱和甘汞电极插入某标准缓冲溶液（$\mathrm{pH_s}$）中，测出其电动势（E_s），再将两电极插入待测溶液（$\mathrm{pH_x}$）中，测出其电动势（E_x），则有

$$E_s = \varphi_{SCE} - \varphi_{玻} = K + 0.059\,\mathrm{pH_s} \tag{9-13}$$

$$E_x = \varphi_{SCE} - \varphi_{玻} = K + 0.059\,\mathrm{pH_x} \tag{9-14}$$

两式相减，消除 K 值，则有

$$E_s - E_x = 0.059\lg(\mathrm{pH_s} - \mathrm{pH_x}) \tag{9-15}$$

$$\mathrm{pH_x} = \mathrm{pH_s} - \frac{E_s - E_x}{0.059} \tag{9-16}$$

由式 9-16 即可求得待测物 pH，这种以标准缓冲溶液为基准，分两步测出待测溶液 pH 的方法，通常称为标准比较法。pH 计（酸度计）也是基于该原理，测定时先用标准缓冲溶液校正，再测待测溶液 pH。实际操作时，为减小误差，待侧溶液 pH 应尽量接近标准缓冲溶液 pH。常用标准缓冲溶液 pH 见表 9-3。

表 9 – 3　常用标准缓冲溶液的 pH

温度 （℃）	草酸三氢钾 （0.05mol/L）	酒石酸氢钾 （饱和溶液）	邻苯二甲酸氢钾 （0.05mol/L）	混合磷酸盐 （0.025mol/L）	硼砂 （0.01mol/L）
0	1.67	—	4.01	6.98	9.46
5	1.67	—	4.00	6.95	9.39
10	1.67	—	4.00	6.92	9.33
15	1.67	—	4.00	6.90	9.28
20	1.68	—	4.00	6.88	9.23
25	1.68	3.56	4.00	6.86	9.18
30	1.68	3.55	4.01	6.85	9.14
35	1.69	3.55	4.02	6.84	9.10
40	1.69	3.55	4.03	6.84	9.07
45	1.70	3.55	4.04	6.83	9.04
50	1.71	3.56	4.06	6.83	9.02
55	1.71	3.56	4.07	6.83	8.99
60	1.72	3.57	4.09	6.84	8.97

3. 复合 pH 电极　将指示电极与参比电极装在一起就构成了复合电极。复合 pH 电极通常是由玻璃电极与银 – 氯化银电极、玻璃电极与甘汞电极组合而成。复合 pH 电极使用方便，测定值稳定。

二、其他离子浓度的测定

电位法测定其他离子浓度，通常用离子选择性电极（ISE）作指示电极。

（一）离子选择性电极

1. 离子选择性电极　pH 玻璃电极对 H^+ 有很高的选择性，对 H^+ 的响应有"专属性"，但当 pH > 9 时，玻璃电极对 Na^+ 也有响应，产生碱差。若将其玻璃膜成分改为 Na_2O、Al_2O_3、SiO_2，电极对 Na^+ 的响应的能力大大提高，在 pH 为 11 的溶液中，可作为指示电极来测定 Na^+ 浓度。像这样，对特定离子有选择性响应，在一定条件下能用于测定某特定离子的电极称为离子选择性电极（ISE）。

2. 基本结构　离子选择性电极属于膜电极，一般主要由内参比电极、内参比溶液和电极膜三部分组成，如图 9 – 6 所示。离子选择性电极的关键元件是电极膜。膜电位不仅仅通过离子交换或扩散产生，还与离子的配位、缔合等作用有关。电极膜可由单晶、混晶、液膜、功能膜、生物膜等构成。膜材料不同，电极的性能也不同。离子选择性电极的性能主要体现在响应时间、选择性、线性范围等方面。

3. 分类　离子选择性电极是电位分析仪器的核心部件，根据膜的组成、结构、响应机制，分为基本电极、敏化电极两大类。其中，基本电极包括晶体膜电极、非晶体膜电极；敏化电极包括气敏电极、酶电极。

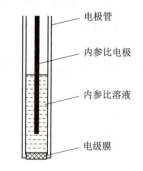

图 9 – 6　离子选择性电极
构造示意图

电极管
内参比电极
内参比溶液
电级膜

（二）离子浓度的测定

直接电位法的分析方法包括标准比较法、标准曲线法和标准加入法。

1. 标准比较法　相同条件下，以标准溶液为对比，通过测定标准溶液和待测溶液的电动势（E_s、E_x），确定未知溶液浓度的方法称为标准比较法，如溶液 pH 的测定。

2. 标准曲线法　配制待测组分的系列标准溶液，通过测定各溶液的电动势，绘制 $E - \lg c$ 或 $E -$

pc 标准曲线，根据相同条件下测定的样品的电动势，从标准曲线上得出待测物浓度的方法称标准曲线法。

3. 标准加入法 将小体积（一般为试液的 1/50～1/100）、大浓度（一般为试液的 50～100 倍）的待测组分标准溶液，加入一定体积待测溶液中，分别测量标准溶液加入前后溶液的电动势，从而求出待测物浓度的方法称为标准加入法。

随着高选择性、高灵敏度、高准确度的离子选择性电极的不断问世，使得电位分析的应用越来越广，用直接电位法不仅可测定几十种无机离子，还可测定氨基酸、尿素、青霉素等有机物。

第四节 电位滴定法

一、电位滴定法原理

电位滴定法是利用滴定过程中电极电位的变化来确定滴定终点的分析方法。滴定时将两支电极插入待测溶液，组成原电池（图 9 - 7）。一支为指示电极，其电极电位随溶液中某种离子浓度的变化而变化；另一支为参比电极，其电极电位固定不变。随着滴定剂的加入，溶液中待测离子或与之有关的离子的浓度发生变化，指示电极的电极电位也随着发生变化。在计量点附近，因相关离子浓度急剧变化而引起指示电极电极电位突变（突增或减），即突跃，由此确定滴定终点。

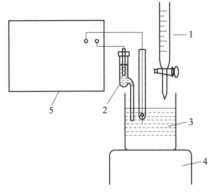

图 9 - 7 电位滴定装置图
1. 滴定管；2. 参比电极；3. 指示电极；
4. 电磁搅拌器；5. 电位计

电位滴定的最大优点是，可用于不能使用指示剂的滴定（如待测试液有色、浑浊或找不到适合的指示剂等情况）。该方法准确度高（RE≤0.2%），可用于酸碱滴定、沉淀滴定、氧化还原滴定、配位滴定及非水滴定等。而且，由于测定的是电信号，易于实现自动化。

二、确定化学计量点的方法

进行电位滴定时，一边滴定一边记录滴定剂体积 V 和对应电极电位 E，然后再利用所得的 E 和 V 来确定滴定终点。在计量点附近时，因为电极电位变化逐渐加大，应减小滴定剂的每次滴入量（一般为 0.05～0.10ml），且每次滴加的体积最好一致，这样可使后续数据处理较为方便、准确。

下面以 $AgNO_3$ 滴定 NaCl 为例，介绍几种数据处理和确定终点的方法。相关测定数据见表 9 - 4。

表 9 - 4 0.1000mol/L $AgNO_3$ 标准溶液滴定 NaCl 溶液

滴定剂体积 V（ml）	电位 E（mV）	ΔE（mV）	ΔV（ml）	$\frac{\Delta E}{\Delta V}$	平均体积（ml）	$\Delta\left(\frac{\Delta E}{\Delta V}\right)$	$\frac{\Delta^2 E}{\Delta V^2}$
5.00	62						
15.00	85	23	10.00	2.3	10.00		
20.00	107	22	5.00	4.4	17.50		
22.00	123	16	2.00	8.0	21.00		

滴定剂体积 V (ml)	电位 E (mV)	ΔE (mV)	ΔV (ml)	$\dfrac{\Delta E}{\Delta V}$	平均体积 $\overline{V}$ (ml)	$\Delta\left(\dfrac{\Delta E}{\Delta V}\right)$	$\dfrac{\Delta^2 E}{\Delta V^2}$
23.00	138	15	1.00	15	22.50		
23.50	146	8	0.50	16	23.50		
23.80	161	15	0.30	30	23.65		
24.00	174	13	0.20	65	23.90		
24.10	183	9	0.10	90	24.50	20	200
24.20	194	11	0.10	110	24.15	280	2800
24.30	233	39	0.10	390	24.25	440	4400
24.40	316	83	0.10	830	24.35	−590	−5900
24.50	340	24	0.10	240	24.45	−130	−1300
24.60	351	11	0.10	110	24.55	−40	−400
24.70	358	7	0.10	70	24.65	−20	
25.00	373	15	0.30	50	24.85		
25.50	385	12	0.50	24	25.25		
26.00	396	11	0.50	22	25.75		
28.00	426	30	2.00	15	27.00		

1. $E-V$ 曲线法　以滴定剂用量 V 为横坐标，电位 E 为纵坐标绘制 $E-V$ 曲线［图 9-8 (a)］。本法适用于突跃明显的滴定，突跃中心（曲线斜率最大点）对应的体积即滴定终点时所消耗的滴定剂体积。

2. $\dfrac{\Delta E}{\Delta V}-\overline{V}$ 曲线法（一级微商法）　以平均体积 $\overline{V}$（ΔE 前后两体积的平均值）为横坐标，$\dfrac{\Delta E}{\Delta V}$ 为纵坐标绘制 $\dfrac{\Delta E}{\Delta V}-\overline{V}$ 曲线［图 9-8 (b)］。曲线的极大值对应的体积即终点时所消耗的滴定剂体积。

3. $\dfrac{\Delta^2 E}{\Delta V^2}-V$ 曲线法（二阶微商法）　以滴定剂体积 V 为横坐标，$\dfrac{\Delta^2 E}{\Delta V^2}$ 为纵坐标绘制 $\dfrac{\Delta^2 E}{\Delta V^2}-V$ 曲线［图 9-8 (c)］。曲线上 $\dfrac{\Delta^2 E}{\Delta V^2}=0$ 时，对应的横坐标即终点时滴定剂的用量。

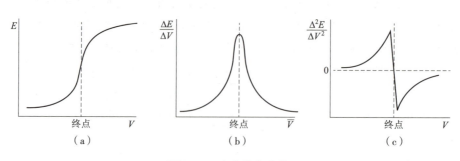

图 9-8　电位滴定曲线

另外，也可用内插法来确定滴定终点，该方法相对作图法更简便。

终点时有 $\dfrac{\Delta^2 E}{\Delta V^2}=0$，由表 9-4 可知：$V=24.30\text{ml}$ 时，$\dfrac{\Delta^2 E}{\Delta V^2}=4400$；$V=24.40\text{ml}$ 时，$\dfrac{\Delta^2 E}{\Delta V^2}=-5900$，

所以终点时滴定剂的消耗量 V_x 必在 24.30 ~ 24.40ml 的范围内。

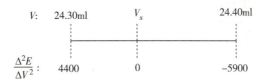

按上图比例关系可计算终点时滴定剂消耗量 V_x 为

$$\frac{24.40 - 24.30}{-5900 - 4400} = \frac{V_x - 24.30}{0 - 4400}$$

$$V_x = 24.34 \text{ml}$$

三、应用示例

电位滴定法是根据滴定过程中电位突跃判断滴定终点的到达，具有客观准确、不受样品溶液有色或浑浊的影响、易于自动化等优点。滴定分析中的各种类型滴定都可以采用电位滴定法，不同类型的滴定反应可选用不同的指示电极和参比电极，亦可用于非水溶剂滴定分析。电位滴定法在各行各业的产品质量控制方面应用较为广泛，在药物分析中也有应用。

《中国药典》（现行版）规定：电位滴定法测定苯巴比妥含量时，用银电极为指示电极、饱和甘汞电极为参比电极，用硝酸银滴定液（0.1mol/L）照电位滴定法（通则 0701）滴定，每 1ml 硝酸银滴定液（0.1mol/L）相当于 23.22mg 的 $C_{12}H_{12}N_2O_3$，$C_{12}H_{12}N_2O_3$ 含量不得少于 98.5%。

可用电位滴定法测定土豆、小麦、玉米、稻谷等粮食中直链淀粉的含量。以玻璃电极为指示电极、饱和甘汞电极为参比电极。在含有淀粉的 KI 酸性溶液中，用 KIO_3 标准溶液滴定，反应式如下。

$$IO_3^- + 5I^- + 6H^+ \Longrightarrow 3I_2 + 3H_2O$$

随着滴定的进行，电对 I_2/I^- 的电极电位不断变化。计量点时，生成的 I_2 将待测溶液中的淀粉完全反应，随着碘酸钾标准溶液的继续滴入，产生了过量的 I_2，这时，电对 I_2/I^- 的电极电位会发生突跃。采用 $\frac{\Delta^2 E}{\Delta V^2} - V$ 曲线法可确定终点时标准溶液的用量，从而测定出直链淀粉的含量。

第五节 永停滴定法

一、永停滴定法原理

永停滴定法，属于电化学分析中的电流滴定法，将两支相同的铂电极插入待测溶液，然后在电极间加一低电压（10 ~ 100mV），若电极在溶液中极化，则在计量点前，仅有很小或无电流通过。终点时，标准溶液稍过量，使电极去极化，溶液中即有电流通过，电流计指针突然偏转，不再回复。反之，若电极由去极化变为极化，则电流计指针从有偏转回到零点，也不再变动。该方法称为永停滴定法。

在氧化还原电对中既有氧化态也有还原态，如在电对 I_2/I^- 中，I_2 为氧化态，I^- 为还原态。若在该电对溶液中插入一支铂电极时，电对的电极电位为

$$\varphi_{I_2/I^-} = \varphi_{I_2/I^-}^{\ominus} + \frac{0.059}{2}\lg\frac{c_{I_2}}{c_{I^-}} \tag{9-17}$$

若同时插入两个相同的铂电极，因两个电极的电位相同，电极间没有电位差，不会产生电流。若在两个电极上外加一小电压，则接正极的铂电极将发生氧化反应（阳极）。

$$2I^- - 2e^- \rightleftharpoons I_2$$

接负极的铂电极将发生还原反应（阴极）。

$$2I_2 + 2e^- \rightleftharpoons 2I^-$$

也就是说，在外加电压下发生了电解，产生了电流。当电解进行时，两个电极上都有反应发生，阳极上失去多少电子，阴极上就得到多少电子，得失电子总数总是相同。由此可知，电流的大小是由溶液中氧化态与还原态的浓度的大小决定，当溶液中电对的氧化态和还原态的浓度不相等时，通过电解池电流的大小决定于浓度低的那种物质。

像 I_2/I^- 这样，在溶液中与双铂电极组成电池，当外加一很小的电压后，就能发生电解并产生电流的电对称为可逆电对。

而电对 $S_4O_6^{2-}/S_2O_3^{2-}$ 的情况则不一样，同样插入两个铂电极，外加一小电压后，阳极上 $S_2O_3^{2-}$ 能失去电子生成 $S_4O_6^{2-}$，反应方程式如下。

$$2S_2O_3^{2-} - 2e^- \rightleftharpoons S_4O_6^{2-}$$

但阴极上不会发生反应，$S_4O_6^{2-}$ 不能得电子生成 $S_2O_3^{2-}$。这样，因为两个铂电极不能同时发生有电子得失的反应，就不会发生电解，也就不能产生电流。这样的电对称为不可逆电对。对不可逆电对，只有当两个铂电极间外加很大的电压时，才会发生电解，但这是由于发生了其他类型电极反应所致。

二、确定化学计量点的方法

永停滴定法就是利用可逆电对与不可逆电对的特点来确定滴定终点，有如下三种方法。

1. 滴定剂属可逆电对，待测物属不可逆电对　例如用碘滴定硫代硫酸钠，将硫代硫酸钠溶液置于烧杯中，插入两个铂电极，外加 $10 \sim 15mV$ 的电压，用灵敏电流计测量通过两极间的电流。在计量点前，溶液中只有 $S_4O_6^{2-}/S_2O_3^{2-}$ 电对，因为它属于不可逆电对，虽然有外加电压，电极上不会发生电解反应。另外，溶液中虽然存在 I^-，但并没有 I_2 存在，电解反应同样不能发生，所以电流计指针一直保持停止不动。计量点后，当溶液中有了稍过量的 I_2 的时候，就有了可逆电对 I_2/I^-。电极上发生电解反应，产生电流通过两个电极，电流计指针突然从零发生偏转，并不再返回零电流位置。从而指示出滴定终点。计量点后，随着过量

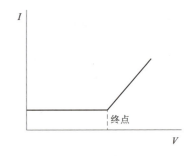

图 9 − 9　碘滴定硫代硫酸钠的滴定曲线

I_2 的持续加入，溶液中 I_2 的浓度逐渐增大，电解电流也逐渐增大。滴定过程中的电流变化的情况如图 9 − 9 所示。

2. 滴定剂属不可逆电对，待测物属可逆电对　用硫代硫酸钠滴定碘就属于这类。在计量点前溶液中存在可逆电对 I_2/I^-。滴定开始后，随着硫代硫酸钠的加入，溶液中 I^- 浓度逐渐增大，电流逐渐增大。当 $[I^-] = [I_2]$ 时，电流达到最大值。之后，随着溶液中 I_2 浓度的逐渐减小，电流也逐渐减小。计量点后，溶液中只有不可逆电对 $S_4O_6^{2-}/S_2O_3^{2-}$ 和 I^-，而无 I_2，无法继续进行电解，电流降到最低点，电流指针将停留在零电流附近并保持不动。滴定过程中的电流变化情况如图 9 − 10 所示。

3. 滴定剂与待测溶液均为可逆电对　用硫酸铈滴定硫酸亚铁就属于这种情况。滴定前，溶液中只有 Fe^{2+}，因为没有 Fe^{3+} 的存在，阴极上不可能发生还原反应，所以无电解发生，无电流通过。滴定开始后随着 Ce^{4+} 不断滴入，Fe^{3+} 不断增多。因为电对 Fe^{3+}/Fe^{2+} 属于可逆电对，这时会有电流通过，并且电流随 Fe^{3+} 浓度增大而增大。当 $[Fe^{3+}] = [Fe^{2+}]$ 时，电流达到最大值。之后，随着 Ce^{4+} 的加入

Fe^{2+} 浓度逐渐减小，电流也逐渐下降。计量点时，电流降至最低点。计量点后，由于 Ce^{4+} 过量，溶液中存在可逆电对 Ce^{4+}/Ce^{3+}，电流随 Ce^{4+} 浓度增大而增大。滴定过程中的电流变化情况如图 9 - 11 所示。

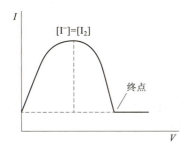

图 9 - 10　硫代硫酸钠滴定碘的滴定曲线

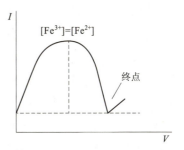

图 9 - 11　硫酸铈滴定硫酸亚铁的滴定曲线

实训九　饮用水 pH 的测定

一、实训目的

1. 熟悉玻璃电极测定溶液 pH 的原理。
2. 掌握酸度计测定溶液 pH 的操作方法。
3. 掌握标准缓冲溶液的作用。

二、实训原理

直接电位法测定溶液 pH 为国家法定标准，所采用的仪器为酸度计。该方法准确度高，酸度计测定 pH，读数可至小数点后 2 位。

酸度计的电极为玻璃电极（指示电极）和饱和甘汞电极（参比电极）。测定 pH 时，一般采用标准比较法。即首先用已知准确 pH 的标准缓冲溶液校准，然后再测定待测溶液的 pH。依据的原理为

$$pH_x = pH_s - \frac{E_s - E_x}{0.059}$$

测定时，为减小误差，待测溶液的 pH（pH_x）应尽量接近标准缓冲溶液的 pH。并且，待测溶液与标准缓冲溶液的温度应相同。

使用标准缓冲溶液校准仪器可采用常规法（一点校准），即选用与待测溶液 pH 接近的一种标准缓冲溶液进行校准；为得到更准确的数值可采用精密法（两点或三点校准），选用 2 种或 3 种标准缓冲溶液进行校准，待测溶液的 pH 最好位于其间。

三、实训用品

1. 仪器　PHS - 3C 型酸度计、复合电极、温度计、50ml 烧杯、滤纸、洗瓶等。

2. 试剂　邻苯二甲酸氢钾标准缓冲溶液（pH 4.0）、磷酸氢二钠磷酸二氢钾标准缓冲溶液（pH 6.8）、硼砂标准缓冲溶液（pH 9.2）、未知 pH 样品溶液（包括饮用水至少 3 种）。

四、实训操作

1. 操作步骤

（1）安装电极　将电极夹固定在电极架上，检查复合电极是否完好，将其夹装在电极夹上，取下仪器电极插口上的短路插头，将电极插头插入电极插口内。

（2）预热　接通酸度计电源，预热5分钟。

（3）校准　取下电极套，用纯化水或待测液清洗电极并用滤纸吸干。按仪器"模式"按钮至pH模式，通过温度补偿按键将显示温度调节至待测溶液温度。将电极插入磷酸氢二钠磷酸二氢钾标准缓冲溶液，按"定位"按钮使仪器显示pH与标准缓冲溶液在该温度下的pH一致（为获得高精度pH，可选用另一标准缓冲溶液，待测溶液pH尽可能在这2种标准缓冲溶液pH之间，重复以上步骤再次校准）。

（4）测定　用纯化水或待测液清洗电极并用滤纸吸干，将温度调节至与待测饮用水温度相同，将电极插入饮用水，轻微摇动溶液，按"确定"按钮，待显示稳定后读数即为该溶液pH。重复以上步骤，测定其余两种样品的pH。

（5）结束　测量完毕后，关闭仪器，拔出电源插头。将电极取出，用蒸馏水清洗并用滤纸吸干，及时套上电极套（套内应有3mol/L的KCl溶液）。

2. 数据记录

试样编号	I	II	III
pH			

五、注意事项

1. 玻璃电极球泡极薄，安装及操作时一定要小心，避免损坏。
2. 校准时，选用的标准缓冲溶液pH应与待测溶液pH接近。
3. 测定不同溶液时，均须用纯化水或待测液清洗电极并用滤纸吸干。

六、思考题

1. 什么是标准缓冲溶液？
2. 用酸度计测定pH时，为什么首先要用标准缓冲溶液进行校准？选择标准缓冲溶液的依据是什么？

实训十　醋酸溶液的电位滴定

一、实训目的

1. 熟悉电位滴定的基本原理。
2. 掌握电位滴定的操作技术。
3. 掌握电位滴定确定终点的方法。

二、实训原理

醋酸（乙酸）HAc 为一元弱酸，其 $pK_a = 4.75$，用 NaOH 滴定液滴定醋酸时，在化学计量点附近会发生 pH 的突跃。

将玻璃电极与饱和甘汞电极插入待测醋酸溶液即组成工作电池，可用酸度计测定该电池的电动势并反映为 pH。滴定时，记录 NaOH 滴定液的用量 V 和相应 pH。然后可用 $pH - V$ 曲线法或 $\frac{\Delta pH}{\Delta V} - \bar{V}$ 曲线法（一级微商法）或 $\frac{\Delta^2 pH}{\Delta V^2} - V$ 曲线法（二阶微商法）求出终点时 NaOH 滴定液的用量，从而测定出醋酸的含量。

三、实训用品

1. 仪器 酸度计、复合电极或玻璃电极和饱和甘汞电极、磁力搅拌器、10ml 微量滴定管、10ml 吸量管、洗耳球、洗瓶等。

2. 试剂 邻苯二甲酸氢钾标准缓冲溶液（pH 4.0）、磷酸氢二钠磷酸二氢钾标准缓冲溶液（pH 6.8）、0.1000mol/L NaOH 滴定液、醋酸试液（约 1mol/L）。

四、实训操作

1. 操作步骤

（1）酸度计准备 接通酸度计电源，预热 5 分钟。将电极夹固定在电极架上，检查复合电极是否完好，将其夹装在电极夹上，插头插入电极插口内。取下电极套，用蒸馏水清洗电极并用滤纸吸干。按照酸度计使用方法先后用邻苯二甲酸氢钾标准缓冲溶液（pH 4.0）和磷酸氢二钠磷酸二氢钾标准缓冲溶液（pH 6.8）进行校准。

（2）醋酸含量测定 准确吸取醋酸试液 10.00ml 于 100ml 容量瓶中，定容、摇匀。准确吸取稀释后的醋酸溶液 10.00ml 于 100ml 烧杯中，加水至 30ml，放入搅拌子。将 NaOH 滴定液装入微量滴定管中，使液面在 0.00ml 处。开动搅拌器，调节至适当的搅拌速度，进行粗测，记录加入 NaOH 滴定液 0、1、2、3ml……直到 10ml 时相对应的 pH。初步确定发生 pH 突跃时所需的 NaOH 滴定液体积范围。然后进行细测，在前述确定的 NaOH 滴定液体积范围内（计量点附近），减少 NaOH 滴定液的每次加入量，以 0.10ml 为增量，增加测量次数。若粗测出的范围为 7~8ml，则测量并记录加入 NaOH 滴定液 7.00、7.10、7.20……8.00ml 的相应 pH，并记录数据。

2. 数据记录 醋酸含量测定，并记录数据。

粗测										
V (ml)	0	1	2	3	4	5	6	7	8	9	10
pH										
ΔV_e										

细测	
V (ml)	
pH	
$\frac{\Delta pH}{\Delta V}$	
$\frac{\Delta^2 pH}{\Delta V^2}$	

3. 结果计算 绘制 pH – V 曲线或 $\dfrac{\Delta pH}{\Delta V}$ – $\overline{V}$ 曲线，求得终点时 NaOH 滴定液的用量 V_e，或依据 $\dfrac{\Delta^2 pH}{\Delta V^2}$ 数据，用内插法求得终点时 NaOH 滴定液的用量 V_e，并计算醋酸含量。

五、注意事项

1. 选择合适的标准缓冲溶液校准酸度计。
2. 小心使用复合电极，注意不要碰坏玻璃电极的玻璃泡。

六、思考题

测定醋酸含量时，为什么要先粗测？

实训十一　亚硝酸钠滴定液的配制与标定

一、实训目的

1. 熟悉对氨基苯磺酸作基准物质标定亚硝酸钠的原理。
2. 熟悉永停滴定法的装置；掌握永停滴定的操作技术。
3. 了解亚硝酸钠的保存方法。

二、实训原理

对氨基苯磺酸是具有芳伯氨基的化合物，在酸性条件下，可与亚硝酸钠发生重氮化反应，并定量地生成重氮盐，可作为标定亚硝酸钠标准溶液的基准物质，标定反应如下。

$$HO_3S-\!\!\!\!\bigcirc\!\!\!\!-NH_2 + NaNO_2 + 2HCl \rightleftharpoons \left[HO_3S-\!\!\!\!\bigcirc\!\!\!\!-N_2^+ \right] Cl^- + NaCl + 2H_2O$$

标定可用外指示剂法，但操作繁琐，且不易确定终点。《中国药典》（现行版）规定，亚硝酸钠法一般采用永停滴定法确定终点。永停滴定法装置简单，易确定终点，准确性高。该方法属于电流滴定法，它是将两个相同的铂电极插入待滴定溶液中，在两电极间外加一电压（10～100mV），观察滴定过程中通过两极间的电流变化，依据电流变化的情况来确定滴定终点。

采用永停滴定法，以对氨基苯磺酸作基准物质标定 $NaNO_2$ 时，计量点前溶液中不存在可逆电对，所以电流计指针停在零位不动；计量点后溶液中只要有稍过量的 $NaNO_2$，就会有 HNO_2 及其分解产物 NO，它们可组成可逆电对。在电极上发生如下电解反应。

阳极：$\qquad\qquad\qquad NO + H_2O - e^- \rightleftharpoons HNO_2 + H^+$

阴极：$\qquad\qquad\qquad HNO_2 + H^+ + e^- \rightleftharpoons NO + H_2O$

由于电流的产生，电流计指针发生偏转并不再回复到零点。以此确定滴定终点。

三、实训用品

1. 仪器　分析天平、永停滴定仪、干燥箱、1000ml 容量瓶、250ml 烧杯、25ml 滴定管、玻璃棒、洗瓶等。

2. 试剂　分析纯 $NaNO_2$、无水 Na_2CO_3、无水对氨基苯磺酸、浓氨试液、HCl（1：2）。

四、实训操作

1. 操作步骤

（1）0.1mol/L $NaNO_2$ 滴定液配制　准确称取 $NaNO_2$ 7.2g，加入无水 Na_2CO_3 0.10g，加水溶解并于容量瓶中稀释至1000ml，摇匀。

（2）标定　准确称取在干燥箱中经 120℃ 干燥至恒重的基准物质对氨基苯磺酸 0.4g 置于烧杯中，加水 30ml 及浓氨水 3ml，溶解后加入盐酸 20ml，搅拌。在 30℃ 以下，用 $NaNO_2$ 滴定液迅速滴定。滴定时将滴定管尖端插入液面下约 2/3 处，边滴边搅拌。近终点时将滴定管尖提出液面，用少量纯化水洗涤尖端，洗液并入溶液中。继续缓缓滴定，并观指针偏转情况，直至电流突然增大，并不再回复时，即为终点。

2. 数据记录

无水对氨基苯磺酸质量 m（g）	
$NaNO_2$ 滴定剂用量 V（ml）	
$NaNO_2$ 标准溶液浓度 （mol/L）	

3. 结果计算

$$c_{NaNO_2} = \frac{1000m_{基准物质}}{M_{基准物质}V_{NaNO_2}}$$

平行操作 3 份，分别计算 $NaNO_2$ 滴定液浓度，并计算平均浓度及相对平均偏差。

五、注意事项

1. 对氨基苯磺酸难溶于水，加入浓氨试液可使其溶解，但要等对氨基苯磺酸完全溶解后才能加 HCl 酸化。

2. 将滴定管管尖插入液面下 2/3 处，属于"快速滴定法"。需快速进行滴定，但近终点时将管尖提起后，需缓慢滴定。

3. 铂电极经多次测定后，易钝化（电极反应不灵敏），应在浓硝酸中加入 1~2 滴 $FeCl_3$ 试液，浸泡 30 分钟以上，以活化电极。

六、思考题

1. 配制 $NaNO_2$ 溶液，为什么要加入无水 Na_2CO_3？

2. 重氮化反应的条件是什么？为什么本次测定可在 30℃ 下进行？

3. 永停滴定法与电位滴定法有什么区别？

答案解析

目标检测

一、单项选择题

1. 饱和甘汞电极可简写为（　　）
   A. SHE　　　　　　　　B. GE　　　　　　　　C. SCE
   D. NCE　　　　　　　　E. ABC

2. 电位法中测量的物理量是（　　）
   A. 电流　　　　　　　　B. 电位　　　　　　　C. 电阻
   D. 电量　　　　　　　　E. 电容

3. 直接电位法测定溶液 pH 时，所用的指示电极是（　　）
   A. 饱和甘汞电极　　　　B. 铂电极　　　　　　C. 标准氢电极
   D. 玻璃电极　　　　　　E. 银电极

4. 电位法属于（　　）分析法
   A. 非光谱　　　　　　　B. 光谱　　　　　　　C. 色谱
   D. 电化学　　　　　　　E. 液相色谱

5. 用酸度计测定溶液的 pH 时，标准缓冲溶液与被测液的 pH 之差应（　　）
   A. $\Delta pH < 2$　　　　　　B. $\Delta pH < 3$　　　　　C. $\Delta pH \geqslant 3$
   D. $\Delta pH < 1$　　　　　　E. $\Delta pH \geqslant 1$

6. 电位滴定法中组成测量电池的电极为（　　）
   A. 两支不同的参比电极　　　　B. 两支相同的指示电极
   C. 两支不同的指示电极　　　　D. 一支参比电极、一支指示电极
   E. 两支相同的参比电极

二、多项选择题

1. 原电池中盐桥的作用是（　　）
   A. 传递电子　　　　　　　　　B. 阻止两种溶液混合
   C. 保持两电极的电位值相等　　D. 传递中子
   E. 为通电时的离子迁移提供必要的通道

2. 影响电极电位大小的因素有（　　）
   A. 标准电极电位　　　　B. 温度　　　　　　　C. 电子转移数
   D. 氧化态活（浓）度　　E. 还原态活（浓）度

3. 常用于测溶液 pH 的电极为（　　）
   A. 玻璃电极　　　　　　B. 饱和甘汞电极　　　C. 铂电极
   D. 银电极　　　　　　　E. 甘汞电极

4. 可用 pH 计测定的有（　　）
   A. 水溶液　　　　　　　B. 非水溶液　　　　　C. 有色溶液
   D. 胶体溶液　　　　　　E. 浑浊溶液

5. 电位法包括（　　）
   A. 直接电位法　　　　　B. 电位滴定法　　　　C. 永停滴定法
   D. 伏安法　　　　　　　E. 极谱法

6. 下列关于永停滴定法的叙述，正确的是（　　）

　　A. 永停滴定法属于电化学分析法中的电流滴定法

　　B. 永停滴定法测定须采用两支相同的铂电极

　　C. 永停滴定法的测量电池是原电池

　　D. 永停滴定法是根据滴定过程中的电流变化确定化学计量点的

　　E. 永停滴定法的测量电池是电解池

三、名词解释

参比电极　指示电极

书网融合……

重点小结　　　　　微课1　　　　　微课2　　　　　微课3　　　　　习题

第十章 紫外－可见分光光度法

PPT

学习目标

知识目标：通过本章的学习，应能掌握朗伯－比尔定律及单组分定量分析方法；熟悉定性鉴别方法；了解紫外可见分光光度计的主要构成部件。

能力目标：具备使用紫外－可见分光光度计进行定性、定量分析的能力。

素质目标：通过本章朗伯－比尔定律及其适用条件的学习，树立切合实际的就业观。

第一节 概 述

紫外－可见分光光度法是根据物质与紫外－可见光区的电磁辐射之间的相互作用，研究物质组成、含量及结构的吸收光谱法。紫外－可见光区一般指波长 200～760nm 范围内的电磁辐射。本法所用仪器为紫外－可见分光光度计。

知识链接

光学分析法及其分类

光学分析法是基于物质发射电磁辐射或物质与电磁辐射相互作用所建立的的仪器分析方法。

光学分析法分为光谱法与非光谱法。当物质与电磁辐射相互作用时，物质内部发生能级跃迁，记录因能级跃迁所产生的电磁辐射强度随波长变化的光谱，利用光谱进行定性、定量或结构分析的光学分析法称光谱法；吸收光谱法、发射光谱法和散射光谱法是光谱法的 3 种基本类型。不涉及物质内部能级跃迁，仅通过测量电磁辐射的某些基本性质的变化进行分析的光学分析法称非光谱法，如折射法、旋光法、浊度法等。

紫外－可见分光光度法、红外分光光度法、原子吸收分光光度法都属于吸收光谱法。

一、紫外－可见分光光度法的特点

（一）灵敏度高

可用于微量组分的测定，一般可以测到每毫升溶液中含有 10^{-7}g 的物质。

如果将待测组分预先进行分离或富集，则灵敏度还可提高。新型显色剂的使用及仪器性能的改进，本法应用领域甚至可以扩展到痕量组分分析。

（二）准确度好

一般相对误差为 2%～5%，对于微量组分分析已能满足要求，在仪器性能及测量条件较好的情况下，相对误差可减小至 1%～2%。

（三）选择性较好

一般在多种组分共存的溶液中，无需分离、依据待测物质对电磁辐射的选择性吸收，就可以针对某一组分进行测定。

（四）仪器构造简单

相对于其他分析仪器，紫外－可见分光光度计价格较低廉、易于普及、操作简便、测定快速。

（五）应用广泛

绝大多数无机离子和许多有机化合物都可用本法直接或间接测定。不但可以进行定量分析，还可以对样品进行定性分析、对某些有机物官能团进行鉴定。

紫外－可见分光光度法广泛应用于医药、食品、化工、环保等各个领域。

二、电磁辐射与电磁波谱

（一）电磁辐射

光是一种电磁辐射（又称电磁波），是一种在空间不需任何物质作为传播媒介而高速传播的粒子流，具有波动性与粒子性。光的波动性主要体现在光的反射、折射、衍射、干涉以及偏振等现象。描述波动性的主要参数是波长（λ）、频率（ν）和波数（σ），他们之间的关系是

$$\sigma = \nu/c = 1/\lambda$$

式中，c 为光在真空中的传播速度，$c \approx 2.997925 \times 10^8 \text{m/s}$。

光的粒子性主要体现在热辐射、光的吸收和发射、光电效应及光化学作用等方面。光是不连续的粒子流，这种粒子称为光子（或光量子），光的粒子性用每个光量子具有的能量 E 作为表征。

$$E = h\nu = h\frac{c}{\lambda} \tag{10-1}$$

式中，h 是普朗克（Planck）常数，$h = 6.6262 \times 10^{-34} \text{J} \cdot \text{s}$；$E$ 为光子能量，单位常用电子伏特（eV）或焦耳（J）（$1\text{eV} = 1.6022 \times 10^{-19} \text{J}$）。

（二）电磁波谱

不同波长的电磁辐射的频率不同，其光子具有的能量也不同。将电磁辐射按波长或频率顺序排列起来即是电磁波谱（表 10-1）。

表 10-1 电磁波谱分区表

辐射区段	波长范围	跃迁能级类型
γ 射线	$10^{-7} \sim 0.1$nm	核能级
X 射线	$0.1 \sim 10$nm	内层电子能级
远紫外区	$10 \sim 200$nm	内层电子能级
近紫外区	$200 \sim 400$nm	原子及分子价电子或成键电子
可见光区	$400 \sim 760$nm	原子及分子价电子或成键电子
近红外区	$0.76 \sim 2.5\mu\text{m}$	分子振动能级
中红外区	$2.5 \sim 50\mu\text{m}$	分子振动能级
远红外区	$50 \sim 1000\mu\text{m}$	分子转动能级
微波区	$0.1 \sim 100$cm	电子自旋及核自旋
无线电波区	$1 \sim 1000$m	电子自旋及核自旋

三、物质对光的选择性吸收

人们习惯于将紫外区、可见区及红外区的电磁辐射称为光。

在可见光区，不同波长的光具有不同的颜色，但波长相近的光，其颜色并没有明显的差别，不同颜色之间是逐渐过渡的。各种颜色光的近似波长范围如表 10-2 所示。

表 10-2　各种颜色光的近似波长范围

光的颜色	波长范围（nm）	光的颜色	波长范围（nm）
红色	760~650	青色	500~480
橙色	650~610	蓝色	480~450
黄色	610~560	紫色	450~400
绿色	560~500		

单一波长的光称为单色光；由不同波长的光混合而成的光称为复合光。例如白光（日光、白炽灯光）就是由各种不同颜色的单色光按照一定强度比例混合而成的。如果让一束复合光通过棱镜或光栅，就能散射出多种颜色的光，这种现象称为光的色散。

如果两种适当颜色的单色光按一定强度比例混合，可以得到白光，则这两种单色光称为互补色光。例如紫色光和绿色光为互补色光；蓝色光和黄色光为互补色光；日光和白炽灯光都是由很多互补色光按一定强度比例混合而成的，如图 10-1 所示。

溶液呈现不同的颜色，是由于溶液中的溶质（分子或离子）因结构特点选择性地吸收了白光中某种颜色的光而引起的。当一束白光通过某溶液时，如果该溶液对任何颜色的光都不吸收，则溶液无色透明；如果该溶液对任何颜色的光吸收程度相同，则溶液灰暗透明；如果溶液吸收了某一颜色的光，则

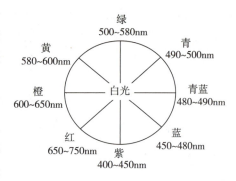

图 10-1　补色光示意图

溶液呈现透过光的颜色，即呈现溶液所吸收色光的补色光的颜色。例如高锰酸钾溶液能够吸收白光中的青绿色光而呈现紫红色。

物质因结构特点选择吸收一定波长的电磁辐射，即吸收了能量，可使其内部微观结构（运动着的分子、原子、核外电子等）的运动状态发生变化，产生能级跃迁。实现能级跃迁所需能量是量子化的，即只有当电磁辐射的能量与物质内部结构发生能级跃迁所需要的能量相等时，电磁辐射与物质之间才能发生相互作用而被吸收。

分子的外层电子跃迁的能级差为 20~1eV，所需电磁辐射的波长为 60nm~1250nm，紫外－可见光区的波段范围恰在其间、能满足分子的外层电子产生不同类型能级跃迁。物质结构不同，可产生的跃迁类型不同，所需能量不同，需选择吸收不同波长的紫外－可见光。

利用紫外－可见分光光度计，可在紫外－可见光区测得不同吸光物质的吸收特征，据此即可进行紫外－可见分光光度法的相关分析检测。

第二节　基本原理

一、光的吸收定律

1. 透光率和吸光度　光的吸收程度与光通过物质前后的光的强度变化有关。光强度是指单位时间（1s）内照射在单位面积（1cm^2）上的光的能量，用 I 表示。它与单位时间照射在单位面积上的光子的数目有关，与光的波长没有关系。

当一束强度为 I_0 的平行单色光通过一个均匀、非散射和反射的吸收介质时，由于吸光物质与光子

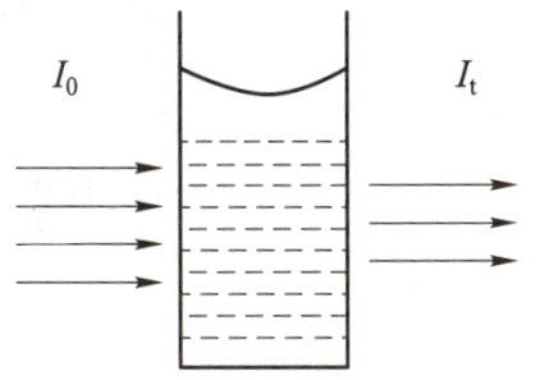

的作用，一部分光子被吸收，一部分光子透过介质（图 10 - 2）。设透过的光强度为 I_t，则 I_t 与入射光强度 I_0 之比定义为透光率或透射比，用 T 表示，即

$$T = \frac{I_t}{I_0} \times 100\% \qquad (10 - 2)$$

通常用吸光度 A（也称为光密度 D 或消光度 E）表示物质对光的吸收程度，吸光度的定义为

图 10 - 2　溶液吸光示意图

$$A = -\lg T = \lg \frac{I_0}{I_t} \qquad (10 - 3)$$

透光率 T 和吸光度 A 都是表示物质对光的吸收程度的一种量度。透光率 T 越大，则吸光度 A 越小；反之，透光率 T 越小，则吸光度 A 越大。

2. 朗伯 - 比尔定律　朗伯（Lambert）和比尔（Beer）分别于 1760 年和 1852 年研究了光的吸收与溶液液层厚度及溶液浓度的关系，得出光的吸收定律为

$$A = k \cdot l \cdot c \qquad (10 - 4)$$

该式也称为朗伯 - 比尔定律。式中，A 为吸光度；c 为溶液浓度；l 为液层厚度；k 为吸光系数，它与入射光的波长、溶液的性质、温度等因素有关。当一束平行的单色光通过某一均匀、无散射的含有吸光物质的溶液时，在入射光的波长、强度以及溶液的温度等因素保持不变的情况下，该溶液的吸光度 A 与溶液的浓度 c 及溶液层的厚度 l 的乘积成正比关系。

光的吸收定律不仅适用于可见光，也适用于红外光、紫外光；不仅适用于均匀、无散射的溶液，也适用于均匀、无散射的气体和固体。

吸光度具有加和性，即如果溶液中同时存在多种吸光物质，那么，测得的吸光度则是各吸光物质吸光度的总和。其表达式为

$$A = A_1 + A_2 + \cdots A_n = \sum_{i=1}^{n} A_n \qquad (10 - 5)$$

这也是利用朗伯 - 比尔定律对多组分物质进行定量分析的理论基础。

二、吸光系数

光的吸收定律中吸光系数 k 的物理意义为：液层厚度为 1cm 的单位浓度溶液的吸光度。表示物质对特定波长光的吸收能力。k 愈大，表示该物质对光的吸收能力愈强，测定的灵敏度愈高。当溶液的浓度 c 单位不同时，吸光系数的意义和表示方法也不相同，常用摩尔吸光系数和百分吸光系数表示。

1. 摩尔吸光系数（ε）　当溶液的浓度 c 以物质的量浓度表示时，k 称为摩尔吸光系数，用符号 ε 表示。它具体的物理意义是指样品浓度为 1mol/L 的溶液置于 1cm 样品池中，在一定波长下测得的吸光度值。其量纲为 L/（mol·cm）。通常认为 $\varepsilon \geqslant 10^4$ 时为强吸收，$\varepsilon < 10^2$ 时为弱吸收，ε 介于两者之间时为中强吸收。在显色反应中，可以利用 ε 来衡量显色反应的灵敏度，ε 越大表示该显色反应越灵敏，因此为了提高分析的灵敏度，必须选择 ε 数值较大的化合物，以及选择具有较大 ε 的波长作为入射光。

2. 百分吸光系数（$E_{1cm}^{1\%}$）　指溶液浓度为 1%（g/100ml），液层厚度为 1cm 时，在一定波长下的吸光度值，用符号 $E_{1cm}^{1\%}$ 表示，其量纲为 100ml/（g·cm）。百分吸光系数和摩尔吸光系数有如下关系。

$$\varepsilon = E_{1cm}^{1\%} \times \frac{M}{10} \qquad (10 - 6)$$

例 10 - 1　用氯霉素（分子量为 323.15）纯品配制 100ml 含 2.00mg 的溶液，使用 1.00cm 的吸收

池，在波长为 278nm 处测得其透射率为 24.3%，试计算氯霉素在 278nm 波长处的摩尔吸光系数和比吸光系数。

解：已知 $\lambda = 278nm$　$M = 323.15g/mol$　$c = 2.00 \times 10^{-3}\%$　$T = 24.3\%$

根据 $A = -\lg T = -\lg 0.243 = 0.614$

$$E_{1cm}^{1\%} = \frac{A}{c \cdot l} = \frac{0.614}{2.00 \times 10^{-3} \times 1} = 307 \ [100ml/(g \cdot cm)]$$

$$\varepsilon = E_{1cm}^{1\%} \times \frac{M}{10} = 307 \times \frac{323.15}{10} = 9920L/(mol \cdot cm)$$

三、吸收光谱

在溶液浓度和液层厚度一定的条件下，测定溶液对不同波长单色光的吸光度，以波长 λ 为横坐标，以吸光度 A 为纵坐标作图，得到吸光度随波长变化的关系曲线称为吸收光谱，也称吸收曲线。在吸收光谱中吸收最强且比左右相邻都高之处，称为吸收峰，对应的波长为最大吸收波长，用 λ_{max} 表示；其中峰与峰之间且比左右相邻都低之处，称为吸收谷，其对应波长用 λ_{min} 表示；吸收峰旁的曲折处称为肩峰，其对应波长用 λ_{sh} 表示；吸收光谱的短波长一段呈现出较强吸收、但不成峰形的部分，称为末端吸收（图 10-3）。吸收峰、吸收谷、肩峰和末端吸收均为描述吸收光谱的特征值。

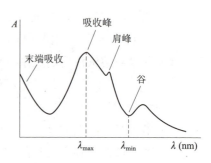

图 10-3　吸收光谱曲线示意图

同一物质的吸收光谱有相同的特征值，而且同一物质相同浓度的吸收曲线应相互重合。因此，吸收光谱的特征值及其整体形状是紫外-可见分光光度法定性鉴别的重要依据，而在紫外-可见分光光度法的定量分析中，吸收光谱可提供适宜的测量波长。

四、偏离朗伯-比尔定律的因素

根据朗伯-比尔定律，对于同一种物质，当吸收池的厚度一定，以吸光度对浓度作图时，应得到一条通过原点的直线。但在实际工作中，吸光度与浓度之间的线性关系常常发生偏离，产生正偏差或负偏差，如图 10-4 所示。偏离朗伯-比尔定律的主要原因如下。

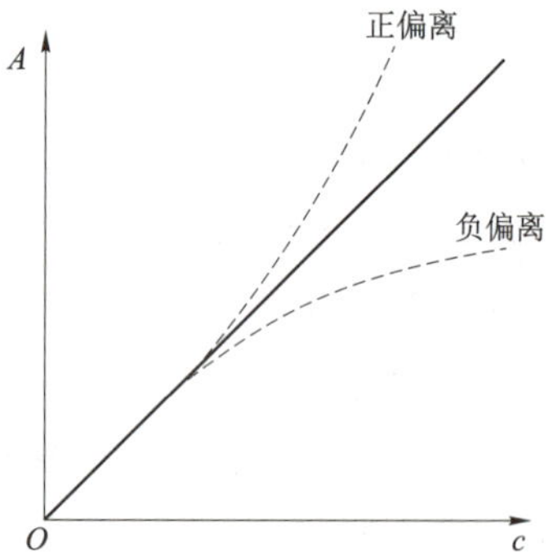

图 10-4　朗伯-比尔定律的偏离

1. 非单色光的影响　在紫外-可见分光光度计中，使用连续光源和单色器分光时，得到的不是严格的单色光。并且，在实际测定中，为了保证足够的入射光强度，分光光度计的狭缝必须保持一定的宽度。因此，由出射狭缝投射到待测样品上的光，并不是理论上要求的单色光，而是具有较窄波长范围的复合光带，复合光带会引起实际测量与理论值之间存在一定的差异，从而使实际得到的曲线偏离朗伯-比尔定律。

2. 非均相体系的影响　当待测样品溶液含有悬浮物或胶粒等散射质点时，入射光经过不均匀的样品时，会有一部分光因发生散射而损失，从而使透光强度减小，致使偏离朗伯-比尔定律。

3. 溶液本身发生化学变化的影响　在测定过程中，被测组分发生解离、缔合、光化等作用，从而使本身化学性质发生变化，而导致偏离朗伯-比尔定律。例如，在铬酸盐的非缓冲溶液体系中存在如下平衡。

$$Cr_2O_7^{2-} + H_2O \rightleftharpoons 2HCrO_4^{-} \rightleftharpoons 2CrO_4^{2-} + 2H^{+}$$

$Cr_2O_7^{2-}$ 呈橙色，其吸收光谱在 350nm 和 450nm 分别有最大吸收峰，而 CrO_4^{2-} 呈黄色，其在 375nm 处有最大吸收峰。当铬的总浓度一定时，溶液的吸光度取决于 $Cr_2O_7^{2-}$ 与 CrO_4^{2-} 的浓度比。随着溶液的稀释，$Cr_2O_7^{2-}$ 与 CrO_4^{2-} 的浓度将发生显著的变化，从而使溶液的吸光度与铬的总浓度之间的线性关系发生明显的偏离。

4. 浓度的限制　朗伯－比尔定律假定吸光质点之间不发生相互作用，因此只有在稀溶液时才基本符合。当溶液浓度较高（通常认为 $c > 0.01mol/L$）时吸光质点间可能发生缔合等相互作用，直接影响物质对光的吸收。

综上所述，利用朗伯－比尔定律进行测定时，应使用平行的单色光对浓度较低的均匀、无散射、具有恒定化学环境的待测样品溶液进行分析。

第三节　紫外－可见分光光度计

紫外－可见分光光度计是在紫外－可见光区选择不同波长的单色光测定物质吸光程度的仪器。

一、主要部件

目前，紫外－可见分光光度计的型号繁多，虽然各种型号的仪器操作方法略有不同，但仪器的主要组成及工作原理相似，其基本结构都是由五部分组成（图 10－5），即光源、单色器（分光系统）、吸收池、检测器和信号处理系统。

图 10－5　紫外－可见分光光度计基本结构图

1. 光源　主要作用是提供仪器分析所需光谱区域内的连续光，使待测分子产生光吸收。要求有足够的辐射强度和良好的稳定性。分光光度计常使用的光源有热辐射光源和气体放电光源两类。热辐射光源主要有钨灯、碘钨灯，气体放电光源主要有氢灯、氘灯。热辐射光源可发出 320 ~ 2500nm 的连续可见光光谱，可用作可见分光光度计（如 721 型、722 型）的光源。气体放电光源可发出波长范围为 160 ~ 375nm 的紫外光，有效的波长范围一般为 200 ~ 375nm，是紫外光区应用最广泛的一种光源。

由于同种光源不能同时产生紫外光和可见光，因此，紫外－可见分光光度计需要同时安装两种光源。

2. 单色器　又称为分光系统，是从复合光中分出波长可调的单色光的光学装置。棱镜或光栅是单色器的主要部件，通常单色器还包含狭缝和透镜系统。单色器的性能直接影响入射光的单色性，从而影响测定的灵敏度、选择性及校正曲线的线性关系。

单色器的工作原理如图 10－6 所示，由光源发出并聚焦于进入口狭缝的光，经准直镜变为平行光投射至色散元件（棱镜或光栅），由于不同波长的光的折射率不同，色散元件使不同波长的平行光有不同的偏转角度，形成按波长顺序排列的光谱，再经准直镜将色散后的平行光聚焦于出射狭缝，从而得到所需波长的单色光。

3. 吸收池　也叫作比色皿，是用于盛放溶液的装置，一般为长方形，通常有玻璃吸收池和石英吸收池两种。由于玻璃能够吸收紫外光，所以在紫外光区测定时，必须使用石英吸收池；而在可见光

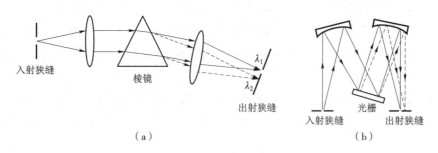

图 10 – 6 单色器工作原理

（a）棱镜；（b）光栅

区测定时，可以使用石英吸收池或玻璃吸收池。吸收池的大小规格从几毫米到几厘米不等，最常用的是 1cm 的吸收池。吸收池材料本身及光学面的光学特性、吸收池光程长度的精确性对吸光度的测量结果都有直接影响，所以，在精度分析测定中，同一套吸收池的性能要基本一致，同时在使用过程中，应注意保持透光面洁净。

4. 检测器　是用于检测单色光通过溶液后透射光的强度，并把这种光信号转变为电信号的装置。要求在测量的光谱范围内具有高的灵敏度；对辐射能量的响应快、线性好、线性范围宽；对不同波长的辐射响应性能相同且可靠；有很好的稳定性和低水平的噪声等。常见的检测器有光电池、光电管和光电倍增管等。

5. 信号处理系统　该系统的作用是放大信号并将该信号以适当的方式显示或记录下来。常用的信号指示装置有电表指示、数字显示及自动记录装置等。近年来很多型号的分光光度计装配有微机处理，一方面对分光光度计进行操作控制，另一方面可以自动进行数据处理。

二、紫外 – 可见分光光度计类型

紫外 – 可见分光光度计的类型很多，根据仪器结构可分为单光束分光光度计、双光束分光光度计和双波长分光光度计三种，其中单光束分光光度计和双光束分光光度计属于单波长分光光度计。

1. 单光束分光光度计　1945 年美国贝科曼公司推出了第一台较成熟的紫外 – 可见分光光度计商品仪器就是单光束分光光度计。由光源发出的光经单色器分光后得到一束单色光，单色光轮流通过参比溶液和样品溶液，从而完成对溶液吸光度的测定，如图 10 – 7 所示。该类型的分光光度计结构简单、价格便宜，但由于其杂散光、光源波动等影响很大，所以准确度较差。国产 721 型、722 型、751 型等分光光度计都属于单光束分光光度计。

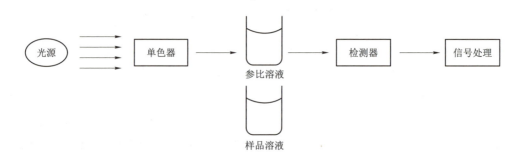

图 10 – 7　单光束分光光度计工作流程示意图

2. 双光束分光光度计　双光束分光光度计中，同一波长的单色光分成两束进行辐射。由单色器分光后的单色光分为强度相等的两束光，分别通过参比溶液和样品溶液，如图 10 – 8所示。由于两束是同时通过参比溶液和样品溶液，因此能够自动消除光源强度变化所引起的误差，其灵敏度较好，但结构较复杂、价格较贵。日本的 UV－2450 型及我国的 UV－2100 型、UV－763 型等均属于此类型。

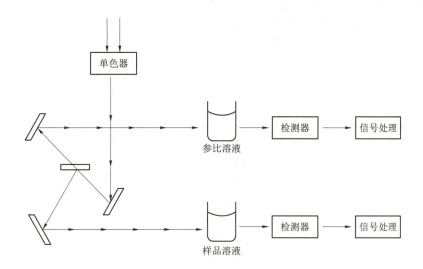

图 10 - 8　双光束分光光度计工作流程示意图

3. 双波长分光光度计　由同一光源发出的光被分成两束，分别经过两个单色器，得到两束不同波长的单色光，再利用切光器使两束不同波长的单色光以一定频率交替照射同一溶液，然后再经过光电倍增管和电子控制系统，经过信息处理最后得到两波长处的吸光度的差值，如图 10 - 9 所示。双波长分光光度法一定程度地消除了背景干扰及共存组分的干扰，提高了分析的灵敏度。

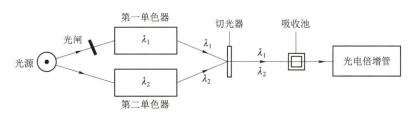

图 10 - 9　双波长分光光度计光路示意图

第四节　定性鉴别与定量分析方法

紫外－可见分光光度法在药学领域中主要用于有机化合物的分析。多数有机药物由于其分子中含有某些能吸收紫外－可见光的基团（大多是有共轭的不饱和基团），而能测到吸收光谱。多数情况下，不同化合物有不同的吸收光谱，利用紫外－可见吸收光谱及其特征值，可以进行纯物质的定性鉴别及杂质检查、药品或制剂的定量分析。紫外－可见吸收光谱还可与红外吸收光谱、质谱、核磁共振谱一起用于解析物质的分子结构。

一、定性鉴别方法

（一）对比吸收光谱特征值的一致性

1. 最常用于定性鉴别的光谱特征值有吸收峰 λ_{max}、峰值吸光系数 ε_{max} 和 $E_{1cm}^{1\%}$。这是因为吸收峰处吸光系数大,测定的灵敏度较高,且吸收峰处与相邻波长处吸光系数值变化较小,测量吸光度时受波长变动影响较小,可减少误差。

2. 不只一个吸收峰的化合物,可同时用几个峰值作鉴别依据。肩峰或吸收谷处的吸光度测定受波长变动的影响也较小,有时可用吸收峰(λ_{max})、吸收谷(λ_{min})和肩峰(λ_{sh})的数值同时作为鉴别依据。

3. 具有不同吸光基团的化合物,可能有相同的吸收峰,但它们的ε_{max}常有明显的差别,故ε_{max}值也是定性鉴别的依据之一。此外,ε_{max}值还常用于分子结构分析中吸光基团的鉴别。

4. 分子中含有相同吸光基团的不同化合物,它们的ε_{max}值常很接近,但因相对摩尔质量不同,会使$E_{1cm}^{1\%}$值差别较大。如结构相似的甲基睾丸酮和丙酸睾丸素在无水乙醇中的λ_{max}都是240nm,ε_{max}值几乎相同,但在该波长处的$E_{1cm}^{1\%}$值,前者为540,而后者为460。此种情况下,化合物吸收峰处$E_{1cm}^{1\%}$值则有较大的鉴别意义。

(二)对比吸光度比值的一致性

当物质的吸收峰较多时,可规定在几个吸收峰处吸光度或吸光系数的比值作为定性鉴别依据。如维生素B_{12}有三个吸收峰278nm、361nm和550nm,《中国药典》(现行版)规定用下列比值进行鉴别:
$A_{361nm}/A_{278nm}=1.70\sim1.88$,$A_{361nm}/A_{550nm}=3.15\sim3.45$。

如果样品的吸收峰和对照品的吸收峰相同,且吸收峰处吸光度或吸光系数比值在规定范围内,则可考虑被测样品与对照品分子结构基本相同。

此法对所用测量仪器准确度和样品纯度的要求都很高。

(三)对比吸收光谱的一致性

两个化合物若是相同,其吸收光谱应完全一致。鉴别时,试样和对照品以相同浓度配制,在相同溶剂中,分别测定吸收光谱,比较光谱图是否一致;如果没有对照品,可以与标准光谱图(如《中国药典》收录或Sadtler标准光谱等)对照比较。此法要求仪器准确度、精密度高,而且测定条件要相同。

利用紫外-可见光谱进行定性鉴别,有一定的局限性。主要因为紫外-可见吸收光谱吸收带不多,在众多的有机化合物中,不同化合物可以有非常相似的吸收光谱。所以在得到相同的吸收光谱时,应考虑到有可能并非同一物质,可改变溶剂,再分别配制样品和对照品溶液、测定光谱作比较,进一步确证。

如果两个纯化合物的紫外-可见光谱有明显差别,则可以确定它们不是同一物质。

知识链接

利用紫外-可见分光光度法进行药品纯度检查时,可将测得的待检药品光谱与药品标准光谱对照,如果杂质在药品无吸收的光区有吸收,或药品原本在某波长处较强的吸收峰发生改变,则杂质即可被检出,此谓"杂质检查"。一般对于药品中的杂质,需规定一个允许其存在的限度,利用杂质的特征吸收,可以很灵敏地检出微量杂质的存在或控制主成分的纯度,此谓"杂质限量检查"。例如,已知苯在256nm处有吸收峰,乙醇在此波长处几乎无吸收,检测乙醇中杂质苯的含量时,通过查看样品吸收光谱256nm处吸光度值的大小,即可判断苯是否超标。

二、定量分析方法 微课

根据朗伯-比尔定律,物质在一定波长处的吸光度与浓度之间呈线性关系。因此,只要选择适宜的波长测定溶液的吸光度，就可以求出其浓度。通常应选择被测物质吸收光谱的吸收峰处，以提高灵敏度并减少测量误差。被测物质如有多个吸收峰，应选不易有其他物质干扰的、较高的吸收峰，一般不选光谱中靠短波长的末端吸收峰。在此仅介绍单组分样品的定量分析方法

（一）吸光系数法

如果待测样品的吸光系数已知或可查，从紫外－可见分光光度计上读出吸光度 A 的数值，就可直接利用朗伯－比尔定律计算出待测物质的浓度 c，因此该法被称作吸光系数法。

例 10-2 已知维生素 B_{12} 在 361nm 处的百分吸光系数 $E_{1cm}^{1\%}$ 为 207。精密称取样品 30.0mg，加水溶解后稀释至 1000ml，在该波长处用 1.00cm 吸收池测定溶液的吸光度为 0.618，计算样品溶液中维生素 B_{12} 的百分含量。

解： 根据朗伯－比尔定律 $A = k \cdot l \cdot c$，待测溶液中维生素 B_{12} 的质量浓度为

$$c_{测} = \frac{A}{E_{1cm}^{1\%} \cdot l} = \frac{0.618}{207 \times 1.00} = 0.00299g/100ml = 0.0299g/L$$

样品中维生素 B_{12} 的百分含量为：

$$维生素 B_{12}\% = \frac{0.0299g/L \times 1.0L}{30 \times 10^{-3}g} \times 100\% = 99.67\%$$

（二）标准对比法

在相同的条件下，配制浓度为 c_s 的标准溶液和浓度为 c_x 的待测溶液，平行测定样品溶液和标准溶液的吸光度 A_x 和 A_s，根据朗伯－比尔定律

$$A_x = k \cdot l \cdot c_x \tag{10-7}$$

$$A_s = k \cdot l \cdot c_s \tag{10-8}$$

因为标准溶液和待测溶液中的吸光物质是同一物质，所以，在相同条件下，其吸光系数相等。如选择相同的吸收池，可得待测溶液的浓度为

$$c_x = \frac{A_x c_s}{A_s} \tag{10-9}$$

这种方法不需要测量吸光系数和样品池厚度，但必须有纯的或含量已知的标准物质用以配制标准溶液。

例 10-3 为测定维生素 B_{12} 原料药含量，准确称取试样 25.0mg，用蒸馏水溶解后，定量转移至 1000ml 容量瓶中，加蒸馏水至刻度后，摇匀。另称取同样重量的维生素 B_{12} 标准品，用蒸馏水溶解后，稀释至 1000ml，摇匀。在 361nm 波长处，用 1cm 吸收池分别测得样品溶液和标准品溶液的吸光度分别为 0.512 和 0.518。求试样中维生素 B_{12} 的百分含量。

解：
$$维生素 B_{12}\% = \frac{A_x}{A_s} \times 100\% = \frac{0.512}{0.518} \times 100\% = 98.84\%$$

（三）标准曲线法

首先配制一系列浓度不同的标准溶液，分别测量它们的吸光度，将吸光度与对应浓度作图（$A-c$ 图）。在一定浓度范围内，可得一条直线，称为标准曲线或工作曲线。然后，在相同的条件下测量未知溶液的吸光度，再从工作曲线上查得浓度。

当测试样品较多，且浓度范围相对较接近的情况下，例如产品质量检验等，这种方法比较适用。制作标准曲线时，标准溶液浓度范围应选择在待测溶液的浓度附近。这种方法与对比法一样，也需要标准物质。

知识链接

　　紫外－可见分光光度法的定量分析方法各有特点。吸光系数法测定批量试样，操作简单、快速，结果准确，但测定条件不易与文献完全一致，可能引入误差；标准对比法须有适宜的标准品，测量过程中随机误差较大；标准曲线法用于测量大批量试样较便利，但操作者不同易引入操作误差；当两种或多种组分共存时，可利用吸光度的加和性原则、无需分离即可对各组分进行定量分析，常用方法有解联立方程组法、等吸收双波长消去法和差示分光光度法等。

第五节　分析条件的选择

一、显色反应条件的选择

　　许多无机元素和有机化合物因结构特点在紫外－可见光区无吸收或吸光系数小，不能直接用本法测定，因此需将这类组分定量地转变为吸光能力强的有色化合物后进行测定。将被测组分转变为有色化合物的反应称为显色反应。与被测组分生成有色化合物的试剂称为显色剂。

（一）对显色剂和显色反应的要求

　　1. 被测物质与所生成的有色物质之间必须有确定的定量关系，保证反应产物的吸光度能准确地反映被测物质的含量。

　　2. 反应产物必须有足够的稳定性，以保证测定有一定的重现性。

　　3. 若显色剂本身有色，则反应产物的颜色与显色剂的颜色须有明显差别，即产物与显色剂的吸收峰应有较大的差异。

　　4. 反应产物的摩尔吸光系数应足够大，一般情况下 ε 值应大于 1.0×10^4，以保证测定的灵敏度。

　　5. 显色反应须有较好的选择性，以避免其他因素的干扰。

（二）影响显色反应的因素

　　1. 显色剂的用量　为使显色反应进行完全，一般需加入稍过量的显色剂。实际工作中，显色剂的用量应通过实验根据 $A-c$ 曲线确定。

　　2. 酸度　溶液的酸度可能会影响显色剂的平衡浓度和颜色变化、有机弱酸的配位反应、被测组分及形成配合物的存在形式等。显色反应最适宜的 pH 范围通常是通过实验根据 $A-\mathrm{pH}$ 曲线确定。

　　3. 显色时间　有些显色反应在实验室条件下可瞬间完成，颜色很快达到稳定，并在较长时间范围内稳定。但多数显色反应速度较慢，需一段时间溶液的颜色才能达到稳定。有些有色化合物放置一段时间后，因空气的氧化、光照、试剂的挥发或产物的分解等原因，使溶液颜色减退。实际工作中，显色时间应通过实验由 $A-t$ 曲线确定。

　　4. 温度　显色反应的进行与温度有关，许多显色反应在室温下即可完成，但有的显色反应需在加热条件下才能完成，也有一些有色化合物在较高温度下容易分解。显色反应适宜的温度可通过实验根据 $A-T$ 曲线确定。

二、测定波长的选择

　　测定波长对吸收光谱法的灵敏度、准确度和选择性影响较大。通常选择被测组分吸收峰处波长

（λ_{max}）作为分析波长。若被测组分有几个吸收峰时，选择不易出现干扰吸收、吸光度较大而且峰顶比较平坦的吸收波长进行定量分析。

三、读数范围的选择

吸收光谱法的仪器误差主要是透光率测量误差。通过对朗伯－比尔定律进行数学处理，可得

$$\frac{\Delta c}{c} = \frac{0.434}{T \cdot \lg T} \cdot \Delta T \qquad (10-10)$$

由式（10-10）可计算出不同透光率（或吸光度）造成的浓度相对误差。计算结果显示，透光率 T 在 65%～20%（或吸光度 A 在 0.2～0.7）范围内，测定结果的浓度误差较小。因此，可以通过控制溶液浓度或吸收池厚度，使测量时透光率 T（或吸光度 A）的读数在适宜范围内。

四、参比溶液的选择

参比溶液在吸收光谱法中用于校正仪器透光率为 100% 或吸光度为 0。常见类型有以下几种。

（一）溶剂参比溶液

在选定的测定波长下，溶液中只有被测组分对光有吸收，而显色剂和其他组分对光无吸收，或虽有少量吸收，但所引起的测量误差在允许范围内，此时可用溶剂作参比溶液，以消除溶剂、吸收池等因素的影响。

（二）试剂参比溶液

相同条件下只是不加试样溶液，依次加入各种试剂和溶剂所得的溶液作为参比溶液。适用于在测定条件下，显色剂或其他试剂、溶剂等对待测组分的测定有干扰的情况。例如标准曲线的绘制中，标准溶液取量为 0 的溶液即为试剂参比溶液，可消除试剂中有组分产生吸收的影响。

（三）试样参比溶液

按照与显色反应相同的条件取等量试样溶液，只是不加显色剂所制备的溶液作为参比溶液。适用于试样基体有色并在测定条件下有吸收，而显色剂溶液无干扰吸收，也不与试样基体显色的情况。

（四）平行操作参比溶液

用不含被测组分的试样，在完全相同的条件下与被测试样同时进行处理，由此得到平行操作参比溶液。如在进行某种药物的血药浓度监测时，取正常人的血样与待测血药浓度的血样进行平行操作处理，前者即为平行操作参比溶液。平行操作所得结果应从试样测得结果中去除。

在《中国药典》（现行版）中，维生素 A 的含量测定、维生素 B_{12} 的定性鉴别和含量测定、吡嗪酰胺片的含量测定、对乙酰氨基酚的含量测定、中药制剂中总黄酮的含量测定、生物制剂的相关检测项目等均采用了紫外－可见分光光度法。在药物分析以外的其他领域，紫外－可见分光光度法的应用也非常普遍。紫外－可见分光光度法与其他分析检测技术的联用，是目前业内的研究热点之一。如与 HPLC 联用，可解决各自单机分析不能解决的许多问题。

实训十二　维生素 B_{12} 注射液的定性鉴别及含量测定

一、实训目的

1. 掌握紫外－可见分光光度法常用定性鉴别及单组分定量分析方法。

2. 学会使用紫外 – 可见分光光度计。

二、实训原理

利用紫外 – 可见分光光度法进行定性鉴别时，若化合物在测定波段范围内有多个吸收峰，可利用其吸收光谱的不同吸收峰处吸光度或吸光系数比值进行分析检测。维生素 B_{12} 在（278 ± 1）nm、（361 ± 1）nm 和（550 ± 1）nm 波长处均有吸收峰，依据《中国药典》（现行版），若为维生素 B_{12} 注射液，则应满足

$$A_{361nm}/A_{550nm} = 3.15 \sim 3.45$$

紫外 – 可见分光光度法中，根据测定波长处的吸光度、吸收系数，可求算供试品的浓度，进而求出试样浓度，即紫外 – 可见分光光度法单组分定量分析的吸光系数法。维生素 B_{12} 的吸收光谱中，361nm 处的吸收峰干扰因素少，吸收最强，《中国药典》（现行版）规定以 361nm 处吸收峰的百分吸光系数（$E_{1cm}^{1\%} = 207$）作为含量测定的依据。若试样溶液稀释 n 倍后在 361nm 处测得吸光度为 A，则试样溶液浓度计算公式为

$$c_{试样} = \frac{A}{E_{1cm}^{1\%} \times l} \times n (\text{g}/100\text{ml}) \tag{10-11}$$

式中，l 为所用石英吸收池厚度。

三、实训用品

1. 仪器 紫外 – 可见分光光度计、吸量管、洗耳球、容量瓶、小烧杯、洗瓶等。
2. 试剂 市售维生素 B_{12} 注射液（0.5mg/ml）、纯化水。

四、实训操作

1. 操作步骤

（1）维生素 B_{12} 供试品溶液（25μg/ml）的配制 精密量取维生素 B_{12} 注射液试样 5ml 于 100ml 容量瓶中，用纯化水稀释至刻度，摇匀，备用。

（2）维生素 B_{12} 吸收曲线的绘制 使用 1cm 的石英吸收池，以纯化水作为参比溶液，在 260 ~ 570nm 波长范围内对维生素 B_{12} 供试品溶液进行光谱扫描。峰检后记录 278nm、361nm 和 550nm 波长处的吸光度值，记录数据并计算。

2. 数据记录

λ (nm)	278 ± 1	361 ± 1	550 ± 1
A			

3. 结果计算

（1）$A_{361nm}/A_{550nm} =$

定性鉴别结论：

（2）维生素 B_{12} 注射液试样的含量计算

$$c_{试样} = \frac{A}{E_{1cm}^{1\%} \times l} \times n (\text{g}/100\text{ml})$$

五、注意事项

1. 根据光谱扫描的波段范围 260 ~ 570nm，选用石英比色皿（应注意持拿手法、装量、洗涤及擦

拭等操作）。

2. 设定测定波长范围时，长波为起始波长、短波为终止波长。

3. 本实验用纯化水作参比溶液。

4. 市售维生素 B_{12} 注射液有不同的规格，计算试样含量时根据实际操作确定稀释倍数。

5. 选用百分吸光系数计算更方便。

六、思考题

精密量取含组分 A 的注射液 0.50ml，置于 25.00ml 容量瓶中，用 0.1mol/L 醋酸溶液稀释、定容、混匀；在 278nm 处，用 1cm 吸收池、溶剂作为参比溶液测得吸光度为 0.548，该波长下 A 注射液的百分吸光系数为 $E_{1cm}^{1\%} = 200$。请问：

1. 试样溶液的稀释倍数是多少？

2. 计算 A 注射液的含量（g/100ml）是多少？

3. 本测定的参比溶液具体是什么？

4. 实验中选用什么材质吸收池？何种光源？

实训十三　生活饮用水中微量铁的含量测定

一、实训目的

1. 掌握利用标准曲线法进行单组分定量分析的方法。

2. 熟悉显色反应的应用。

3. 巩固紫外－可见分光光度计的使用。

二、实训原理

我国相关标准规定，生活饮用水中铁离子含量应小于等于 0.3mg/L。生活饮用水中的微量铁常以 Fe^{2+} 和 Fe^{3+} 的形式存在，不便于用紫外－可见分光光度法直接测定含量。

有机配位剂邻二氮菲（Phen）、在 pH = 3～9 的条件下，与 Fe^{2+} 生成稳定的红色配合物（$\lg K_{稳} = 21.3$），在可见光区有较强吸收，适用于微量铁的测定。Fe^{3+} 与 Phen 生成淡蓝色配合物（$\lg K_{稳} = 14.1$），稳定性较差、不便于测量。因此，可先加入盐酸羟胺（或抗坏血酸等其他还原剂）将生活饮用水中的 Fe^{3+} 还原为 Fe^{2+}，同时起到防止 Fe^{2+} 被空气氧化的作用。上述相关反应式如下。

$$2Fe^{3+} + 2NH_2OH \cdot HCl \Longleftrightarrow 2Fe^{2+} + N_2 \uparrow + 4H^+ + 2H_2O + 2Cl^-$$

在 pH 为 3～9，Fe^{2+} 与 Phen 反应十分灵敏，生成的配位离子稳定性好，在 510nm 处有较强吸收，摩尔吸光系数为 $1.1 \times 10^4 L/(mol \cdot cm)$。在溶液含铁量为 0.5～8μg/ml 范围内，$Fe^{2+}$ 浓度与吸光度符合朗伯－比尔定律。

三、实训用品

1. 仪器 紫外 – 可见分光光度计、1cm 吸收池、吸量管、容量瓶、洗耳球、小烧杯、洗瓶、胶头滴管等。

2. 试剂 50μg/ml 铁标准溶液、0.15% 邻二氮菲水溶液、10% 盐酸羟胺溶液、HAc – NaAc 缓冲溶液（pH≈5）、生活饮用水样品、纯化水等。

四、实训操作

（一）操作步骤

1. 铁标准系列溶液的配制 用吸量管分别精密量取 50μg/ml 铁标准溶液 0.00、1.00、2.00、3.00、4.00、5.00ml，置于 6 个编号的 50ml 容量瓶中，分别依次加入 5.00ml 醋酸盐缓冲溶液，5.00ml 盐酸羟胺溶液，5.00ml 邻二氮菲溶液，每加一种试剂后摇匀。最后加纯化水至刻度，摇匀，放置 10 分钟。

2. 吸收曲线的绘制与定量测试波长的选择 以铁标准系列溶液中的空白溶液为参比溶液（1 号），用 1cm 的吸收池，在 490~530nm 范围内，对标准系列溶液中的中间浓度溶液（4 号）每隔 3~5nm 测定一次吸光度，将测试数据记录在数据表格中。以吸光度为纵坐标，波长为横坐标，依次描点，并用一条平滑的曲线连接各点绘制吸收曲线。选择吸收峰处的波长为定量分析的测试波长。

3. 标准曲线的绘制 用 1cm 的吸收池，以铁标准系列溶液中的空白溶液为参比溶液（1 号），在上述实验所选定的测试波长处，依次测试标准系列溶液中各溶液的吸光度。以吸光度为纵坐标，溶液浓度为横坐标，依次描点，并用一条直线将各点平均分布在其两侧，绘制标准曲线（$A - c$ 曲线）。

4. 供试品溶液的配制与测试 用吸量管精密量取水样溶液 25.00ml 置于 50ml 容量瓶中，依次加入 5.00ml 醋酸盐缓冲溶液、5.00ml 盐酸羟胺溶液、5.00ml 邻二氮菲溶液，每加一种试剂后摇匀。最后加纯化水至刻度，摇匀，放置 10 分钟，得到水样的稀释溶液，即供试品溶液。用 1cm 的吸收池，以铁标准系列溶液中的（1 号）空白溶液为参比溶液，以步骤 2 中选定的 λ_{max} 为测定波长，测定供试品溶液的吸光度。从标准曲线中查得 c_x，计算 $c_{水样}$。

（二）数据记录

绘制吸收曲线数据表

λ（nm）	490	495	500	505	508	510	512	515	520	525	530
A											

结论：$\lambda_{max} =$

绘制标准曲线数据表

铁标准溶液取量（ml）	0.00	1.00	2.00	3.00	4.00	5.00	水样 25.00 稀释倍数 $n =$
铁标准溶液浓度（μg/ml）	0.00	1.00	2.00	3.00	4.00	5.00	$c_{供试液} =$
A							$A_{供试液} =$

绘制标准曲线并查得 $c_{供试液} =$

（三）结果计算

$$c_{水样} = c_{供试液} \times n（\mu g/ml）\qquad(10-12)$$

六、注意事项

1. 紫外 - 可见分光光度计须提前预热 20 分钟以上。

2. 用于盛装标准系列溶液及水样的容量瓶应编号，以免混淆。

3. 显色时加入各种试剂的顺序不能颠倒。

4. 由浓到稀配制溶液（逐级稀释），由稀到浓测定标准系列各浓度溶液的吸光度（便于兼顾线性范围）。

5. 吸收池要用待装溶液润洗至少 3 次。

七、思考题

1. 简述紫外 - 可见分光光度计的主要部件。

2. 简述吸收曲线（吸收光谱）和标准曲线（工作曲线）定义。

3. 结合本实验简述标准曲线法的操作步骤。

目标检测

答案解析

一、单项选择题

1. 在分光光度法中，运用朗伯 - 比尔定律进行定量分析采用的入射光为（　　）

　　A. 白光　　　　　　　　　　B. 单色光　　　　　　　　　C. 可见光

　　D. 紫外光　　　　　　　　　E. 复色光

2. 双波长分光光度计和单波长分光光度计的主要区别是（　　）

　　A. 光源的个数　　　　　　　B. 单色器的个数　　　　　　C. 吸收池的个数

　　D. 吸收池的厚度　　　　　　E. 单色器和吸收池的个数

3. 在紫外 - 可见分光光度法测定中，使用空白对比的目的是（　　）

　　A. 消除光源不稳引起的误差

　　B. 消除与被测物无关的吸收

　　C. 减少单色光不纯引入的误差

　　D. 消除杂质光的影响

　　E. 增加检测器的灵敏度

4. 透光率测量误差的计算结果表明，使用普通分光光度计测量吸光度 A 值最适宜范围是（　　）

　　A. 小于 0.2　　　　　　　　B. 0.2 ~ 0.7　　　　　　　　C. 大于 0.7

　　D. 0.2 ~ 2.0　　　　　　　　E. 大于 2

5. 物质溶液呈色的原因是（　　）

　　A. 吸收可见光　　　　　　　B. 选择吸收紫外线　　　　　C. 选择吸收可见光

　　D. 选择吸收红外线　　　　　E. 吸收紫外线

6. 紫外 - 可见分光光度法中，以 A 为纵坐标，c 为横坐标绘制的 $A - c$ 曲线称（　　）

　　A. 吸收曲线　　　　　　　　B. 标准曲线　　　　　　　　C. 滴定曲线

　　D. 流出曲线　　　　　　　　E. 色谱曲线

7. 紫外光区测量时须选用（　　）吸收池

　　A. 石英　　　　　　　　　　B. 光学玻璃　　　　　　　　C. NaCl 窗片

D. KBr 窗片   E. 金属

8. 朗伯－比尔定律中，溶液浓度与液层厚度乘积与（   ）成正比关系

    A. T B. $\lg T$ C. $1/T$

    D. $\lg 1/T$ E. $\ln T$

9. 紫外－可见光的波长范围是（   ）

    A. 小于 200nm   B. 200～400nm   C. 400～760nm

    D. 200～760nm   E. 大于 760nm

10. 摩尔吸光系数指在一定波长时溶液浓度为（   ）、$L=1$ 时的吸光度

    A. 1%（W/W）   B. 1%（W/V）   C. 1mol/L

    D. 1mol/ml   E. 2mol/L

二、多项选择题

1. 某药物在某波长下的摩尔吸光系数（ε）很大，则表明（   ）

    A. 该药物溶液的浓度很大

    B. 光通过该药物溶液的光程很长

    C. 该药物对某波长的光吸收很强

    D. 在某波长下测定该药物的灵敏度高

    E. 在某波长下测定该药物的灵敏度低

2. 分光光度法中，选用 λ_{max} 进行测定的原因是（   ）

    A. 与被测溶液的 pH 有关

    B. 可随意选用参比溶液

    C. 可随意选用吸收池

    D. 浓度的微小变化能引起吸光度的较大变化，提高了测定的灵敏度

    E. 仪器读数的微小变化不会引起测定结果的较大改变，提高了测定的准确度

3. 下列关于吸光系数的叙述，正确的是（   ）

    A. 在一定条件下是物质的特征常数

    B. 表明物质对某一波长光的吸收能力

    C. 不同物质对同一波长单色光吸光系数不同

    D. 同一物质对不同波长单色光的吸光系数不同

    E. 不能用规定浓度溶液直接测得

4. 紫外－可见分光光度法的定性鉴别方法有（   ）

    A. 对比吸收光谱特征数据

    B. 对比吸光度（或吸光系数）的比值

    C. 对比吸收光谱的一致性

    D. 对比相对比移值的一致性

    E. 对比比移值的一致性

5. 下列属于紫外－可见分光光度法的单组分定量方法的有（   ）

    A. 吸光系数法   B. 标准曲线法   C. 标准对比法

    D. 解线性方程组法   E. 滴定分析法

6. 用紫外－可见分光光度计在紫外光区测量，可选用的光源是（   ）

    A. 钨灯   B. 氢灯   C. 氘灯

D. 硅碳棒 　　　　　　　　　E. 空心阴极灯

7. 紫外－可见吸收光谱的特征值包括（　）

　　A. 最大吸收波长　　　　　B. 最小吸收波长　　　　C. 肩峰

　　D. 末端吸收　　　　　　　E. 光谱的颜色

8. 造成偏离 Beer 定律的主要因素有（　）

　　A. 非均相体系　　　　　　B. 溶液本身发生化学变化　　　C. 非单色光

　　D. 环境变化　　　　　　　E. 溶液浓度的限制

9. 紫外－可见吸收光谱的纵坐标常用（　）表示

　　A. A　　　　　　　　　　B. $T\%$　　　　　　　　C. λ

　　D. ε　　　　　　　　　　E. σ

10. 紫外－可见分光光度计的主要构成部件有（　）

　　A. 光源　　　　　　　　　B. 单色器　　　　　　　C. 吸收池

　　D. 检测器　　　　　　　　E. 信号处理系统

书网融合……

重点小结　　　　　　微课　　　　　　习题

第十一章　红外分光光度法

PPT

PPT

> **学习目标**
>
> **知识目标**：通过本章的学习，应掌握红外吸收光谱产生的条件；熟悉吸收峰的类型、峰位、强度及影响因素；了解红外光谱仪的基本部件和样品处理方法。
>
> **能力目标**：能够识别常见官能团的吸收峰，初步具备红外光谱解析和固体样品制备的能力。
>
> **素质目标**：通过从复杂的光谱数据提取有效信息进行红外光谱解析，培养学生敏锐的观察力和分析能力。

第一节　概　述

红外分光光度法（infrared absorption spectrophotometry，IR）是利用物质对红外辐射的特征吸收而建立起来的光谱分析法，又称为红外吸收光谱法，简称红外光谱法。

一、红外光区的划分

红外光的波长范围介于可见光与微波之间，约为 $0.76 \sim 1000 \mu m$，波数范围为 $13158 \sim 10 cm^{-1}$，习惯上将红外光区划分为三个区，如表 11 – 1 所示。由于大多数有机物能在中红外区测得特征吸收光谱，通常说的红外光谱是指中红外光谱。

表 11 – 1　红外光区的划分

光区名称	波长（μm）	波数（cm⁻¹）	能级跃迁类型
近近红外区	$0.76 \sim 2.5$	$13158 \sim 4000$	O—H、N—H、C—H 键的倍频吸收
中红外区	$2.5 \sim 50$	$4000 \sim 200$	分子振动、转动
远红外区	$50 \sim 1000$	$200 \sim 10$	分子转动、骨架振动

> **知识链接**
>
> 公元 1666 年，牛顿发现光谱并测量出可见光的波长范围是 $400 \sim 700 nm$。1800 年 4 月 24 日，英国物理学家威廉赫·赫歇尔利用一支温度计测量经过棱镜分光后的各色光线温度，发现从紫色光区到红色光区，温度逐渐升高。当温度计放到红光以外的部分，温度仍继续升高。放到紫光以外部分的温度计，温度却未上升。于是他猜测在红光之外还有一种不可见的延伸光，即红外光。

二、红外吸收光谱的表示方法

红外光谱图一般采用 $T - \sigma$ 曲线或 $T - \lambda$ 曲线表示，即以百分透光率 $T\%$ 为纵坐标，以波数 σ（cm^{-1}）或波长 λ（μm）为横坐标。透光率越小，吸光度越大，因此吸收峰是向下的"谷"，多且尖锐。波数是波长的倒数，表示每厘米长的光波中波的数目，σ（cm^{-1}）$= 1/\lambda$（cm）$= 10^4/\lambda$（μm）。

目前最常用的是按波数等间隔分度绘制的 $T-\sigma$ 曲线，其横坐标以 $2000\mathrm{cm}^{-1}$ 为界，采用两种比例。如图 11-1 为苯酚的红外光谱图。光谱上的虚线（$3000\mathrm{cm}^{-1}$ 处）是饱和氢与不饱和氢的分界线。

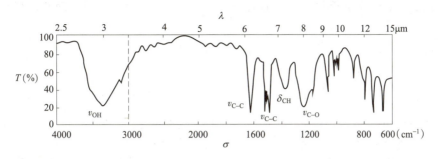

图 11-1 苯酚的红外光谱

三、红外光谱的主要用途

红外分光光度法最主要的用途是有机化合物定性鉴别和结构分析，也可用于定量分析和化学反应机制研究等。由于其具有高准确度、强专属性等特点，能够反映分子结构的细微之处，因此国内外药典广泛使用红外光谱鉴别药物，常用的有对照品对比法和标准图谱对比法。例如《中国药典》（现行版）对复杂结构的甾体激素类药物的鉴别大多采用标准谱图对比法。红外吸收光谱体现的丰富信息可以对未知化合物进行结构分析，为新药研制、药物分析和天然药物化学中结构分析提供了有效可靠的分析方法，是目前最成熟的手段之一。朗伯-比尔定律原则上适用于红外光区，但受到红外光谱复杂性和仪器局限性的影响，因此红外分光光度法定量分析不如紫外-可见分光光度法应用普遍，只有在特殊情况下才使用。

第二节 基本原理

一、分子的振动与红外吸收

从紫外-可见分光光度法可知，分子除了有电子运动外，还有组成分子的各原子间的振动和分子本身的转动。这三种不同的运动状态都对应有一定的能级，并且都是量子化的，其中振动能级跃迁所需的能量远比电子能级跃迁所需的能量小。当一定频率的红外线照射分子时，如果分子中某个基团的振动频率与照射的红外线频率一致，光的能量将会通过分子偶极矩的变化传递给分子，两者之间产生共振，分子吸收红外辐射能量后，由原来的基态能级跃迁到较高的振动能级，同时伴随着转动能级的跃迁（因振动能级大于转动能级），从而产生红外光谱。如果红外线的频率和分子中各基团的振动频率不一致，或基团振动过程中偶极矩变化为零（即非红外活性振动，例如 CO_2 分子中的对称伸缩振动，O_2、N_2、Cl_2 等同核分子的振动），则该部分红外光就不会被吸收。

红外吸收是由于分子振动能级的跃迁而产生的。因此红外光谱的产生必须同时满足两个条件：辐射能等于振动跃迁所需的能量；振动前后偶极矩产生变化。

分子偶极矩是分子中正、负电荷的大小与正、负电荷中心的距离的乘积。

能使分子偶极矩发生变化的振动，称为红外活性振动。

知识链接

分子振动频率的大小取决于化学键的强度和原子的质量。其振动频率可由经典力学的虎克定律导出：

$$\nu = \frac{1}{2\pi}\sqrt{\frac{K}{\mu}}(\text{cm}^{-1}) \tag{11-1}$$

式中，ν 是化学键振动频率（cm^{-1}）；K 为化学键力常数（N/cm），是各种化学键的属性，代表键伸缩和张合的难易程度；μ 是原子的折合相对质量。化学键越强，原子折合相对质量越小，振动频率就越高。不同分子的结构不同，它们的化学键力常数和原子折合相对质量不同，分子的振动频率就不同，因此所吸收的红外辐射频率不同。通过仪器测定形成了各具特征的红外吸收光谱，这是红外光谱产生的机制，也是红外光谱法进行定性鉴定和结构分析的理论依据。

（一）振动形式

分子的基本振动形式可分为伸缩振动和弯曲振动两类。

1. 伸缩振动　是指原子沿着键轴方向伸缩，使键长发生周期性变化的振动。按其对称与否，又分为两种振动形式。

（1）对称伸缩振动（ν_s）　振动时各个键同时伸长或同时缩短。

（2）不对称伸缩振动（ν_{as}）　振动时各个键不同时伸长或不同时缩短，有的键伸长，有的键缩短。

2. 弯曲振动　是指使键角发生周期性变化的振动，又称为变形振动。按其振动方向与分子平面的关系，又分为两种振动形式。

（1）面内弯曲振动（β）　振动方向位于几个原子构成的平面（该平面可以纸平面来表示）内的一种弯曲振动，分为剪式振动和面内摇摆振动两种。

1）剪式弯曲振动（δ）　振动时键角的变化如同剪刀的开、合。

2）面内摇摆振动（ρ）　振动时基团键角不发生变化，基团作为一个整体在分子平面内左右摇摆。

（2）面外弯曲振动（γ）　垂直于分子所在平面的一种弯曲振动，分为扭曲振动和面外摇摆震动。

1）扭曲振动（τ）　基团离开纸平面且方向相反的来回扭动，又称蜷曲振动。

2）面外摇摆振动（ω）　基团作为整体垂直于分子平面前后摇摆，键角基本不发生变化。

表 11-2 以亚甲基（—CH_2—）为例图示各种基本振动形式（⊕表示垂直纸面向里，⊖表示垂直纸面向外）。

表 11-2　亚甲基的基本振动形式

振动形式	ν_s	ν_{as}	δ	ρ	τ	ω
振动图						
振动频率（cm^{-1}）	2853	2926	1468	720	1250	1305

（二）振动自由度与峰数

振动自由度是指分子基本振动的数目，即分子的独立振动数。通过它可以了解分子红外吸收光谱可能出现的吸收峰的数目（峰数）。

在红外光区，光子的能量较小，只有分子的三种运动形式的变化：平动、振动与转动的能量变化。分子的平动能改变，不产生振 - 转光谱；分子的转动能级跃迁产生远红外光谱。因此，应扣除平动与转动两种运动形式，即在中红外光区，只考虑分子的振动能级跃迁。

对于含有 N 个原子的分子，若先不考虑化学键的存在，则在三维空间内确定一个原子的位置需要 x、y、z 三个坐标，确定含 N 个原子的分子则需要 3N 个坐标，即分子有 3N 个运动自由度，由分子的平动自由度、转动自由度和振动自由度构成。则

$$振动自由度(f) = 3N - 平动自由度 - 转动自由度 \tag{11-2}$$

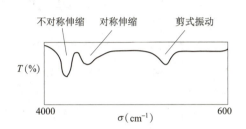

图 11 - 2 H_2O 分子的红外光谱图

对于非线性分子，除 3 个平动自由度外，还有 3 个转动自由度，故非线性分子的振动自由度为 3N - 3 - 3 = 3N - 6。例如 H_2O 为非线性分子，$f = 3 \times 3 - 6 = 3$，即有 3 种基本振动形式：3756、3652、1595 cm^{-1}，在红外光谱图上对应有 3 个吸收峰。如图 11 - 2 为 H_2O 分子的红外光谱图。

对于线性分子，由于绕自身键轴转动的转动惯量为零，只有 2 个转动自由度，故非线性分子的振动自由度为 3N - 3 - 2 = 3N - 5。例如 CO_2 为线性分子，$f = 3 \times 3 - 5 = 4$，即有 4 种基本振动形式：2349、1388、667、667 cm^{-1}（图 11 - 3）。

理论上在红外光谱图上应有 4 个吸收峰，而实际红外光谱只在 2349 cm^{-1} 和 667 cm^{-1} 出现了两个吸收峰。图 11 - 4 为 CO_2 分子的红外光谱图。

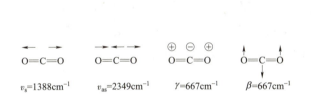

图 11 - 3 CO_2 分子的振动形式

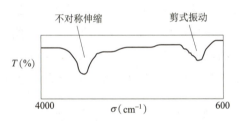

图 11 - 4 CO_2 分子的红外光谱图

从理论上讲，每一种振动形式都具有特定的振动频率，在红外光谱上会相应地出现一个吸收峰。但实际上，多数物质分子的吸收峰数目往往小于基本振动数目，主要有以下三个原因。

1. 简并 是指分子中振动形式不同，但振动频率相等的现象。在 CO_2 分子中，两种弯曲振动形式 $\beta_{C=O}$（667 cm^{-1}）与 $\gamma_{C=O}$（667 cm^{-1}）的振动频率相同，发生简并，只产生一个吸收峰。简并是基本振动吸收峰数小于振动自由度的首要原因。

2. 红外非活性振动 偶极矩不发生变化的振动，称为红外非活性振动，不产生红外吸收。CO_2 分子是对称线性分子，其永久偶极矩为零。对称伸缩振动过程中，一个氧原子离开平衡位置的振动刚好被另一个氧原子在反方向的振动所抵消，偶极矩不变，因此不能吸收振动频率为 1388 cm^{-1} 的红外光，是非红外活性的，没有吸收峰。而两个羰基的不对称伸缩振动过程中会产生瞬变偶极矩，可以吸收频率为 2349 cm^{-1} 的红外光，是红外活性的，因此出现相应的吸收峰。

3. 仪器性能的限制 有些仪器分辨率较低，不能区别一些频率很近的振动；有些仪器灵敏度不够，对较弱的吸收峰检测不出；还有些仪器的检测范围较窄，部分吸收带落在监测范围之外。

二、红外吸收峰的类型

（一）基频峰与泛频峰

1. 基频峰 分子吸收一定频率的红外光，其振动能级由基态（$v=0$）跃迁至第一激发态（$v=1$）时所产生的吸收峰，称为基频峰。其强度一般较大，是红外吸收光谱中最主要的吸收峰。

2. 泛频峰 倍频峰、合频峰和差频峰总称为泛频峰。

（1）倍频峰 由基态跃迁至第二激发态（$v=2$）、第三激发态（$v=3$）……所产生的吸收峰称为倍频峰。三倍频峰以上，由于跃迁概率小，常观测不到，一般只考虑第二倍频峰。倍频峰的频率并非是基频峰的整数倍，通常要弱一些。

（2）合频峰与差频峰 是由两个或多个振动类型组合而成。合频峰 v_1+v_2、$2v_1+v_2$……差频峰 v_1-v_2、$2v_1-v_2$……。

泛频峰多数为弱峰，一般谱图上不易辨认。但泛频峰的存在使光谱变得复杂，增加了光谱的特征性，有利于进行结构分析。例如取代苯在 $2000\sim1667cm^{-1}$ 的倍频峰主要由苯环上碳氢键面外弯曲的倍频峰构成，特征性很强，可用于鉴别苯环上的取代位置。

（二）特征峰与相关峰

1. 特征峰 能够用于鉴别官能团存在并具有较高强度的吸收峰称为特征吸收峰，简称特征峰，一般为区间在 $4000\sim1250cm^{-1}$ 的峰，其频率称为特征频率。如羰基的伸缩振动吸收是红外光谱中的最强峰，其吸收频率为 $1850\sim1650cm^{-1}$，最易识别。

2. 相关峰 由一个官能团所产生的一组具有相互依存关系的特征峰，称为相关吸收峰，简称相关峰。如亚甲基基团具有下列相关峰：$\nu_{as}=2926cm^{-1}$，$\nu_s=2853cm^{-1}$，$\delta=1468cm^{-1}$，$\rho=720cm^{-1}$。用一组相关峰来确定某个官能团的存在，是红外光谱解析应该遵守的重要原则。

三、吸收峰的峰位及强度

（一）吸收峰的峰位及影响因素

吸收峰的位置又称峰位，一般以振动能级跃迁时所吸收的红外光的波数 σ_{max} 或波长 λ_{max} 或频率 ν_{max} 来表示。虽然同一种基团的同一振动形式，由于处在不同的分子和不同的化学环境中，其振动频率有所不同，所产生吸收峰的峰位也不同，但是其大体位置会相对稳定在一段区间内。因此，峰位可用来鉴别某些化学键或官能团的存在。

分子振动的实质是化学键的振动，它不是孤立的，而是要受到分子中其他部分（特别是邻近基团）的影响。除了会受到溶剂效应、测定条件等外部因素影响，影响峰位移动的内部因素主要有电子效应、空间效应和氢键等。

1. 电子效应 包括诱导效应和共轭效应等。吸电子基团的诱导效应常使吸收峰向高频方向移动。共轭效应的存在，常使吸收峰向低频方向移动。在一个化合物中诱导效应和共轭效应常常同时存在，吸收峰的移动方向由占主导地位的那种效应决定。

2. 空间效应 包括环张力效应和空间位阻等。当环有张力时，环内双键伸缩振动频率降低，环外双键伸缩振动频率升高。空间位阻使共轭体系受到影响和破坏时，吸收峰向高频方向移动。

3. 氢键 氢键的形成使伸缩振动频率降低。分子内氢键对峰位影响明显，但其不受浓度影响。分子间氢键随浓度变化而发生峰位改变。

除上述因素外，互变异构、费米共振（由频率接近的泛频峰与基频峰相互作用产生，导致泛频峰分裂或强度增加）等内部因素也可影响峰位的移动。

（二）吸收峰的强度及影响因素

红外吸收峰的强度主要取决于分子振动时的偶极矩的变化。振动时偶极矩变化越大，吸收峰的强度也越大。在红外光谱中，吸收峰的绝对强度用摩尔吸光系数 ε 表示。极强峰（ν_s）：$\varepsilon \approx 200$；强峰（s）：$\varepsilon = 75 \sim 200$；中强峰（m）：$\varepsilon = 25 \sim 75$；弱峰（w）：$\varepsilon = 5 \sim 25$；很弱峰（$\nu_w$）：$\varepsilon = 0 \sim 5$。影响吸收峰强度的主要因素如下。

1. 原子电负性　化学键两端所连接的原子的电负性相差越大，即极性越大，偶极矩变化越大，伸缩振动的吸收峰就越强。

2. 振动方式　振动方式不同，吸收峰强度也不同。振动方式与吸收峰强度之间有如下关系：$\varepsilon_{as} > \varepsilon_s > \varepsilon_\delta$。

3. 分子对称性　分子对称性的高低，影响偶极矩变化的大小，也会造成吸收峰强度的差异。分子越对称，吸收峰就越弱，完全对称时，偶极矩无变化，不产生吸收。如三氯乙烯在 1585cm^{-1} 处产生 C≡C 伸缩振动吸收，而四氯乙烯的结构完全对称，则无 C≡C 伸缩振动吸收。

4. 溶剂　由于形成氢键的影响，以及氢键强弱的不同，使原子间的距离增大，相应地偶极矩变化增大，导致吸收峰强度增大。

四、红外光谱的重要区段

各种基团在红外光谱中都有其特征的红外吸收频率，这些频率是识别它们的重要依据。按照光谱特征与分子结构的关系，通常把红外光谱分为官能团区和指纹区两个区域。

（一）官能团区

波数在 $4000 \sim 1500\text{cm}^{-1}$ 的区域称为官能团区，又称为基频区或特征区。该区的吸收峰频率较高，也比较稳定，受分子其他部分影响不大，在谱图中易辨认，是鉴定有机化合物分子各类基团的主要区域。包括单键伸缩振动区、双键伸缩振动区、叁键及累积双键伸缩振动区。

1. 单键伸缩振动区（$4000 \sim 2500\text{cm}^{-1}$）

（1）O—H 伸缩振动　游离羟基在 $3700 \sim 3500\text{cm}^{-1}$ 处有尖峰，基本无干扰，易识别。氢键效应使 ν_{OH} 降低在 $3400 \sim 3200\text{cm}^{-1}$，并且谱峰变宽。有机酸形成二聚体，$\nu_{OH}$ 移向更低的波数 $3000 \sim 2500\text{cm}^{-1}$。

（2）N—H 伸缩振动　ν_{NH} 位于 $3500 \sim 3300\text{cm}^{-1}$，与羟基吸收谱带重叠，但峰形尖锐，可区别。伯胺呈双峰，仲、亚胺显单峰，叔胺不出峰。

（3）C—H 伸缩振动　饱和烃的伸缩振动在 $\nu_{CH} < 3000\text{cm}^{-1}$ 的附近，不饱和烃的伸缩振动在 $\nu_{CH} > 3000\text{cm}^{-1}$。

2. 叁键和累积双键伸缩振动区（$2500 \sim 2000\text{cm}^{-1}$）　这个区域内的吸收峰较少，很容易判断，主要是—C≡C—、—C≡N等叁键的伸缩振动与—C=C=C—、—C=C=O 等累积双键的不对称伸缩振动。

3. 双键伸缩振动区（$2000 \sim 1500\text{cm}^{-1}$）　该区主要包括 C=C、C=O、C=N、N=O 等的伸缩振动和苯环的骨架振动，是红外光谱中一个重要区域。

（1）羰基伸缩振动　$\nu_{C=O}$ 位于 $1900 \sim 1650\text{cm}^{-1}$，大多数情况下是红外光谱上最强的吸收峰，是判断羰基化合物存在与否的主要依据。

（2）碳碳双键的伸缩振动　$\nu_{C=C}$ 位于 $1670 \sim 1450\text{cm}^{-1}$，在光谱图中有时观测不到，但在邻近基团差别较大时，$\nu_{C=C}$ 吸收带增强。

（3）芳环骨架振动 位于 $1600 \sim 1500 cm^{-1}$，一般有两个到三个中等强度的吸收峰，是判断有无芳环存在的重要标志之一。

（二）指纹区

波数在 $1300 \sim 400 cm^{-1}$ 的区域称为指纹区，主要由分子骨架中多数基团的弯曲振动和部分单键 C—X（X = C、O、N 等）的伸缩振动引起。该区域吸收峰较多，并且对结构上的微小差异非常敏感，只要在化学结构上稍有差异（如同系物、同分异构体和空间异构等）就会有明显的反应。犹如两个人的指纹不能完全一样，两个化合物的红外光谱在指纹区也不相同，这对鉴定化合物具有重要的作用。指纹区大量密集多变的吸收峰，体现了化合物较强的光谱特征性。

第三节 红外分光光度计及样品制备

一、红外分光光度计的主要部件

测定分子红外光谱所使用的仪器称为红外分光光度计或红外吸收光谱仪。20 世纪 60 年代开始出现的色散型红外分光光度计和紫外可见分光光度计的结构类似，由光源、吸收池、单色器、检测器、记录仪等组成。由于红外光谱非常复杂，一般大多数色散型红外分光光度计都采用双光束，以消除大

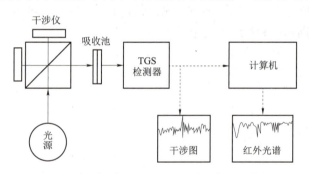

图 11 - 5 傅里叶变换红外光谱仪结构示意图

气中 CO_2 和 H_2O 等引起的背景吸收。现阶段应用较广的红外分光光度计是基于对干涉后的红外光进行傅里叶变换的原理而研制的，即傅里叶变换红外光谱仪（FTIR）。它由光源、干涉仪、吸收池、检测器、计算机与记录系统等部分构成，如图 11 - 5 所示。这种光谱仪最大的不同在于不采用分光系统，而是利用干涉图与光谱图之间的对应关系，通过测量干涉图并对干涉图进行傅里叶积分变换来测定光谱图。具有灵敏度高、分辨率高、杂散光少、扫描速度快等优良仪器性能，而且结构简单、小巧轻便。本节主要介绍傅里叶变换红外吸收光谱仪。

（一）光源

红外光源通常是一种惰性固体，通过加热使其发射高强度连续红外辐射。常用的有能斯特灯和硅碳棒。

1. 能斯特灯 是由稀有金属锆、钇、铈或钍的氧化物混合烧结制成，直径为 2mm、长约 30mm 的圆筒，两端有铂线作为导体。在室温下不导电，使用前预热到 800℃ 左右则成为导体，开始发光，工作温度在 1500℃ 左右，功率 $50 \sim 200W$。该光源发射强度大，尤其在高于 $1000 cm^{-1}$ 的区域，但性脆易碎机械强度差，受压或受扭会损坏，经常开关也会缩短寿命。

2. 硅碳棒 是由碳化硅烧结而成的中间细两端粗的实心棒，中间为发光部分，直径约 5mm，长 50mm。工作温度在 1300℃ 左右，功率 $200 \sim 400W$，不需预热。在低波数范围发光较强，波数范围宽，即 $400 \sim 4000 cm^{-1}$。该光源坚固，寿命长，发光面积大，但工作时需水冷却，以免高温影响仪器性能。

（二）单色器

傅里叶变换红外光谱仪的单色器是迈克尔逊干涉仪。由光源发出的红外光进入干涉系统后，经干涉仪调制得到一束干涉光，当干涉光通过试样（或被试样反射）时，某些波长的光被试样吸收，使干涉图发生变化。干涉图信号经检测器转变为电信号，经模/数转换器送入计算机，通过傅里叶变换将干涉信号所携带的光谱信息转变为以波数为横坐标的红外光谱图，然后再经数/模转换器送入绘图仪，即得红外光谱图。

（三）样品池

由于石英和玻璃等对红外光均有吸收，因此一般用一些盐类的单晶制作（如 KBr 或 NaCl）红外吸收池窗口，这些单晶极易吸湿，吸湿后会引起吸收池窗口模糊，因此要求在特定的恒温恒湿环境中工作。红外光谱仪可测定固、液、气态样品。

固体样品通常采用固体压片法，在 1~2mg 干燥样品中加入 100~200mg KBr 研磨均匀，然后用压片机压成 1mm 厚的薄片。

液态样品常用可拆卸池，在两窗之间形成薄的液膜，或者将液体样品注入液体吸收池中测定。窗片间距离不固定，常用吸收池的光程有 0.01、0.025、0.05、0.1、0.2、0.5 和 1.0mm 等规格。主要用于分析高沸点液体或糊剂。

对于气体试样及易挥发的液体试样可将气态样品注入抽成真空的气体样品池中再测定。常用的气体池的光程为 5cm 和 10cm，容积在 50~100ml。

（四）检测器

常用的检测器有真空热电偶、热电检测器和光电导检测器。

真空热电偶是用半导体热电材料制成，装在由玻璃与金属组成并抽成高真空的外壳中，利用不同导体构成回路时的温差电现象将温差转变成电位差。

热电检测器用硫酸三苷肽（TGS）的单晶薄片作为检测元件，红外辐射后引起的温度变化导致其极化强度增加，释放表面电荷，通过外连电路测定电流的变化实现测量。

光电导检测器的检测元件由半导体碲化镉和碲化汞混合制成，将其置于非导电的玻璃表面密闭于真空舱内，吸收辐射后非导电性的价电子跃迁至高能量的导电带，从而降低了半导体的电阻，产生信号。其灵敏度比前两种检测器高，响应速度快，适用于快速扫描测量和与色谱联用。但需要在液氮温度下工作以降低噪声。

（五）计算机与记录系统

使用计算机可以控制仪器操作；从检测器截取干涉图数据；对干涉图进行傅里叶变换计算，将带有光谱信息的干涉图转变为以波数为横坐标的红外光谱图。红外光谱仪由绘图记录系统来绘制记录吸收光谱，也可完成谱图中各种参数的计算，以及谱图检索等。

二、制样方法

为了得到满意的红外谱图，试样的制备及处理十分重要。首先要求试样是单一组分，且纯度大于98%，否则要进行分离提纯；其次试样的浓度和测试厚度要适当，一般谱图上大多数吸收峰的透光率在 15%~70%；最后试样中不应含有游离水，否则会侵蚀吸收池的盐窗，而且会干扰试样中的羟基峰。

气、液、固态试样都可以用红外分光光度法测定。不同的试样有不同的制备方法。

（一）气体试样

气体试样可在气体槽内进行测定，它的主体是玻璃筒，两端黏有能透过红外光的 NaCl 或 KBr 窗片。进样时，先将气槽抽成真空，再注入试样，槽内气压一般为 6.7kPa。

（二）液体试样

1. 液膜法 将 1～2 滴液体试样滴在两片 KBr 窗片之间，借助样品池架上的固定螺丝压紧，使之成为极薄的液膜用于测定。对于黏度较大的液体试样可在一片 KBr 窗片上用药棉轻轻涂抹上一层液态样品进行测定。本法操作简便，适用于高沸点及不易清洗的试样进行定性分析。

2. 液体吸收池法（溶液法） 用溶剂将液体试样配制成浓度低于 10% 的溶液，然后注入两端有 NaCl 或 KBr 窗片的液体吸收池中进行测定，液层厚度一般为 0.01～0.1mm。此法对溶剂的选择有较高要求：对样品有较高溶解度且无强烈的溶剂化效应，不得侵蚀盐窗，溶剂自身红外吸收不干扰测定。常用的溶剂有 CCl_4（测定范围 4000～1300cm^{-1}）、CS_2（测定范围 1300～650cm^{-1}）等。测定后的吸收池应及时清洗，清洗剂含水量应低于 0.1%，盐片清洗后应用红外灯烘干，保存在干燥器内。本法适用于沸点较低、挥发性较大的样品。

（三）固体试样 🅔微课

固体试样的制备可用溶液法、薄膜法、糊法和压片法，其中压片法应用最多。

1. 溶液法 利用合适的溶剂将固体样品溶解配制成浓度约为 5% 的溶液，在液体吸收池中测定。

2. 薄膜法 主要用于高分子化合物的测定。可将固体试样直接加热熔融后涂制或压制成薄膜。也可将试样溶解在低熔点溶剂中，涂在盐片上待挥发后成膜。如要获取既没有溶剂的影响也没有分散介质影响的光谱，最好的选择就是薄膜法。

3. 糊法 将干燥处理后的固体试样研细，分散在与其折射率相近的液体介质中，调制成糊状，夹在盐片中测定。此法可减少试样的散射而得到可靠的光谱。最常用的液体分散介质是液状石蜡，因此不适用于研究与石蜡结构相似的饱和烷烃。

4. 压片法 将 1～2mg 固体试样和 200mg 光谱纯的固体分散介质按一定比例置于玛瑙乳钵中研细均匀，装入压片模具中，用 5×10^7～10×10^7Pa 压力在油压机上压成厚约 1mm、直径约 10mm 的透明薄片。整个制备过程应在红外灯下进行，以防吸潮。试样和固体分散介质都应经过干燥处理，粒度小于 2μm。KBr 为最常用的固体分散介质，若测定试样为盐酸盐时，应改用 KCl。

压片时应先取样品研细，再加入 KBr，再次研细研匀，这样比较容易混匀。研磨所用的应为玛瑙研钵，因玻璃研钵内表面比较粗糙，易黏附样品。研磨时应按同一方向（顺时针或逆时针）均匀用力，如不按同一方向研磨，可能在研磨过程中使样品产生转晶，影响测定结果。研磨力度不用太大，研磨到试样中不再有肉眼可见的小粒即可。试样研好后，应通过一小漏斗倒入压片模具中（因模具口较小，直接倒入较难），并尽量把试样铺均匀，否则压片后试样少的地方的透明度要比试样多的地方的低，并因此对测定产生影响。另外，如压好的片子上出现不透明的小白点，则说明研好的试样中有未研细的小粒，应重新压片。

第四节 应 用

在已知分子式和结构不太复杂的情况下，通过解析红外光谱，可以得到一定范围内的分子整体结构信息。

一、谱图解析方法

所谓谱图解析就是根据红外光谱图的吸收峰位置、强度和形状，利用基团振动频率与分子结构的关系，来确定吸收峰的归属，确认分子中所含有的基团或化学键，进而推出分子的结构。

（一）样品来源及性质

1. 观察谱图　了解谱图来源；查看横、纵坐标单位；查看是否有水峰（$3700 \sim 3450 \text{cm}^{-1}$）和 CO_2 峰（2400cm^{-1}）。

2. 了解样品来源和理化性质　如元素分析结果、相对分子质量、熔点、沸点、溶解度、折光率等。

（二）计算未知物的不饱和度

化合物的不饱和度（Ω）是表示有机分子中碳原子的不饱和程度。

$$\Omega = 1 + n_4 + \frac{n_3 - n_1}{2} \tag{11-3}$$

式中，n_1 代表一价原子的数目（如 H、F、Cl、Br、I 等）；n_3 代表三价原子的数目（如 N、P）；n_4 代表四价原子的数目（如 C、Si）；二价原子（如 S、O 等）不参与计算。当 $\Omega = 0$ 时，表示分子是饱和的，为链状烃及其不含双键的衍生物；$\Omega = 1$ 时，表示分子中有一个双键或一个脂环；$\Omega = 3$ 时，表示分子中有一个叁键，或有两个双键或脂环；$\Omega \geq 4$ 时，分子中可能有一个苯环。通过计算未知物的不饱和度，可以初步判断化合物的类型。

（三）图谱解析

红外光谱的解析一般按照由简单到复杂的顺序。通常按照"先特征，后指纹；先最强峰，后次强峰；先粗查，后细找；先肯定，后否定"的程序。

1. "先特征，后指纹；先最强峰，后次强峰"　指的是从特征区第一强峰开始。特征区中吸收峰干扰小，易辨认。根据特征区某基团得到的线索，再到指纹区进行核证，寻找该基团与其他基团的结合方式。特征峰的波数（特征频率）与官能团的相关关系见表 11-3。

表 11-3　红外中一些基团的吸收频率

吸收频率（cm^{-1}）	基团	吸收频率（cm^{-1}）	基团
$3650 \sim 3580$	—OH（游离）	$2260 \sim 2220$	$\equiv C—N$
$3400 \sim 3200$	—OH（缔合）	$2310 \sim 2135$	$\equiv N—N$
3300	$\equiv C—H$	$2600 \sim 2100$	$\equiv C—C—$
$3010 \sim 3040$	$=C—H$	1950	$=C=C—$
3030	苯环中 C—H	$1680 \sim 1620$	$—C=C—$
2960 ± 5 2870 ± 10	—CH₃	$1850 \sim 1600$	$—O=C—$
2930 ± 5 2850 ± 10	—CH₂	$1300 \sim 1000$	C—O

2. "先粗查，后细找"　指的是先按待查吸收峰的峰位，初步了解吸收峰的可能归属，再寻找其相关峰。对许多官能团而言，往往不是存在一个而是存在一组彼此相关的峰，分析时应用一组相关峰来确认某个基团，以防止误判。

3. "先肯定，后否定"　就是采用排除法，否定某些基团的存在，逐步缩小范围。因峰的不存在而否定基团的存在，比因峰的存在而肯定基团的存在更为确凿有力。

（四）对照验证

在红外光谱分析中，无论是已知物的验证，还是未知物的鉴定，都需要对比标准光谱或与标准品的红外光谱图进行对照。对照时应注意被测物与标准谱图上的样品聚集态、制样方法一致。因指纹区的吸收峰对结构上的细微变化特别敏感，对照指纹区时要特别仔细。

知识链接

《中国药典》自 1977 年版开始采用红外光谱法用于一些药品的鉴别，在该版药典附录中收载了对照图谱。之后，又分别于 1985 年和 1990 年各出了一版《药品红外光谱集》，1995 年开始分卷出版《药品红外光谱集》，此后每 5 年更新。《药品红外光谱集》每卷有三个部分，即说明、光谱图和索引。光谱图包括《中华人民共和国药典》、国家药品标准中所收载的药品，用红外光谱仪录制而得。每幅光谱图还记载有该药品的中文名、英文名、结构式、分子式、光谱号及试样的制备方法等。索引中的数字即光谱号。凡在《中国药典》和《国家药品标准》中收载红外鉴别或检查的品种，除特殊情况外，本光谱集中均有相应收载，以供对比。

二、IR 解析示例

例 11-1 某化合物分子式为 $C_9H_{10}O$，其红外吸收光谱上主要吸收峰位为 3080cm^{-1}、3040cm^{-1}、2980cm^{-1}、2920cm^{-1}、1690cm^{-1}（s）、1600cm^{-1}、1580cm^{-1}、1500cm^{-1}、1370cm^{-1}、1230cm^{-1}、750cm^{-1} 和 690cm^{-1}，试推断该化合物的分子结构。

解： $\Omega = 1 + n_4 + \frac{n_3 - n_1}{2} = 1 + 9 + \frac{0 - 10}{2} = 5$ 推测结构式中可能含有一个苯环，不饱和度尚余 1，推测可能还含有一个双键。

特征区内 1690cm^{-1} 处有强吸收，推测为 $\nu_{C=O}$，符合不饱和度提示含有双键的可能。

3080cm^{-1}、3040cm^{-1} 处有吸收，可能为苯环的 ν_{C-H}。

1600cm^{-1}、1580cm^{-1}、1500cm^{-1} 三处存在吸收峰，可能为苯环的 $\nu_{C=C}$，且 1580cm^{-1} 处的吸收峰，提示碳氧双键可能直接连接在苯环上而发生共轭。

750cm^{-1} 和 690cm^{-1} 处的吸收峰提示为苯环上的单取代 γ_{C-H}。

2980cm^{-1} 可能为—CH$_3$ 的不对称伸缩峰，2920cm^{-1} 可能为—CH$_2$ 的对称伸缩峰，1370cm^{-1} 可能为—CH$_3$ 剪式振动峰。

指纹区 1230cm^{-1} 处的吸收峰可能为 ν_{C-C}。

综上所述，推测该化合物的可能结构为

红外光谱的应用非常广泛，涉及食品药品、石油化工、环境监测、案件侦破、医学诊断、考古等众多领域。

实训十四　样品红外吸收光谱的测绘

一、实训目的

1. 学会用压片法制作固体试样晶片的方法。
2. 了解仪器的基本结构及工作原理
3. 学会红外分光光度计的操作方法。

二、实训原理

红外吸收光谱是因分子的振动、转动能级跃迁而产生的光谱，其峰数较多，峰形较窄，特征性很强。基团的振动频率和吸收强度与组成该基团的原子的质量、化学键类型、分子的几何结构等密切相关，因此，每一种物质都具有自己独特的红外光谱，可以此为依据进行定性和结构分析。

红外光谱在结构分析方面的应用更为广泛，可根据光谱上的峰位、峰强、峰形以及峰的数目来判断物质中可能存在的基团，进而推断一些简单化合物的分子结构。至于一些复杂的化合物，还需要结合紫外光谱、核磁共振波谱及质谱进行综合推断。

本实验采用红外分光光度计，绘制固体样品阿司匹林和液体样品甘油的红外光谱图，并进行谱图解析。用于测定红外光谱的样品纯度必须大于98％，且不含水。

三、实训用品

1. 仪器　红外分光光度计、干燥器、玛瑙研钵、红外灯、压片机。
2. 试剂　阿司匹林（原料药）、甘油（分析纯）、溴化钾（优级纯）、聚苯乙烯薄膜。

四、实训步骤

1. 操作步骤

（1）开启空调　控制室内温度在 $18 \sim 20\,^{\circ}\mathrm{C}$，相对湿度 $\leqslant 65\%$。

（2）波数检验　用聚苯乙烯薄膜（厚度约为 0.04mm）校正仪器，绘制其光谱图，用 $3027\mathrm{cm}^{-1}$、$2851\mathrm{cm}^{-1}$、$1601\mathrm{cm}^{-1}$、$1028\mathrm{cm}^{-1}$、$907\mathrm{cm}^{-1}$ 处的吸收峰对仪器的波数进行校正，在 $3000\mathrm{cm}^{-1}$ 附近的波数误差应不大于 $\pm 5\mathrm{cm}^{-1}$，在 $1000\mathrm{cm}^{-1}$ 附近的波数误差应不大于 $\pm 1\mathrm{cm}^{-1}$。用聚苯乙烯薄膜校正时，仪器的分辨率要求在 $3110 \sim 2850\mathrm{cm}^{-1}$ 范围内应能清晰地分辨出 7 个峰，峰 $2851\mathrm{cm}^{-1}$ 与谷 $2870\mathrm{cm}^{-1}$ 之间的分辨深度不小于18％透光率，峰 $1583\mathrm{cm}^{-1}$ 与谷 $1589\mathrm{cm}^{-1}$ 之间的分辨深度不小于12％透光率，仪器的标称分辨率，除另有规定外，应不低于 $2\mathrm{cm}^{-1}$。

（3）阿司匹林红外吸收光谱的测定（溴化钾压片法）　将约 1mg 的阿司匹林供试品置于玛瑙研钵中，加入约 200mg 干燥的 KBr 细粉，充分研磨混匀，在红外灯下烘 10 分钟，移入压模内，铺摊均匀，置压模于压片机上，逐渐加压至约 300MPa，并保持 3 分钟，再缓慢减压，制得一透明薄片。将该薄片装在样品架上，插入仪器的试样安放处，在 $4000 \sim 600\mathrm{cm}^{-1}$ 进行扫描，测得吸收光谱。

（4）甘油红外吸收光谱的测定（液膜法）　取供试品甘油液体适量滴在一片空白 KBr 片上，再盖上另一片空白 KBr 片，装入可拆式液体池架中。然后，将液池架置样品架上，插入仪器的试样安放处，在 $4000 \sim 600\mathrm{cm}^{-1}$ 进行扫描，测得吸收光谱。

2. 数据记录 结合理论知识，解析测得的阿司匹林和甘油的红外吸收光谱，并指出各图谱中主要吸收峰的归属。

五、注意事项

1. 制作好的晶片，必须如同玻璃般完全透明，局部无发白现象，无裂缝，否则应重新制作。晶片局部发白，表示压制的晶片厚薄不均；晶片模糊，表示晶体吸潮。

2. 样品研磨在红外灯下进行，防止样品吸水。

3. 盐片装入可拆式液体池架时，螺丝不宜拧得太紧，防止盐片被夹碎。

六、思考题

1. 红外吸收光谱分析，对固体试样的制片有何要求？
2. 如何进行红外吸收光谱的定性分析？
3. 红外光谱实验室为什么对温度和相对湿度要维持一定的指标？
4. 制样研磨时，若不在红外灯下操作，将有何影响？

目标检测

答案解析

一、单项选择题

1. 红外光谱属于（　　）
   A. 原子吸收光谱　　　　　B. 分子吸收光谱　　　　　C. 电子光谱
   D. 磁共振谱　　　　　　　E. 原子发射光谱

2. 产生红外光谱的原因有（　　）
   A. 原子内层电子能级跃迁
   B. 分子外层价电子跃迁
   C. 分子转动能级跃迁
   D. 分子振动－转动能级跃迁
   E. 光子发射

3. 振动能级由基态跃迁至第一激发态所产生的吸收峰是（　　）
   A. 合频峰　　　　　　　　B. 基频峰　　　　　　　　C. 差频峰
   D. 泛频峰　　　　　　　　E. 相关峰

4. 红外光谱图中用作纵坐标的标度是（　　）
   A. 波长（λ）　　　　　B. 光强度（I）　　　　　C. 波数（σ）
   D. 频率（ν）　　　　　　E. 百分透光率（$T\%$）

5. 红外光谱与紫外光谱比较（　　）
   A. 紫外光谱的特征性强
   B. 红外光谱与紫外光谱的特征性均强
   C. 红外光谱与紫外光谱的特征性均不强
   D. 红外光谱主要用于定性鉴别及结构分析
   E. 红外光谱主要用于定量，紫外光谱主要用于定性

二、多项选择题

1. 红外光谱产生的条件是（　）
    A. 红外辐射能量等于分子振动－转动能级跃迁的能量
    B. 振动能级由基态跃迁至第一激发态
    C. 振动必须是红外活性的
    D. 分子振动时偶极距不发生变化
    E. 红外分光光度计的分辨率要高

2. 泛频峰包括（　）
    A. 基频峰　　　　　　　　B. 倍频峰　　　　　　　　C. 合频峰
    D. 差频峰　　　　　　　　E. 以上都对

3. 红外吸收光谱仪的常用光源有（　）
    A. 能斯特灯　　　　　　　B. 卤钨灯　　　　　　　　C. 氢灯
    D. 硅碳棒　　　　　　　　E. 氘灯

4. 弯曲振动包括（　）
    A. 剪式振动　　　　　　　B. 摇摆振动　　　　　　　C. 扭曲振动
    D. 对称伸缩振动　　　　　E. 不对称伸缩振动

5. 红外光谱分析的试样状态可以是（　）
    A. 固体　　　　　　　　　B. 液体　　　　　　　　　C. 气体
    D. 仅固体　　　　　　　　E. 仅液体

书网融合……

重点小结

微课

习题

第十二章 原子吸收分光光度法

PPT

学习目标

知识目标：通过本章的学习，应能掌握原子吸收分光光度法的定量分析方法；熟悉原子吸收分光光度法的基本原理；了解原子吸收分光光度计的基本结构、使用方法及注意事项。

能力目标：能够运用原子吸收分光光度法对金属元素进行定量分析

素质目标：通过本章的学习，把握"量"的概念，树立严谨的职业态度和崇高的职业道德。

第一节　概　述

原子吸收分光光度法（atomic absorption spectrophotometry，AAS），又称原子吸收光谱法。它是基于从光源辐射出待测元素的特征谱线，通过试样蒸气时被待测元素的基态原子吸收，由特征谱线被减弱的程度来测定试样中待测元素含量的方法。

知识链接

早在 19 世纪初科学家就对太阳发射光谱中的暗线进行观测和研究，20 世纪 60 年代原子吸收光谱才成为一种仪器分析方法，直到 1955 年，澳大利亚科学家 Walsh A 把原子吸收光谱应用到分析领域中，原子吸收光谱分析技术才得到迅速发展，至今已发展为金属元素测定重要方法之一，被广泛应用于化学技术、材料科学、环境科学、生命科学和医学等研究中，在分析与人体健康和疾病密切相关的微量元素中发挥了重要作用。

一、原子吸收分光光度法的特点

原子吸收分光光度法是测定痕量元素的有效方法，具有干扰较少、灵敏度高、结果准确、操作简便、应用范围广等优点。原子吸收分光光度法具有如下特点。

1. 选择性高　分析不同元素选择不同元素灯，一般情况下，共存元素不对待测原子测定产生干扰，通常不需分离共存元素。

2. 灵敏度高　原子吸收分光光度法是目前最灵敏的仪器分析方法之一。火焰原子吸收法的检出限在 $1.0 \times 10^{-8} \sim 1.0 \times 10^{-10}$ g/ml，石墨炉原子吸收法的检出限在 $10^{-12} \sim 10^{-14}$ g/ml。由于灵敏度高，需要的进样量很少，固体直接进样的石墨炉原子吸收法仅需 $0.05 \sim 30$ mg，这对于试样来源困难的分析是极为有利的。

3. 准确度高，精密度高　火焰原子吸收法的相对误差 <1%，石墨炉原子吸收法的相对误差为 3%~5%，满足低含量分析的要求。多次测定结果的重现性好。

4. 分析速度快　仪器操作简便，测定快速，可在短时间内完成大量样品的连续测定。

5. 应用范围广　可直接测定岩矿、土壤、大气飘尘、水、植物、食品、生物组织等试样中的微量金属元素，还可用间接法测定硫、氮、卤素等非金属元素及其化合物。该法已广泛应用于环境保护、化工、生物技术、食品科学、医药、食品质量与安全、地质、国防、卫生检测和农林科学等各领域。

二、与紫外 – 可见分光光度法的比较

原子吸收分光光度法与紫外 – 可见分光光度法既有相同点，又有所差异。

（一）二者的相同点

1. 均属吸收光谱　二者都是依据样品对入射光的吸收进行测量的，都属吸收光谱。

2. 定量依据相同　二者的定量依据是相同的，都依照朗伯 – 比尔定律。

3. 仪器组成大致相同　就设备而言，两种方法所使用的仪器均由五大部分组成，即光源、单色器、吸收池（或原子化器）、检测器和显示器。

（二）二者的不同点

1. 吸收物质的状态不同　紫外 – 可见分光光度法是分子吸收，吸收带宽为几个纳米到几十个纳米，为宽带吸收光谱，即带状光谱，因此可以用连续光源（钨灯）。而原子吸收分光光度法是基于气态的基态原子对光的吸收，吸收带宽仅为 10^{-3} nm，为窄带吸收光谱，即线状光谱，因此所使用的光源必须是锐线光源（空心阴极灯），测量时必须将试样原子化。这是两种方法的根本区别。

2. 单色器的位置不同　紫外 – 可见分光光度计中，单色器在光源与吸收池之间，即光源→单色器→比色皿。原子吸收分光光度计中，单色器在原子化器（相当于紫外 – 可见分光光度计的吸收池）之后，即光源→原子化器→单色器。

第二节　基本原理

一、原子吸收光谱的产生

1. 共振线　在正常状态下原子处于能量最低、最稳定的状态称为基态（E_0），处于基态的原子称为基态原子。当基态原子受外界能量（光能、热能等）激发时，其最外层电子吸收了一定的能量跃迁到不同的激发态（较高的能级状态）。激发态的原子很不稳定，在极短的时间内辐射出一定频率的光子，便跃迁至基态。当电子吸收一定能量从基态跃迁至第一激发态（能量最低的激发态）要吸收一定频率的光，所产生的吸收谱线，称为共振吸收线。当电子从第一激发态跃回基态时，则发射出相同频率的光（谱线），其对应的谱线称为共振发射线。

原子能级跃迁如图 12 – 1 所示。图中 A 产生吸收光谱，B 产生发射光谱，E_0 为基态能级，E_1、E_2、E_3 为激发态能级。

共振吸收线和共振发射线均简称为共振线。由于不同元素的原子结构不同，其核外电子能级的能量差不同，所以各种元素原子的共振线频率不同，从而使得每种元素原子都具有特定的共振线，即元素的特征谱线。对大多数元素而言，共振线最易产生，是因为基态到第一激发态的能量差最小，跃迁最容易发生，故共振线又是该元素的最灵敏线。

2. 分析线　由于不同元素的原子结构不同，其核外电子能

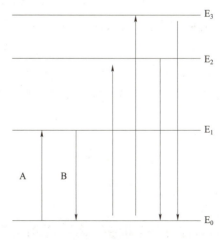

图 12 – 1　原子能级跃迁示意图

级的能量差不同，所以各种元素原子的共振线频率不同，从而使得每种元素原子都具有特定的共振线，即元素的特征谱线。共振线也是元素的最灵敏谱线，在原子吸收谱线分析中，正是利用处于基态的待测元素的原子蒸气对由光源发射出的共振线的吸收来进行定量分析的，因此共振线通常被选作"分析线"。

二、基态原子数

原子吸收分光光度法是基于待测元素基态原子对该元素共振线的吸收程度来进行测量的。在进行原子吸收分析时，首先需使试样中的待测元素由化合物状态转变成基态原子，此原子化过程可在燃烧的火焰中加热样品来实现。待测元素由化合物离解成原子后，基态原子数目能否代表试样中的原子总数呢？因此必须明确试样中待测元素经原子化后的基态原子数与原子总数的关系。

试样中的被测元素经原子化器产生出一定浓度的基态原子，是原子吸收分析中的关键因素，为提高分析的灵敏度和准确度，使得基态原子在原子总数中的比例越高越好。但在原子化过程中，待测元素由分子解离成原子时，不可能全部是基态原子，其中有一部分为激发态原子，甚至还进一步电离成离子，但在实验温度范围内，激发态原子数是很少的，可以忽略不计。因此，可用气态基态原子数（N_0）来代表待测原子总数（N）。

三、原子吸收分光光度法的定量基础

在实际工作中测定的是待测组分的浓度，而组分浓度又与待测元素吸收辐射的原子总数 N 成正比，因而，在一定的温度和一定的火焰宽度 L 条件下，让不同频率的光（入射光强度为 I_0）通过某一待测元素的 I 原子蒸气，则有一部分光将被吸收，其透射光与原子蒸气的宽度（火焰的宽度 L）的关系，遵从朗伯－比尔定律，即

$$A = \lg \frac{I_0}{I_t} = KN_0L \qquad\qquad (12-1)$$

式中，A 为吸光度；I_t 为透射光强度；K 为常数（可由实验测定）；N_0 为基态原子数。

如果将 N_0 近似地看作原子总数 N，则有

$$A = KNL \qquad\qquad (12-2)$$

式（12-2）表示吸光度与待测元素吸收辐射的原子总数及火焰的宽度（光径长度）的乘积成正比。

实际分析要求测定的是试样中待测元素的浓度，而该浓度与待测元素吸收辐射的原子总数是成正比的。因此当火焰宽度是固定的，在一定的浓度范围内，吸光度与试样浓度成正比，即

$$A = K'c \qquad\qquad (12-3)$$

式中；c 为溶液浓度；K' 为与实验条件有关的常数。

式（12-3）表示吸光度与样品中被测元素的浓度呈线性关系，它是原子吸收分光光度法定量的依据。

第三节　定量分析方法 🅔微课

在一定分析条件下，当被测元素浓度不高、吸收光程固定时，待测试液的吸光度与被测元素的浓度成正比。原子吸收光谱进行定量分析的方法主要有标准曲线法和标准加入法，两种定量方法都是利

用试样中待测元素的浓度与吸光度之间成正比为依据。

一、标准曲线法

原子吸收分光光度法的标准曲线法和紫外－可见分光光度法相似。首先配制含有待测元素不同浓度的标准系列溶液，以相应试剂配制空白溶液（参比溶液），在选定的实验条件下，用空白溶液调零，然后按照浓度由低到高依次测定各标准溶液的吸光度，并记录读数。以吸光度为纵坐标，标准溶液浓度为横坐标绘制标准曲线。在同样操作条件下测定试样溶液的吸光度，从标准曲线查得试样溶液的浓度。

优点：简便、快速，可用于同类大批量样品的分析。

缺点：基体效应（物理干扰）大，适用于组成简单的试样。

使用标准曲线法时应注意：配制的标准溶液浓度应在吸光度与浓度成线性的范围内；整个分析过程中操作条件应保持不变。另外，标准曲线法虽然简单，但必须保证标准样品与试样的物理性质相同，保证不存在干扰物，对于组成尚不清楚的样品不能用标准曲线法。

二、标准加入法

本方法适用于试样的基体组成复杂且对测定有明显干扰的，或待测试样的组成不明确的，但在标准曲线呈线性关系的浓度范围内的样品。

方法：取 5 份相同体积的试样溶液置于 5 个同体积的容量瓶中，从第 2 份起按比例精密加入不同量的待测元素的标准溶液，各浓度间距应一致，稀释至一定体积。分别测定加入标准溶液后样品的吸光度。以吸光度对加入的待测元素的浓度作图，得到一条不通过原点的直线，外延此直线与横坐标的交点即为试样溶液中待测元素的浓度 c_x（图 12 – 2）。

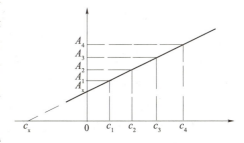

图 12 – 2 标准加入法

优点：适合于组成复杂样品，可消除基体效应和某些化学干扰。

不足：不能消除背景吸收的影响。

使用标准加入法时应注意：待测元素的浓度与其对应的吸光度在测定浓度范围内呈线性关系；为了得到较准确的外推结果，最少应取 4 个点来作外推曲线，并且第一份加入的标准溶液与试样溶液浓度之比应适当；对于斜率太低的曲线（灵敏度差），容易引进较大的误差。

知识链接

铅是严重危害人类健康的重金属元素之一，它可刺激消化系统、累及免疫系统、影响神经系统、损伤泌尿系统等。除了在日常生活中要避免长期接触铅或在短时间内大量接触铅之外，对于治疗疾病的药品、特别是中药材中铅的含量也须严加控制。《中国药典》（现行版）对西洋参、金银花等中药材中铅的限度检查即是采用原子吸收分光光度法，在 283.3nm 波长处测定，利用标准曲线法定量，测得含铅量不得过 5mg/kg。

第四节　原子吸收分光光度计

一、原子吸收分光光度计的基本结构及分析流程

（一）原子吸收分光光度计的主要部件

原子吸收分光光度计由五部分组成，即光源、原子化系统、单色器、检测系统和显示系统，如图12-3所示。

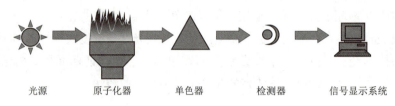

| 光源 | 原子化器 | 单色器 | 检测器 | 信号显示系统 |

图12-3　原子吸收分光光度计示意图

1. 光源　光源的作用是发射待测元素的特征光谱，又称锐线光源。要求光源必须具有辐射光强度足够大、稳定性好、噪声低和使用寿命长等特点。常见的光源有空心阴极灯、激光灯、高频无极放电灯等。本节着重介绍结构简单、操作方便、应用最广泛的空心阴极灯。

空心阴极灯又称元素灯，是一种气体放电管，它包括一个阳极（在钨棒上镶钛丝或钽片）和一个空心圆筒的阴极，阴极是由待测元素的纯金属或合金制成。两电极密封于充有少量低压惰性气体的带有光学窗口的硬质玻璃管内。当在两极间施加一定电压时，阴极开始放电。此时电子在电场的作用下加速，从空心阴极射向阳极，并与周围惰性气体发生碰撞使其电离。带正电的惰性气体离子又在电场作用下向阴极内腔壁猛烈轰击，将阴极材料的原子从晶格中溅射出来，溅射出来的原子再与电子、惰性气体原子及离子发生碰撞而激发，发射出被测元素的特征共振线。

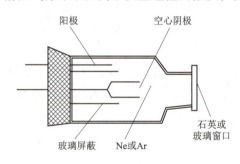

图12-4　空心阴极灯结构示意图

阴极和阳极的设计要求是可以产生稳定的受控放电，可以产生很狭窄的线性输出。因为空心阴极灯的输出光束与灯电流成正比，所以微小的电流变化即可使光束发生变化，因此灯电流须精确控制，增大灯电流可减少放大器的增益，从而改善信噪比。空心阴极灯制造厂规定了最佳工作电流和最大电流，使用时不得超过最大电流，而工作电流对大多数分析项目只是一个参考依据。用不同灯电流对一种溶液进行分析（保持火焰条件：燃烧器位置和吸液速度恒定）来确定最佳灯电流，灯电流越大吸收值越小，要确定吸收值大而吸收信号又稳定的灯电流值。空心阴极灯一般在使用前要经过20~30分钟预热，以使灯的发射强度达到稳定。

空心阴极灯一般是单元素灯，只能发射出一种元素的共振谱线，干扰少、强度高。为避免干扰，必须用纯度较高的阴极材料。阴极物质含多种元素，则可制成多元素灯。多元素灯工作时可同时发出多种元素的共振线，可连续测试多种元素，减少换灯的麻烦。但光强度较弱，容易产生干扰。目前使用的多元素灯中，一灯最多可测6~7种元素。

2. 原子化系统　原子化系统的作用是提供足够的能量，使试样中被测元素转变为吸收特征辐射

线的基态原子蒸气。被测元素由试样转为气相，并转化为基态原子的过程，称为原子化过程。样品的原子化是原子吸收分光光度法的一个关键步骤，所以，原子化系统是原子吸收分光光度计中极其重要的部件。原子化器的原子化效率要高、记忆效应要小、噪声要低。原子化方法主要有火焰原子化法和无火焰原子化法。火焰原子化法利用火焰能使试样转化为气态原子；无火焰原子化法利用电加热或化学还原等方式使试样转化为气态原子。

（1）火焰原子化器　它是通过火焰温度和气氛使试样原子化的装置，具有结构简单，操作方便、快速，重现性和准确度比较好，适用范围广等特点，是原子吸收分析的标准方法。但它也有缺点，即原子化效率低（仅有10%的试样被原子化），灵敏度不够高，一般不能直接分析样品。

火焰原子化过程分为两个步骤：第一步是将试样溶液变成细小雾滴，即雾化阶段；第二步是使雾滴接受火焰供给的能量形成基态原子，即原子化阶段。火焰原子化器分为全消耗型和预混合型两种类型。全消耗型燃烧器是将试液直接喷入火焰。这种原子化器结构简单、使用较安全，常用于燃气燃烧速度快，试样溶剂具有可燃性的样品分析，但火焰不稳定、噪声高、有效吸收的光程短。预混合型燃烧器是先将试液的雾滴、燃气和助燃气在进入火焰前，于雾化室内预先混合均匀，然后再进入火焰，其气流稳定、噪声低、原子化效率较高，是目前应用较广泛的原子化器。这里主要介绍预混合型火焰原子化器，它包括雾化器、雾化室（预混合室）、燃烧器、火焰四个部分，如图12-5所示。

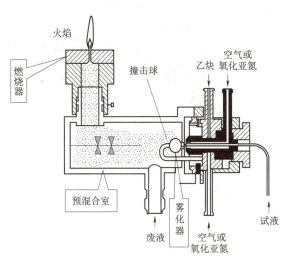

图 12 - 5　预混合型火焰原子化器结构示意图

1）雾化器　是火焰原子化器的重要部件。它的作用是将试液雾化，并使雾滴均匀化。雾化器的工作原理是当高压载气（助燃气体）高速通过时，产生的负压使试液沿毛细管吸入，并被高速气流分散成雾滴。喷出的雾滴撞击在撞击球上，进一步分散成细雾。雾化器的雾化效率一般较低，在10%左右，它是影响火焰化灵敏度和检出限的主要问题。影响雾化效率的因素有助燃气流速、溶液的黏度、表面张力以及毛细管与喷嘴之间的相对位置。

2）雾化室　又称预混合室，其作用是进一步细化雾滴，并使之与燃气（乙炔、丙烷、氢气等）均匀混合后进入火焰。而一些未被细化的雾滴则在雾化室内凝结为液珠，沿废液排泄管排出。另外，雾化室可以缓冲稳定混合气气压的作用，以便使燃烧器产生稳定的火焰。

3）燃烧器　燃烧器的作用是使燃气在助燃气的作用下形成火焰，在高温下使试样中的待测元素原子化。要求其火焰稳定，原子化程度高，并耐高温耐腐蚀。

4）火焰　在火焰原子化法中，其作用是使待测物质分解成基态自由原子，它直接决定分析的灵敏度和结果的重现性，目前应用最广泛的火焰是空气-乙炔火焰。

虽然火焰原子化器操作简便，重现性好。但由于原子化效率低，基态原子吸收区域停留时间短，限制了测定灵敏度的提高，同时这种原子化法无法直接分析黏稠状液体和固体试样。

（2）无火焰原子化器　是利用电热、阴极溅射、高频感应或激光等方法使试样中待测定元素原子化，应用最广泛的是石墨炉原子化器。石墨炉原子吸收光谱法的优点是：试样用量少（固体0.1~10mg，液体1~50μl）；原子化效率高达90%以上；基态原子在吸收区停留时间长；检出限低，对很多元素的测定比火焰原子化法低2~3个数量级；试样在体积很小的石墨管里直接原子化，有利于难熔氧化物的分解，提高了测定的选择性和灵敏度；可以直接进行黏度较大样品、悬浮液和固体样品的进样。此外，石墨炉法也有缺点，如背景干扰较大，须有扣除背景的装置；设备复杂、昂贵；精密度较差（相对偏差约3%）；单试样分析所需时间较长等。

管式石墨炉原子化器由加热电源、保护气控制系统和石墨管状炉组成。它的工作原理是加热电源来供给原子化器能量，电流通过石墨管产生高热高温，最高温度可达到3000℃。保护气控制系统是控制保护气的，仪器启动，保护气 Ar 流通，空烧完毕，切断 Ar 气流。外气路中的 Ar 气沿石墨管外壁流动，以保护石墨管不被烧蚀，内气路中 Ar 气从管两端流向管中心，由管中心孔流出，以有效地

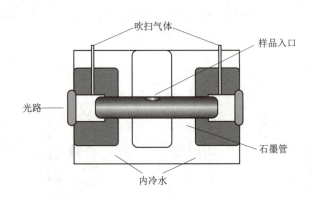

除去在干燥和灰化过程中产生的基体蒸气，同时保护已原子化了的原子不再被氧化。在原子化阶段，停止通气，以延长原子在吸收区内的平均停留时间，避免对原子蒸气的稀释。管式石墨炉的结构简图如图 12-6 所示。

使用石墨炉时一般采取程序升温的方式，石墨炉原子化器按所指令的控温程序自动分段完成干燥、灰化、原子化、净化的操作，从而提高测定的选择性和灵敏度。

图 12-6　管式石墨炉原子化器结构简图

1）干燥　目的是蒸发除去溶剂或其他低沸点挥发性成分，先通小电流，在100℃左右进行试样的干燥，当进样体积较大时，可以适当延长干燥时间。

2）灰化　通常在100~1800℃进行灰化，以除去基体或其他元素对其的干扰。在低温下吸光度保持不变，当吸光度下降时对应的较高温度，称为最佳灰化温度，可通过绘制吸光度与灰化温度的关系来确定。

3）原子化　试样灰化后再升温进行试样原子化，温度根据需要选定，最高可达3000℃。原子化的温度因元素不同而异，其最佳温度也可通过绘制吸光度与原子化温度的关系来确定，对多数元素来讲，当曲线上升至平顶形时，与最大吸光度值对应的温度就是最佳原子化温度。但是为了延长石墨管寿命，只要有足够的灵敏度，也可采用较低的温度进行原子化。

4）净化　试样测定完毕后，将石墨炉加高温空烧一段时间将前一实验余留的待测元素挥发掉，以减小该实验对下次实验产生的记忆，避免影响下一次测定，即称净化。

3. 单色器　通常配置在原子化器以后的光路中，其作用是将待测元素的共振线和邻近谱线分开，从而使分析线选择性地进入检测器。单色器由入射狭缝、出射狭缝和色散原件组成，其关键部位是色散原件，现多用光栅。由于采用锐线光源，谱线比较简单，因此对单色器分辨率的要求不是很高。

在实际工作中，通常根据谱线结构和待测共振线邻近是否有干扰来决定狭缝宽度，适宜的缝宽可通过实验来确定。

4. 检测系统　由光电元件、放大器、对数转换器和显示装置组成。它是将单色器发射出的光信号转换成电信号后进行测量。

光电元件一般采用光电倍增管，其作用是将经过原子蒸气吸收和单色器分光后的微弱信号转换为电信号。原子吸收分光光度计的工作波长通常为190~900nm，很多商品仪器在短波方面可测至197.3nm（砷），长波方面可测至852.1nm（铯）。

放大器的作用是将光电倍增管输出的电信号放大，以符合显示装置对电信号的要求。放大器分交、直流放大器两种。由于直流放大不能排除火焰中待测元素原子发射光谱的影响，故已逐渐被淘汰。目前采用的是交流选频放大和相敏放大器。

5. 显示系统　放大器放大后的电信号经对数转换器转换成吸光度信号，经数字显示器显示或记

录仪打印进行读数。

目前，国内外商品化的原子吸收分光光度计几乎都配备了微机处理系统，具有自动调零、曲线校正、浓度直读、标尺扩展、自动增益等性能，并附有记录器、打印机、自动进样器、阴极射线管荧光屏及计算机等装置，大大提高了仪器的自动化程度。

（二）分析流程

原子吸收分光光度计简单的分析流程如下：将被分析物质以适当方法转变为溶液，并将溶液以雾状引入原子化器。此时，被测元素在原子化器中原子化为基态原子蒸汽。当光源发射出的与被测元素吸收波长相同的特征谱线通过火焰中基态原子蒸汽时，光能因被基态原子所吸收而减弱，其减弱的程度（吸光度）在一定条件下，与基态原子的数目（元素浓度）之间的关系，遵守朗伯－比耳定律。被基态原子吸收后的谱线，经分光系统分光后，由检测器接收，转换为电信号，再经放大器放大，由显示系统显示出吸光度或光谱图。

二、原子吸收分光光度计的类型

原子吸收分光光度计按光束形式可分为单光束和双光束两类，按波道数又有单道、双道和多道之分。常用的有单道单光束和单道双光束分光光度计。

（一）单道单光束原子吸收分光光度计

单道单光束原子吸收分光光度计只有一个光源、一个单色器、一个显示系统，从光源发出的光仅以单一光束的形式通过原子化器、单色器和检测系统。这类仪器结构简单、价格便宜，但易受光源强度变化影响，灯预热时间长，分析速度慢。

（二）单道双光束原子吸收分光光度计

从光源发出的光被切光器分成两束强度相等的光，一束光作为测试光束通过原子化器，一束光作为参比光束不通过原子化器，两束光交替进入同一单色器和检测器。由于两束光来自同一光源，光源的漂移通过参比光束的作用而得到补偿，得到一个稳定的输出信号。但由于参比光束不通过火焰，所以不能消除火焰的扰动和背景吸收的干扰。

（三）双波道或多波道原子吸收分光光度计

双波道或多波道分光光度计有两个或两个以上光源、单色器和检测系统，可同时测定两种或多种元素，准确度高，但装置复杂、仪器价格昂贵。

三、原子吸收分光光度计的操作注意事项

（一）空心阴极灯作为光源的操作注意事项

1. 制造商已规定了最大电流，不得超过，否则可发生永久性损坏。

2. 有些元素采用较高电流操作时，其标准线可出现严重弯曲，并由于在阴极原子雾团中的基态原子吸收发射出的辐射的自吸收效应而降低灵敏度，该现象随灯电流增加而增长。

3. 空心阴极灯在使用前应经过一段时间预热，使灯的发射强度达到稳定。预热时间的长短与灯的类型、元素种类、仪器类型不同而不同。通常对于单光束仪器，灯预热时间应在 30 分钟以上；对双光束仪器，由于参比光束和测量光束的强度同时变化，其比值恒定，能使基线很快稳定，灯预热时间可以缩短。空心阴极灯使用前，若在施加 1/3 工作电流的情况下预热 0.5～1.0 小时，并定期活化，可增加使用寿命。

4. 对大多数元素，日常分析的工作电流应保持额定电流的 40%~60% 较为合适，可保证稳定、合适的锐线光强输出。通常对于高熔点的镍、钴、钛、锆等的空心阴极灯使用电流可大些，对于低熔点易溅射的铋、钾、钠、铷、锗、镓等的空心阴极灯，在吸收值满足需求的前提下，使用较小电流为宜。

5. 当发现空心阴极灯的石英窗口有污染时，应用脱脂棉蘸无水乙醇擦拭干净。

6. 不用时不要点灯，否则会缩短灯寿命；但长期不用的元素灯则需每隔 1~2 个月在额定工作电流下点燃 15~60 分钟，以免性能下降。

7. 光源调整机构的运动部件要定期加少量润滑油，以保持运动灵活自如。

(二) 原子化器操作注意事项

1. 每次分析操作完毕，特别是分析过高浓度或强酸样品后，要立即吸喷纯化水数分钟，以防止雾化器和燃烧头被玷污或锈蚀。仪器的不锈钢喷雾器为铂铱合金毛细管，不宜测定高氟浓度样品，使用后应立即用纯化水清洗，防止腐蚀；吸液用聚乙烯管应保持清洁，无油污，防止弯折；发现堵塞，可用软钢丝清除。

2. 预混合室要定期清洗积垢，喷过浓酸、碱液后，要仔细清洗；日常工作后应用纯化水吸喷 5~10 分钟进行清洗。

3. 点火后，燃烧器的缝隙上方，应是一片燃烧均匀，呈带状的蓝色火焰。若火焰呈齿形，说明燃烧头缝隙上有污物，需要清洗。如果污物是盐类结晶，可用滤纸插入缝口擦拭，必要时应卸下燃烧器，用乙醇 - 丙酮（1:1）清洗；如有熔珠可用金相砂纸打磨，严禁用酸浸泡。

4. 测试有机试样后要立即对燃烧器进行清洗，一般应先吸喷容易与有机样品混合的有机溶剂约 5 分钟，再吸喷 1% 的 HNO_3 溶液 5 分钟，并将废液排放管和废液容器倒空重新装水。

(三) 单色器操作注意事项

单色器使用时要保持干燥，要定期更换单色器内的干燥剂。单色器中的光学元件，严禁用手触摸和擅自调节。备用光电倍增管应轻拿轻放，严禁振动。仪器中的光电倍增管严禁强光照射，检修时要关掉负高压。

(四) 气路系统操作注意事项

1. 要定期检查气路接头和封口是否存在漏气现象，以便及时解决。

2. 使用仪器时，若出现废液管道的水封被破坏、漏气，或燃烧器缝明显变宽，或助燃气与燃气流量比过大，或使用笑气 - 乙炔火焰时，乙炔流量小于 2L/min 等情况，容易发生"回火"。一旦发生"回火"，应镇定地迅速关闭燃气，然后关闭燃气，切断仪器电源。若回火引燃了供气管道及附近物品时，应采用 CO_2 灭火器。防止回火的点火操作顺序为先开助燃气，后开燃气；熄火顺序为先关燃气，待火熄灭后，再关注燃气。

3. 乙炔钢瓶严禁剧烈振动和撞击。工作时应直立，温度不宜超过 30~40℃。开启钢瓶时，阀门旋开不超过 1.5 转，以防止丙酮逸出。乙炔钢瓶的输出压力应不低于 0.05MPa，否则应及时充乙炔气，以免丙酮进入火焰，对测量造成干扰。

4. 要经常放掉空气压缩机气水分离器的积水，防止水进入助燃气流量计。

5. 为了确保安全，使用燃气、助燃气应严格按操作规程进行。如果在实验过程中突然停电，应立即关闭燃气，然后将空气压缩机及主机上所有开关和旋钮都恢复操作前状态。操作过程中，若嗅到乙炔气味，则可能气路管道或接头漏气，应立即仔细检查。

6. 每次分析工作后，都应该让火焰继续点燃并吸喷去离子水 3~5 分钟清洗原子化器。定期检查废液收集容器的液面，及时倒出过多的废液，但又要保证足够的水封。

7. 为了保证分析结果有良好的重现性，应该注意燃烧器缝隙的清洁、光滑。发现火焰不整齐，中间出现锯齿状分裂时，说明缝隙内已有杂质堵塞，此时应该仔细进行清理。清理方法是：待仪器关机，燃烧器冷却以后，取下燃烧器，用洗衣粉溶液刷洗缝隙，然后用水冲，清除沉积物。

实训十五　原子吸收分光光度法测定自来水中镁的含量

一、实训目的

1. 了解原子吸收分光光度计的主要结构及其性能。
2. 学习原子吸收分光光度计的使用方法。
3. 通过对水中镁的测定熟悉原子吸收分光光度法测定样品含量的方法原理。

二、实训原理

在使用锐线光源和稀溶液的情况下，基态原子蒸气对其特征辐射的共振吸收符合 Beer 定律，实验条件下，可认为原子蒸气中基态原子的数目实际上接近或等于原子总数，而原子总数与试样浓度 c 的比例是一定的，因此有 $A = Kc$，这就是原子分光光度法进行定量分析的理论依据。

本实验采用标准曲线法进行定量。测定的工作条件因仪器型号的不同而各异。

三、实训用品

1. 仪器　原子吸收分光光度计、镁元素空心阴极灯、乙炔钢瓶、空气压缩机、容量瓶（50、100ml）、吸量管（5ml）、聚乙烯瓶。

2. 试剂　氧化镁（A. R）、盐酸（1mol/L）。

四、实训操作

1. 操作步骤

（1）溶液的配制

1）镁标准贮备液（1mg/ml）　准确称取 800℃灼烧至恒重的氧化镁 0.4146g，滴加 1mol/L 盐酸至其完全溶解，定量转移至 250ml 的容量瓶中，用去离子水稀释至刻度，摇匀，将此溶液贮存于聚乙烯瓶中。

2）镁标准溶液（50μg/ml）的配制　精密吸取 2.50ml 镁标准贮备液（1mg/ml）于 50ml 容量瓶中，加入去离子水稀释至刻度，摇匀。

3）镁标准系列溶液的配制　精密吸取镁标准溶液（50μg/ml）5.00ml 置于 50ml 容量瓶中，用去离子水稀释至刻度，摇匀。再精密吸取此稀释溶液 2.00、4.00、6.00、8.00、10.00ml 分别置于 5 只 100ml 容量瓶中，用去离子水稀释至刻度，摇匀，则溶液的浓度分别为 0.10、0.20、0.30、0.40、0.50μg/ml。

4）供试液的配制　精密吸取 2.00ml 自来水于 100ml 容量瓶中，用去离子水稀释至刻度，摇匀。

（2）标准曲线的绘制及自来水的测定　在设定的工作条件下，以去离子水作空白，喷雾调零后，由稀到浓依次测定上述镁标准系列溶液的吸光度，然后，以吸光度为纵坐标，浓度为横坐标，绘制标准曲线。

在相同工作条件下测定供试液的吸光度，然后，从标准曲线上查出该溶液的含镁量（c_x），并计算自来水的含镁量。

2. 数据记录

溶液浓度（μg/ml）	0.10	0.20	0.30	0.40	0.50	c_x
吸光度（A）						

3. 结果计算

$$自来水中的含镁量（μg/ml）= c_x × 稀释倍数$$

五、注意事项

1. 容量瓶编号序号，切勿弄混。

2. 实验中所使用的试剂其纯度应符合规定要求，所用玻璃器皿需严格洗涤，保证洁净。

3. 点燃火焰时，应先开助燃气（空气），调节好流量，再开燃气（乙炔），调节好流量后，方可点燃火焰。熄灭火焰时，应先关燃气（乙炔）总阀，待火焰自行熄灭后，再关闭仪器上的燃气（乙炔）钮，最后才切断助燃气（空气）。并检查此时乙炔钢瓶压力表指针是否回到零，否则表示未关紧。

4. 进行喷雾时，要保证助燃气和燃气压力不变，否则影响测定值的准确性。

5. 测定结束后，用去离子水喷洗 5～10 分钟，待火焰自行熄灭后，再将去离子水移开。

六、思考题

1. 本实验在配制和稀释溶液时，为什么要用去离子水而不能用蒸馏水？

2. 样品原子化的方法有哪几种？

.... 目标检测

答案解析

一、单项选择题

1. 原子吸收分光光度法的选择性好，是因为（ ）

　A. 原子化效率高

　B. 光源发出的特征辐射只能被特定的基态原子所吸收

　C. 检测器灵敏度高

　D. 原子蒸汽中基态原子数不受温度影响

　E. 结果准确度高

2. 原子化器的主要作用是（ ）

　A. 将试样中待测元素转化为基态原子蒸汽

　B. 将试样中待测元素转化为激发态原子蒸汽

　C. 将试样中待测元素转化为中性分子

　D. 将试样中待测元素转化为离子

　E. 将试样中待测元素转化为激发态离子

3. 在原子吸收分光光度计中，目前常用的光源是（ ）

　A. 火焰　　　　　　　　　　B. 空心阴极灯　　　　　　　　C. 氙灯

　　D. 氢灯　　　　　　　　　E. 氘灯

4. 原子吸光度与原子浓度的关系是（　　）

　　A. 指数关系　　　　　　　B. 对数关系　　　　　　C. 反比关系

　　D. 线性关系　　　　　　　E. 非线性关系

5. 原子吸收分光光度法测量的是（　　）

　　A. 溶液中分子的吸收　　　B. 蒸汽中分子的吸收　　C. 溶液中原子的吸收

　　D. 蒸汽中原子的吸收　　　E. 溶液中离子的吸收

二、多项选择题

1. 原子吸收分光光度法常用的定量分析方法有（　　）

　　A. 标准曲线法　　　　　　B. 标准加入法　　　　　C. 对照法

　　D. 吸光系数法　　　　　　E. 内标法

2. 原子吸收分光光度计的基本结构包括（　　）

　　A. 光源　　　　　　　　　B. 原子化器　　　　　　C. 单色器

　　D. 检测器　　　　　　　　E. 显示装置

3. 常用原子化器的类型有（　　）

　　A. 火焰原子化器　　　　　B. 石墨炉原子化器　　　C. 氢化物发生原子化器

　　D. 冷蒸汽发生原子化器　　E. 热蒸汽发生原子化器

书网融合……

重点小结

微课

习题

第十三章 经典液相色谱法

PPT

学习目标

知识目标：通过本章的学习，掌握色谱法的基本原理和操作方法，色谱法中固定相、流动相的选择，色谱分离条件的选择；熟悉色谱的基本原理、方法分类和特点、操作条件控制；了解色谱法的分类、发展历程及发展趋势。

能力目标：能够独立完成实验前的准备、实验操作和实验后的清理工作；根据实验需求选择合适的色谱柱、流动相和检测条件，并进行色谱条件的优化。

素质目标：通过本章的学习，培养严谨的科学态度，对实验数据进行客观、准确的记录和报告，遵守学术诚信，并遵守实验室安全规范。

第一节　概　述　🅔微课

色谱分析法简称色谱法（chromatography），是一种物理或物理化学分离分析方法，也是现代分离分析的一个重要方法。特别是随着气相色谱法和高效液相色谱法的发展与完善、离子色谱和超临界流体色谱等新方法的不断涌现、各种与色谱有关的联用技术（如色谱－质谱联用、色谱－红外光谱联用）的应用，色谱法已成为生产和科研中解决各种复杂混合物分离分析问题的强有力工具。色谱法在药物分析中应用非常广泛，已成为各国药典及其他相关标准的法定方法。

一、色谱法的产生及发展

色谱法是俄罗斯的植物学家茨维特在 20 世纪初创立的。他在研究植物叶的色素成分时，将植物色素的石油醚萃取物倒入装有碳酸钙的玻璃柱的顶端，然后加入石油醚任其自由流下冲洗。结果一段时间后，在柱的不同部位形成了不同的色带，使不同的色素得到分离，"色谱法"因此而得名。此后，色谱法也大量用于无色物质的分离，但色谱法名称仍沿用至今。

知识链接

1906 年茨维特在依据上述实验结果发表的论文中，将该方法命名为色谱法。将装有碳酸钙的玻璃柱称为色谱柱，其中的填充物（碳酸钙）称为固定相（stationary phase），冲洗剂（石油醚）称为流动相（mobile phase）。

20 世纪 30~40 年代相继出现了薄层色谱法和纸色谱法，加上原有的柱色谱法，都是以液体为流动相、以手工操作为主，故统称经典液相色谱法，是色谱法的基础。这一时期，色谱法仅仅是一种分离技术。20 世纪 50 年代初气相色谱法兴起，流动相由液体变为气体，色谱法在理论上和仪器化上有了很大发展，奠定了现代色谱的基础。进入 70 年代后，高效液相色谱法的问世大大拓宽了色谱法的应用范围。80 年代初出现的超临界流体色谱法，兼有了气相色谱法与高效液相色谱法的优点，既具有气态流动相传质快、黏度小的性能，又具有液态流动相溶剂化效应强的特点，极具发展前途。

80 年代末发展起来的毛细管电泳法具有极佳的分离效果，对生物分子的分离有独到优点，已成为生命科学研究的最重要的分离分析手段。同时，还相继出现了如智能化色谱、色谱－光谱联用技术、三维色谱等许多新技术和新方法。

历史上曾有两次诺贝尔化学奖授予了色谱工作者。1948 年瑞典科学家提塞留斯（Tiselius）因电泳和吸附分析的研究而获奖，1952 年英国的马丁（Martin）和辛格（Synge）因发展了分配色谱而获奖。

经过一个世纪的发展，色谱法的许多理论、技术和方法趋于成熟，已成为一种分析速度快、灵敏度高、分离效果好、应用范围广的重要分离分析方法。

二、色谱法的分类

色谱法发展至今，可从不同角度进行不同的分类。如按色谱法发展的历史进程和仪器化程度，可分为经典色谱法（包括柱色谱法、薄层色谱法和纸色谱法）和现代色谱法（包括气相色谱法、高效液相色谱法和薄层扫描法）等。目前通常采用以下三种分类方法。

（一）按流动相与固定相的分子聚集状态分类

1. 液相色谱法　流动相为液体。当固定相为固体吸附剂时，称为液－固色谱；当固定相为液体时，称为液－液色谱。

2. 气相色谱法　流动相为气体。当固定相为固体吸附剂时，称为气－固色谱；当固定相为液体时，称为气－液色谱。

（二）按色谱过程的分离机制分类

1. 吸附色谱法　指用吸附剂作固定相，利用吸附剂表面对不同组分吸附能力的差异进行的分离分析方法。

2. 分配色谱法　指用液体作固定相，利用不同组分在互不相溶的两相溶剂中的分配系数（或溶解度）的差异进行的分离分析方法。

3. 离子交换色谱法　指用离子交换剂作固定相，利用离子交换剂对不同离子的交换能力的差异进行的分离分析方法。

4. 分子排阻色谱法　指用凝胶（或分子筛）作固定相，利用凝胶对分子大小不同的组分有着不同的阻滞作用（或渗透作用）进行的分离分析方法。

（三）按操作形式分类

1. 柱色谱法　将固定相装于柱管内构成色谱柱，分离过程在色谱柱内进行。

2. 平面色谱法　包括薄层色谱法、纸色谱法、薄膜色谱法。分离过程在固定相构成的平面状层内进行。

3. 毛细管电泳法和电色谱法　分离过程在毛细管内进行。

色谱法的分类不是绝对的，而是相互交叉、包容的。如柱色谱可以是液相色谱，也可以是气相色谱；可以通过吸附机制分离混合物，也可以通过分配、离子交换、分子排阻等机制分离混合物。

第二节　柱色谱法

将固定相装于柱管（如玻璃柱或不锈钢柱）内，构成色谱柱利用色谱柱分离混合组分的方法称为柱色谱法（column chromatography，CC）。

　　柱色谱法堪称色谱法的鼻祖，按分离原理不同可分为吸附柱色谱法、分配柱色谱法、离子交换柱色谱法和分子排阻柱色谱法等。

一、液－固吸附柱色谱法

　　以吸附剂为固定相装柱，用液体流动相进行洗脱，通过吸附原理进行分离的色谱法称为液－固吸附柱色谱法。

（一）吸附原理

　　如图 13－1 所示，在一根下端垫有精制棉或玻璃棉的玻璃柱中装入吸附剂氧化铝（固定相），将少量溶于石油醚的顺、反式偶氮苯加入柱的顶端，并被吸附剂吸附［图 13－1（a）］，然后用一定体积的含 20% 乙醚的石油醚作为流动相通过柱，很快白色氧化铝柱上出现两个色环；1、2 两个组分被分开，［图 13－1（b）］；继续加入流动相洗脱，这两个色带就会依次流出色谱柱，［图 13－1（c）］。若以流动相中组分的浓度为纵坐标，以流动相经过的时间为横坐标，可得到流出曲线。如图 13－2 所示，由此表示柱色谱的全过程。由进样到某组分色谱峰顶的时间间隔称作该组分的保留时间（即某组分在色谱柱中停留的时间），用 t_R 表示。如图 13－2 中的 t_{R_1} 和 t_{R_2}。

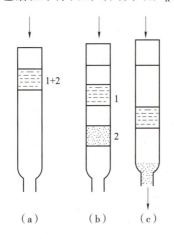

图 13－1　经典柱色谱洗脱示意图
（a）加样；（b）洗脱（1 与 2 二个组分分离）；
　（c）继续洗脱（组分 2 流出色谱柱）

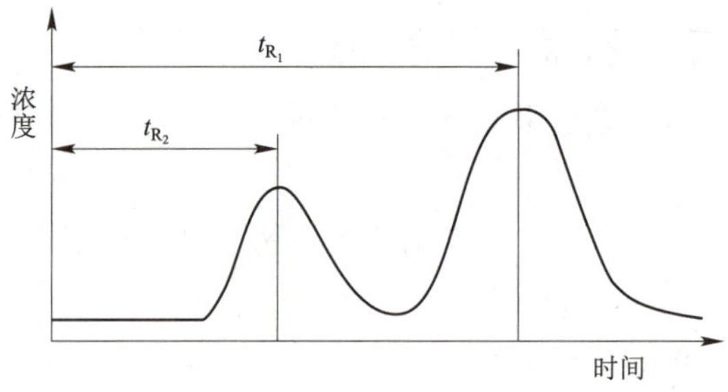

图 13－2　流出曲线

　　由于两组分的结构和理化性质存在微小的差异，则在吸附剂表面的吸附能力也存在微小的差异。当流动相流经吸附剂表面时，两组分又重新溶解在流动相中而被解除吸附（解吸），随着流动相向前移行。已被解吸的组分流经新的吸附剂表面，又再次被吸附，随后，新流动相又将其解吸，如此在色谱柱上不断地发生吸附—解吸—再吸附—再解吸……的过程。在这一过程中，吸附性能弱的往往先被解吸，随流动相前移的速度要较吸附性强的组分稍快，经过反复多次的吸附和解吸，使两组分微小的吸附性能差异积累成了大的差异，其结果就使吸附能力弱的组分 2 先从柱中流出，而吸附能力强的组分 1 后流出，从而使各组分得到分离。

> **知识链接**
>
> 　　吸附剂是表面具有许多吸附活性中心的多孔性物质；吸附是指溶质在吸附剂与流动相两相的交界面上集中浓缩的现象。吸附过程是样品中各组分的分子与流动相分子争夺吸附剂表面吸附活性中心的过程。

组分被吸附剂吸附的程度，用吸附平衡常数 K 衡量。通常极性强的物质 K 值大，易被吸附剂所吸附，具有较长的保留时间，后流出色谱柱。

K 值在色谱法的各种分离机制中含义有所不同。在吸附色谱中称为吸附平衡常数，在分配色谱中称为分配系数，在离子交换色谱中称为交换系数，在分子排阻色谱中称为渗透系数，习惯上统称为分配系数，其定义式为

$$K = \frac{\text{组分在固定相中的浓度}(c_s)}{\text{组分在流动相中的浓度}(c_m)} \qquad (13-1)$$

即在一定温度和压力下，某组分在两相间的"分配"达到平衡时的浓度（或溶解度）之比。K 值与组分的性质、固定相的性质和流动相的性质以及温度等因素有关。一般来说，K 在低浓度时为常数。

（二）常用吸附剂

常用吸附剂有硅胶、氧化铝等。不同吸附剂的吸附能力大小，取决于吸附中心（吸附点位）的多少及吸附中心与被吸附物形成氢键能力的大小。吸附活性中心越多，形成氢键能力越强，吸附剂的吸附能力越强。

1. 硅胶　硅胶（$SiO_2 \cdot xH_2O$）具有硅氧交联结构，表面众多的硅醇基（—Si—OH）是其吸附活性中心。硅醇基与极性化合物或不饱和化合物形成氢键使硅胶具有吸附能力。多数活性羟基存在于硅胶表面较小的孔穴中，所以表面孔穴较小的硅胶吸附能力较强。

硅胶表面的羟基若与水以氢键形式结合则失去活性（吸附性）。将硅胶加热到100℃左右，结合的水能被可逆的除去，硅胶又重新恢复吸附能力，所以硅胶的吸附能力与其含水量密切相关，如表13-1。

表 13-1　硅胶和氧化铝的含水量与活性的关系

硅胶含水量（%）	活性级别	氧化铝含水量（%）
0	Ⅰ	0
5	Ⅱ	3
15	Ⅲ	6
25	Ⅳ	10
38	Ⅴ	15

由表13-1可见，含水量高，活性级数高，吸附能力弱。若含水量达17%以上，则吸附能力极弱。如果将硅胶在105～110℃加热30分钟，则硅胶吸附能力增强；若加热至500℃，由于硅胶结构内的水（结构水）不可逆地失去，使硅醇基结构变成硅氧烷结构，吸附能力显著下降。

硅胶具有微酸性，适用于分离酸性和中性物质，如有机酸、氨基酸、甾体等。

2. 氧化铝　是一种吸附能力较强的吸附剂，具有分离能力强、活性可以控制等优点。色谱用的氧化铝，根据制备时 pH 的不同，有碱性、中性和酸性三种类型。中性氧化铝使用最多。

碱性氧化铝（pH 9～10）适用于碱性（如生物碱）和中性化合物的分离，对酸性物质则难分离。酸性氧化铝（pH 4～5），适用于分离酸性化合物，如酸性色素、某些氨基酸以及对酸稳定的中性物质。中性氧化铝（pH 7.5）适用于分离生物碱、挥发油、萜类、甾体以及在酸碱中不稳定的苷类、酯、内酯等化合物。氧化铝的活性也与其含水量密切相关，见表13-1。

聚酰胺、硅藻土、硅酸镁、活性炭、二氧化锰、玻璃粉、天然纤维等也可作为吸附剂。

知识链接

吸附剂的活度可通过柱色谱法或薄层色谱法测定。如柱色谱法测定氧化铝的活度。

取以下六种染料，依极性由小到大编号为：①偶氮苯；②对甲氧基偶氮苯；③苏丹黄；④苏丹红；⑤对氨基偶氮苯；⑥对羟基偶氮苯。将上述染料用无水石油醚与苯（4∶1）混合溶剂溶解，分别配成 0.04% 的溶液。取上述六种染料的溶液各 10ml，分别通过 6 支内径为 1.5cm、长 15cm，内装待测活度氧化铝（高度为 5cm）的吸附柱，待溶液全部渗入后，以石油醚 – 苯（4∶1）混合溶剂洗脱，控制流速为每分钟 20 ~ 30 滴，根据图 13 – 3 中的染料在吸附柱上的位置判断其活度级别。本法同样适用于硅胶的活度测定。

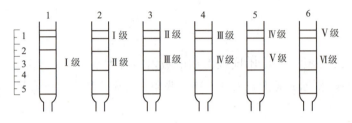

图 13 – 3　柱色谱法测定氧化铝的活度

（三）色谱条件的选择

色谱分离的目的是使试样中吸附能力稍有差异的各组分分离，因此必须同时考虑试样的性质、吸附剂的活性和流动相的极性三方面因素。

1. 被测物质的结构与性质　非极性化合物，如饱和碳氢类，一般不被吸附或吸附不牢，很难发生色谱行为。不同类型的烃类和烷烃上具有的不同基团，是判断化合物极性的重要依据，其极性由小到大的顺序是烷烃 < 烯烃 < 醚类 < 硝基（—NO_2）< 二甲胺［—$N(CH_3)_2$］< 酯类（—COOR）< 酮（$\diagdown C=O$）< 醛（—CHO）< 硫醇（—SH）< 胺类（—NH_2）< 酰胺（—$NHCOCH_3$）< 醇类 < 酚类 < 羧酸类。

判断物质极性大小的规律如下。

（1）基本母核相同，则分子中基团的极性越强，整个分子的极性也越强。

（2）分子中双键越多，吸附能力越强，共轭双键多吸附力亦增大。

（3）化合物基团的空间排列对吸附性也有影响。如能形成分子氢键的要比不能形成分子内氢键的相应化合物的极性要弱，吸附能力也弱。

2. 吸附剂的选择　分离极性小的物质，选用吸附能力强的吸附剂；反之，分离极性大的物质，则选用吸附能力弱的吸附剂。

3. 流动相的选择　吸附色谱的洗脱过程是流动相分子与组分分子竞争占据吸附剂表面活性中心的过程。强极性的流动相分子，占据吸附中心的能力强，容易将试样分子从活性中心置换，具有强的洗脱作用。极性弱的流动相竞争占据活性中心的能力弱，洗脱作用就弱。

一般根据极性物质易溶于极性溶剂，非极性物质易溶于非极性溶剂的"极性相似相溶"的原则来选择流动相。因此分离极性大的物质应选用极性大的溶剂作为流动相，分离极性小的物质应选用极性小的溶剂作为流动相。常用流动相极性由弱到强的顺序是石油醚 < 环己烷 < 四氯化碳 < 苯 < 甲苯 < 乙醚 < 三氯甲烷 < 乙酸乙酯 < 正丁醇 < 丙酮 < 乙醇 < 甲醇 < 水。

总之，在选择液 – 固吸附色谱分离条件时，应综合考虑上述三方面因素。一般原则是：被测物质极性较强，应选用吸附性能较弱的吸附剂，用极性较强的洗脱剂；如被测物质极性较弱，则应选择吸附性强的吸附剂和极性弱的洗脱剂。规律如图 13 – 4 所示。

以上仅为一般规律，具体应用时还需通过实验摸索。为了得到极性适当的流动相，在实际工作中常采用多元混合流动相。

（四）操作方法

液－固吸附柱色谱法的操作程序为装柱、加样、洗脱三大步骤，具体操作方法见《中国药典》（现行版）。

在色谱实践中，有机酸、多元醇等强极性化合物被吸附剂强烈吸附，即使用极性很强的洗脱剂也很难将其洗脱。若采用液－液分配柱色谱法，则可获得良好的分离效果。

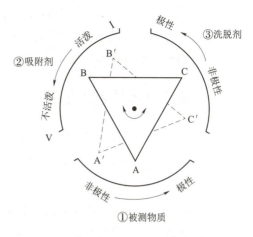

图13－4　被测物质的极性与吸附剂的活性、洗脱剂极性三者之间的关系示意图

二、液－液分配柱色谱法

将固定液与载体混合作为固定相装柱，用液体流动相进行洗脱，通过分配原理进行分离的色谱法称为液－液分配柱色谱法。

（一）分配原理

液－液分配色谱法的流动相是液体，固定相也是液体（固定液）。色谱分离过程中是利用混合物中不同组分在两相中溶解度不同，即分配系数不同而实现分离的。当流动相携带样品流经固定相时，各组分在两相间不断进行溶解、萃取，再溶解、再萃取……相当于用分液漏斗提取样品。如果把色谱柱看成是一系列分液漏斗所组成的连续提取装置，那么，每进行一次分配平衡就相当于用分液漏斗提取一次。当样品在色谱柱内经过无数次分配之后，就可以使分配系数稍有差异的物质得到分离。

根据固定相和流动相极性的相对强弱，分配色谱又分为正相色谱和反相色谱两种类型。其中流动相的极性比固定相的极性弱时，称为正相色谱，反之为反相色谱。

（二）载体和固定相

载体又称担体，它是一种惰性物质，不具有吸附作用。在分配色谱法中，载体仅起负载或支持固定液的作用。因为固定液不能单独存在，须涂布在惰性物质的表面上。例如硅胶，通常将其作为一种吸附剂，但当其含水量超过17%以上时，其吸附力极弱。此时，硅胶可作为载体，其上面所吸收的水分可视为正相色谱的固定相。

载体本身必须纯净，颗粒大小适宜。常用的载体有吸水硅胶、多孔硅藻土、纤维素、滤纸、烷基化硅胶（如ODS）等。

正相色谱的固定相除水以外，还有稀酸、甲醇、甲酰胺等强极性溶剂；反相色谱的固定相由石蜡油等非极性或弱极性溶剂充当。

（三）流动相

分配色谱的流动相与固定相的极性应相差很大，才能互不相溶。否则，在色谱过程中难以建立分配平衡。选择流动相的一般方法是：首先选用对各组分溶解度稍大的单一溶剂作流动相，然后再根据分离情况改变流动相的组成，即以混合溶剂作流动相，以改变各组分被分离的情况与洗脱速率。

正相色谱常用的流动相有石油醚、醇类、酮类、酯类、卤代烷及苯或它们的混合物；反相色谱常用的流动相有水、稀醇等。

（四）操作方法

液－液分配柱色谱的操作方法与液－固吸附柱色谱基本相似，区别有以下两点。

1. 装柱与吸附柱色谱不同，装柱前需先将固定液与担体充分混合，然后与吸附柱色谱同样装柱。

2. 洗脱剂必须事先用固定液饱和，否则在洗脱时，当洗脱剂不断流过固定液时就会把担体上的固定液逐步溶解，而使分离失败。

三、离子交换柱色谱法

用离子交换树脂作为固定相装柱，常用水、酸或碱溶液作流动相进行洗脱，通过离子交换原理进行分离的色谱法称为离子交换柱色谱法。

（一）离子交换原理

当被分离的离子型化合物随着流动相流经色谱柱时，便与作为固定相的离子交换树脂上可被交换的离子连续地进行竞争交换；由于不同离子交换能力不同，因而在柱内的移动速度也不同。交换能力弱的离子，移动速度快，保留时间短，先流出色谱柱。交换能力强的离子则相反。

（二）离子交换树脂的分类

离子交换树脂是一类具有网状结构的高分子聚合物。性质一般很稳定，与酸、碱、某些有机溶剂及一般弱氧化剂都不起作用，对热也比较稳定。离子交换树脂的种类很多，最常用的是聚苯乙烯型离子交换树脂。它是以苯乙烯为单体，二乙烯苯为交联剂聚合而成的球形网状结构。如果在网状骨架上引入不同的可以被交换的活性基团，即成为离子交换树脂。根据所引入的活性基团不同，可以将离子交换树脂分为阳离子交换树脂和阴离子交换树脂。

1. 阳离子交换树脂 如果在树脂骨架上引入的是酸性基团，例如磺酸基（$-SO_3H$）、羧基（$-COOH$）和酚羟基（$-OH$）等。这些酸性基团上的氢可以与试样溶液中的阳离子发生交换，故称为阳离子交换树脂。阳离子交换反应为

$$RSO_3^-H^+ + Na^+ + Cl^- \underset{\text{再生}}{\overset{\text{交换}}{\rightleftharpoons}} RSO_3^-Na^+ + H^+ + Cl^-$$

强酸性

当试样加入色谱柱中，试样中阳离子便和氢离子发生交换，即阳离子被树脂吸附，氢离子进入溶液。由于交换反应是可逆过程，因此，已经交换过的树脂，可以用适当浓度的酸溶液进行处理，反应将逆向进行，即树脂上的阳离子就被洗脱下来，树脂又恢复原状，这一过程称为洗脱或树脂的再生，再生后的树脂可继续使用。

2. 阴离子交换树脂 如果在树脂骨架上引入的是碱性基团，例如季铵基 $[-N(CH_3)_3^+OH^-]$、伯氨基（$-NH_2 \cdot H_2O$）、仲氨基（$-NHCH_3 \cdot H_2O$）等，则这些碱性基团上的 OH^- 可以和试样溶液中的阴离子发生交换反应，故称为阴离子交换树脂。阴离子交换反应为

$$R-CH_2N(CH_3)_3^+OH^- + NaCl \underset{\text{再生}}{\overset{\text{交换}}{\rightleftharpoons}} R-CH_2N(CH_3)_3^+Cl^- + NaOH$$

强碱性

（三）离子交换树脂的性能

1. 交联度 是指离子交换树脂中交联剂的含量，通常用重量百分比表示。树脂的孔隙大小与交联度有关，交联度大，形成的网状结构紧密，网眼就小，因而选择性就好。但是交联度也不宜过大，否则，网眼过小，会使交换速度变慢，甚至还会使交换容量下降。通常，阳离子交换树脂交联度以8%、阴离子交换树脂交联度以4%左右为宜。

2. 交换容量 有理论交换容量和实际交换容量之分。理论交换容量是指每克干树脂内所含有的酸性或碱性基团的数目；实际交换容量是指在实验条件下每克干树脂真正参加交换的基团数，一般低

于理论值。溶液的 pH 也会影响交换容量。交换容量的大小可用酸碱滴定法测定，其单位多以 mmol/g 表示，一般为 1 ~ 10mmol/g。

离子交换柱色谱法的操作方法与吸附或分配柱色谱法相似。

四、分子排阻柱色谱法

分子排阻色谱法（molecular exclusion chromatography，MEC）又称空间排阻色谱法（SEC）或凝胶色谱法（gel chromatography）。

用多孔性填料凝胶作为固定相装柱，用有机溶剂或水作流动相进行洗脱，通过分子排阻原理进行分离的色谱法称为分子排阻柱色谱法。以有机溶剂为流动相者称为凝胶渗透色谱法（gel permeation chromatography，GPC）；以水为流动相者称为凝胶过滤色谱法（gel filtration chromatography，GFC）。

（一）分子排阻原理

色谱固定相是多孔性凝胶，组分分子与固定相之间不存在相互作用，与流动相性质也没有直接关系，分离过程主要取决于组分分子尺寸与凝胶孔径大小。多孔性凝胶仅允许直径小于其孔径的组分进入，样品中的大分子不能进入凝胶孔洞，只能沿凝胶粒子之间的空隙通过色谱柱，首先从柱中被流动相洗脱出来；中等大小的分子能进入凝胶中一些适当的孔洞中，但不能进入更小的微孔，在柱中受到滞留，较慢地从色谱柱中洗脱出来；小分子可进入凝胶中绝大部分孔洞，在柱中受到更强的滞留，会更慢地被洗脱出来；溶解样品的溶剂分子最小，可进入凝胶的所有孔洞，最后从柱中流出，如图 13－5 所示。

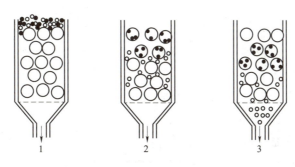

图 13－5　凝胶色谱原理示意图

○代表凝胶颗粒；o 代表大分子组分；●代表小分子组分

1. 待分离混合物在色谱柱的顶端；2. 洗脱过程，小分子进入凝胶颗粒内部，大分子随洗脱液流动；

3. 大分子组分保留时间短，先流出色谱柱

（二）固定相及流动相的选择

常用固定相有葡聚糖凝胶和聚丙烯酰胺凝胶。制备凝胶时选用相应的基本骨架，网眼的大小可通过加不同比例的交联剂来控制。交联度大，孔隙小，吸水少，膨胀也少，适用于小分子量物质的分离。反之，交联度小，孔隙大，吸水膨胀的程度也大，则适用大分子物质的分离。交联度可用"吸水量"或"膨胀重量"表示。如商品葡聚糖 G－25 型，即表示每克干凝胶吸水量为 2.5g。

溶于有机溶剂的橡胶、化纤及塑料等高分子化合物的分析可用凝胶渗透色谱法；水溶性高分子化合物如蛋白制剂、人工代血浆等的分析可用凝胶过滤色谱法。

本法适用于被分离组分的分子大小相差 10% 以上的样品的分析，不宜用于同分异构体的分离。

知识链接

经典液相柱色谱法仪器简单，操作方便，在药学领域是一种应用较广的分离手段。强心药洋地黄毒苷的含量测定中，供试品的制备即采用了柱色谱法。

取供试品约10mg，精密称定，置50ml量瓶，加三氯甲烷10ml溶解后，加苯（取试剂规格的苯，经蒸馏后，加水适量，振摇使饱和，分取苯层使用）稀释至刻度，摇匀，精密量取10ml，加入色谱柱中，以苯（同上法处理）–三氯甲烷（3∶1）洗脱，流速为每分钟不超过4ml，收集洗脱液于250ml量瓶中，至近刻度时，停止洗脱，另加三氯甲烷稀释至刻度，摇匀，备用。

第三节　薄层色谱法

薄层色谱法（thin layer chromatography，TLC）是将固定相均匀地涂布于玻璃板、铝箔或塑料板上，形成薄层而进行色谱分离分析的方法。

薄层色谱法的分离机制与柱色谱法相同，主要包括吸附、分配、离子交换和分子排阻。因此有人称其为"敞开的柱色谱"，在此不再赘述其分离原理。

一、操作方法

（一）薄层板的制备

多用玻璃板作为载板，也可用塑料膜和金属铝箔，要求表面光滑、平整清洁，以便固定相能均匀地涂铺于上。薄层厚度及均匀性，对样品的分离效果影响极大。以硅胶、氧化铝为固定相制备的薄板，一般厚度以250μm为宜，若要分离制备少量的纯物质时，薄层厚度应稍大些，常用的为500～750μm，偶尔用1～2mm。常用薄层板有软板和硬板两种。

1. 软板（无黏合剂）制备　将吸附剂置玻璃板一端；另取一适当玻璃棒，在棒的两端缠绕适当厚度（约为薄层厚度）的橡皮膏，两端缠绕处内侧略窄于玻璃板宽度；再以玻璃板宽度为间距，在两端橡皮膏外缘各多加几层橡皮膏或套一段橡皮管，以固定玻璃板边缘防止推动玻璃棒时边缘不齐。匀速推动玻璃棒，中途不能停止，以免薄层厚度不均匀。制备软板虽然简单方便，但软板易被松散，现多用硬板。

2. 硬板（有黏合剂）制备　常用的黏合剂有羧甲基纤维素钠（CMC – Na）和煅石膏（$CaSO_4 \cdot 1/2H_2O$）。用CMC – Na为黏合剂制成的薄层板称为硅胶 – CMC板。这种板机械强度好，但在使用强腐蚀性显色剂时，要掌握好显色温度和时间，以免CMC – Na碳化而影响检测。用煅石膏为黏合剂制成的薄层板称为硅胶 – G板。这种板机械强度较差，易脱落，但耐腐蚀性好。

硬板制备有手工法和机械法。手工法操作简单，但多块制板时一致性差，只适用于定性和分离制备，不适于定量；机械法用涂铺器制板，得到的薄板厚度均匀一致，适合于定量分析，是目前广为应用的方法。由于涂铺器的种类较多、型号各不相同，使用时应按仪器的说明书操作。

若条件允许可根据需要购买商品薄板。

（二）薄层板的活化

铺好的薄板置水平台上自然晾干，再于105～110℃活化0.5～1小时，冷却至室温后置干燥器中备用。温度和湿度的改变都会影响分离效果，降低重现性。尤其对活化后的硅胶、氧化铝板，更应注意空气的湿度，尽可能避免与空气多接触，以免降低活性而影响分离效果。用聚酰胺吸附剂铺成的薄层板则需要保存在一定湿度的空气中。

> **知识链接**
>
> 高效薄层板是由颗粒直径小且均匀的固定相，采用喷雾技术制成的高度均匀的薄层板。一般为商品预制板，常用的有硅胶、氧化铝、纤维素和化学键合相薄层板。该商品预制板厚度均匀、使用方便，适用于定量测定。高效薄层板用于高效薄层色谱法，该法是在现代色谱理论指导下，以经典薄层色谱法为基础发展起来的一种新型薄层色谱技术，具有分离度好、灵敏度高、分析时间短等特点。一般采用薄层扫描仪进行定量分析。

（三）点样

溶解样品的溶剂、点样量和正确的点样方法对获得一个好的色谱分离非常重要。

溶解样品的溶剂一般用甲醇、乙醇、丙酮、三氯甲烷等挥发性的有机溶剂，最好用与展开剂（平面色谱中的流动相）极性相似的溶剂，应尽量使点样后溶剂能迅速挥发，以减少斑点的扩散。水溶性样品，可先用少量水使其溶解，再用甲醇或乙醇稀释定容。

适当的点样量，可使斑点集中，点样量过大，易拖尾或扩散；点样量过少，不易检出。点样量多少，应视薄层的性能及显色剂的灵敏度而定。此外还应考虑薄层的厚度。一般是几到几十微克。若进行制备色谱时，点样量可达 1mg 以上；若进行天然物质或中间产物的分离时，点样量就需 50μg 至几百微克。

点样量器可用内径 0.5~1mm 的毛细管，管口应平整；定量点样可使用平头微量注射器或自动点样器。

用点样量器吸取样品后，轻轻接触于薄层的起始线（一般距薄层底端 1.5~2.5cm，先用铅笔做好标记）上，点成圆形，每次点样后，原点扩散的直径以不超过 2~3mm 为宜。若样品浓度较稀，可反复多点几次，每点一次可借助红外灯或电吹风使溶剂迅速挥发。多个样品在同一薄板的起始线上时，其间距以 1.5cm 为宜。点样操作要迅速，避免薄板暴露在空气中时间过长而吸水降低活性。如用于制备，可用带状点样法。自动点样仪可进行程序控制点样。

点样时必须注意勿损伤薄层板表面。

（四）展开

平面色谱中流动相携带样品组分流经固定相的过程称为展开。

1. 展开装置　常用的展开装置有直立型的单槽色谱缸和双槽色谱缸（图 13-6）、圆形色谱缸（图 13-7）和卧式色谱缸（图 13-8）。可根据需要和薄层板的性质来选择不同的展开装置。

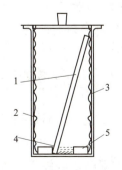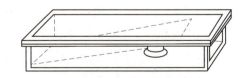

图 13-6　直立双槽色谱缸　　图 13-7　圆形色谱缸　　图 13-8　卧式色谱缸

2. 展开方式

（1）近水平展开　在卧式色谱槽内进行。将点好样的薄板下端浸入展开剂约0.5cm（注意样品原点绝不能浸入展开剂中），把薄板上端垫高，使薄板与水平角度为15°~30°。展开剂借助毛细管作用自下而上进行展开，该方式展开速度快，适合于不含黏合剂的软板的展开。

（2）上行展开　将点好样的薄板放入已盛有展开剂的直立型色谱槽中，斜靠于色谱槽的一边壁上，展开剂沿薄层下端借毛细管作用缓慢上升。待展开距离达10~20cm时，取出薄板，在前沿做好标记，待溶剂挥干后显色。该方式适合于含黏合剂的硬板的展开，是目前薄层色谱中最常用的一种展开方式。

（3）多次展开　取经展开一次后的薄板让溶剂挥干，再用同一种展开剂或改用一种新的展开剂按同样的方法进行第二次、第三次……展开，以达到更好的分离效果。

（4）双向展开　第一次展开后，取出，挥去溶剂，将薄板旋转90°角后，再改用另一种展开剂展开。

除此之外，尚有径向展开（薄板为圆形，展开剂由原点径向展开）等展开方式。自动多次展开仪，可进行程序化多次展开。

知识链接

边缘效应是指同一组分在同一薄层板上出现边缘部分斑点展开距离大于中间部分斑点展开距离的现象。产生该现象的主要原因是由于色谱缸内溶剂蒸汽未达饱和，造成展开剂的蒸发速度在薄层板两边与中间部分不等。展开剂中极性较弱和沸点较低的溶剂在边缘挥发的快些，致使边缘部分的展开剂中极性溶剂比例增大，故边缘部分斑点移行较快。

为避免产生边缘效应，在展开之前通常将点好样的薄板置于盛有展开剂的展开装置内饱和约15分钟，此时薄板不与展开剂直接接触；或在展开装置的内壁贴上用展开剂浸湿的滤纸，以加速展开剂蒸气在容器内达到饱和。待展开装置内部空间及放入其中的薄板被展开剂蒸汽完全饱和后，再将薄板浸入展开剂中展开。为使色谱槽内展开剂蒸汽饱和并保持不变，还应检查玻璃槽口与盖的边缘磨砂处是否严实，可涂抹甘油淀粉糊（展开剂为脂溶性时）或凡士林（展开剂为水溶性时）使其密闭。

（五）斑点定位及描述

薄层色谱展开后，对有色物质进行斑点定位，可直接在日光下观察，划出色斑。而对于无色物质斑点定位则需采用物理检出法或化学检出法。

（1）物理检出法　属于非破坏性检出法。应用最广的是在紫外灯下观察薄板上有无荧光斑点或暗斑。常用波长有两种：254nm和365nm，根据待测组分的化学性质选择使用。例如，生物碱可选用254nm，芳香胺则选用365nm。如果被测物质本身在紫外灯下观察无荧光斑点，则可借助荧光薄板进行检出。如用硅胶HF_{254}制成的薄板，当用紫外灯照射时，整个薄板背景呈现黄-绿色荧光，而被测物质由于吸收了254nm的紫外光而呈现出暗斑。

（2）化学检出法　是利用化学试剂（显色剂）与被测物质反应，使斑点产生颜色而定位。显色剂可分为通用型显色剂和专属型显色剂两种。

通用型显色剂有碘、硫酸溶液、荧光黄溶液等。碘对许多有机化合物都可显色，如生物碱、氨基酸、肽类、脂类、皂苷等，其最大特点是显色反应往往是可逆的，在空气中放置时，碘可升华挥去，组分恢复原来状态，便于进一步处理。10%的硫酸乙醇溶液使大多数有机化合物呈有色斑点，如红色、棕色、紫色等，在炭化以前，不同的化合物将出现一系列颜色的改变，被炭化后常出现荧光。荧光黄0.05%的甲醇溶液（50%）是芳香族与杂环化合物的通用显色剂。

专属型显色剂是对某个或某一类化合物显色的试剂。如三氯化铁的高氯酸溶液可显色吲哚类生物碱；茚三酮则是氨基酸和脂肪族伯胺的专用显色剂。溴甲酚绿可显色羧酸类物质。

常用显色方法有喷雾法（硬板）、压板法（软板）、侧吮法（软板）等。

组分斑点定位后，可用比移值和相对比移值描述其位置。

1. 比移值（retardation factor，R_f）

$$R_f = \frac{原点到组分斑点中心的距离}{原点到溶剂前沿的距离} \qquad (13-2)$$

如图 13-9 所示，试样经展开后分为 A、B 两组分，其各自 R_f 值分别为

$$R_{f(A)} = \frac{a}{c}; R_{f(B)} = \frac{b}{c}$$

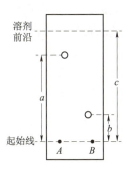

R_f 值是薄层色谱法的基本定性参数。当色谱条件一定时，组分的 R_f 是一常数，其值为 0~1，可用范围是 0.2~0.8，最佳范围为 0.3~0.5。物质不同，结构和性质各不相同，其 R_f 也不同。因此，利用 R_f 可以对物质进行定性鉴别。在薄层色谱中，影响 R_f 值的因素很多，其重现性不是很好。如果采用相对比移值 R_r 代替 R_f 值，则可消除一些实验过程中的系统误差，使定性结果更可靠。

图 13-9　平面色谱测 R_f 值示意图

2. 相对比移值（relative retardation factor，R_r）

$$R_r = \frac{原点到样品组分斑点中心的距离}{原点到对照品斑点中心的距离} \qquad (13-3)$$

用 R_r 定性时，必须有对照品，对照品可以另外加入，也可以用样品中某一组分作对照品。

R_r 值与 R_f 值的取值范围不同，$R_f < 1$，而 R_r 值则不一定小于 1。

二、定性和定量分析

（一）定性分析方法

对已知范围的未知物定性，可通过比较相同条件下的 R_f 值或 R_r 值，若一致即可初步定性，然后更换几种展开系统，如 R_f 值或 R_r 值仍然一致，则可得到较为肯定的定性结论。可采用与文献收载的 R_f 值或 R_r 值比较，也可以与对照品的 R_f 值或 R_r 值比较。

对未知物的定性，为了可靠起见，应将分离后的各组分斑点或区带取下，洗脱后再用其他方法如紫外、红外光谱法进行进一步定性，如图 13-10 所示。

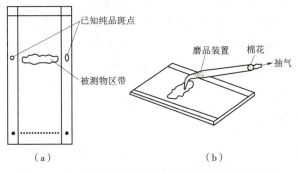

图 13-10　薄层色谱试样斑点定位及斑点捕集方法
（a）斑点定位；（b）斑点捕集

（二）定量分析方法

用于定量的薄层色谱，要求展开后的色斑集中，无拖尾现象。洗脱时，要选用对被测物有较大溶解度的溶剂浸泡，进行多次洗脱以达到定量洗脱目的。对一些吸附性较强而不易洗脱的组分，可以采用离心分离或滤过等方法定量洗脱。

1. 目视比较法　目视比较法是简易的半定量方法。将不同量的对照品配成系列溶液和试样溶液定量地点在同一块薄层上展开，点样时要严格控制点样量，可使用微量点样器。显色后以目视法比较色斑的颜色深度和面积的大小，求出试样的近似含量。在严格控制操作条件下，色斑颜色和面积随溶液质量的变化而变化。目视比较法分析的精密度可达 ±10%。

2. 洗脱法　洗脱法进行定量分析，即在薄层的起始线上，定量地点上样品溶液，并在两边点上已知对照品作为定位标记，展开后，只显色两边的对照品；定位后，如为非黏合板，可将薄板中间部位的被测物质的区带用捕集器收集下来；如为黏合板，可用工具将样品区带定量地取下，再以适当的溶剂洗脱后用其他化学或仪器方法如重量法、分光光度法、荧光法等进行定量。在用洗脱法定量时，注意同时收集洗脱空白作为对照。

3. 薄层扫描法　近年来，由于分析仪器的不断发展和完善，用薄层扫描仪直接测定薄层板上斑点的含量，已成为薄层色谱法定量分析的主要方法。目前常见的薄层色谱扫描仪有传统扫描仪和数码成像分析仪两类。

（1）传统扫描（逐点扫描）仪　可提供 200~800nm 范围的波长，通过检测组分对光的吸收确定其含量；也能通过 254nm 或 365nm 产生的荧光强度进行特异性检测。其扫描方式有单光束、双光束和双波长。目前多采用双波长锯齿扫描。

（2）数码成像分析仪　是利用数码成像技术获得薄层板上各点的光强度信息，之后对获得图像进行分析。数码成像设备有两种：照相机和逐行扫描仪。它们的光电转换系统可进一步将电信号转换成电脑图像，图像中单个点（像素）的颜色深浅反映了光的强弱，更接近人眼观察检测，结果更直观，成像速度也快于传统扫描，而且有明显的价格优势。唯一不足是只能使用白光、254nm、365nm 和 312nm 等特定光源。

■ **知识链接** ┃ --

在药学领域中，薄层色谱法由于操作更简便，比经典液相色谱法更为广泛地用于药物的杂质检查、成分鉴别及含量测定。乙酰螺旋霉素的鉴别即采用了薄层色谱法。

取本品和乙酰螺旋霉素标准品，分别加甲醇制成每 1ml 中含 5mg 的溶液，作为供试品溶液与标准品溶液。照《中国药典》（现行版）薄层色谱法试验，吸取上述两种溶液各 10μl，分别点于同一薄层板上（取硅胶 G 0.6g，加 0.1mol/L 氢氧化钠溶液 2.5ml，研磨成糊状，搅匀后，涂布在 20cm×5cm 玻璃板上，晾干后，置 105℃ 活化 30 分钟），以甲苯–甲醇（9∶1）为展开剂，展开后，晾干，置碘蒸气中显色。供试品溶液所显的四个主斑点的颜色和位置应与标准品溶液的四个主斑点的颜色和位置相同。

第四节　纸色谱法

一、色谱过程

纸色谱法（paper chromatography，PC）是以纸为载体的色谱法，分离原理属于分配色谱的范畴。

纸色谱过程可以看成是溶质在固定相和流动相之间连续萃取的过程。依据溶质在两相间分配系数不同而达到分离的目的。与薄层色谱相同，纸色谱也常用比移值 R_f 来表示各组分在色谱中位置。

化合物在两相中的分配系数的大小，直接与化合物的分子结构有关。一般情况下，纸色谱属于正相分配色谱，化合物的极性大或亲水性强，在水中分配量多，则分配系数大，在以水为固定相的纸色谱中 R_f 值小。如果极性小或亲脂性强，则分配系数小，R_f 值大。应该根据整个分子及组成分子的各个基团来考虑化合物的极性大小。各类化合物的极性顺序见本节前述。同类化合物中，含极性基团多的化合物通常极性较强。例如同属于六碳糖的葡萄糖、鼠李糖和洋地黄毒糖在同一条件下，R_f 值是不相同的，见表 13-2。可以看出，葡萄糖的羟基最多，极性最强，R_f 值最小；洋地黄毒糖分子的极性最小，R_f 值最大。

表 13-2 三种六碳糖的 R_f 值

	1	2	3
葡萄糖	0.03	0.17	0.10
鼠李糖	0.27	0.42	0.44
洋地黄毒糖	0.58	0.66	0.88

溶剂系统：1. 正丁醇 – 水；2. 正丁醇 – 乙酸 – 水（4∶1∶5）；3. 乙酸乙酯 – 吡啶 – 水（25∶10∶35）。

葡萄糖　　　　　　　鼠李糖　　　　　　　洋地黄毒糖

二、实验条件

（一）色谱滤纸的选择

①要求滤纸质地均匀，应有一定的机械强度。②纸纤维的松紧适宜，过于疏松易使斑点扩散，过于紧密则流速太慢。③纸质应纯，无明显的荧光斑点。在选用滤纸型号时，应结合分离对象加以考虑。对 R_f 值相差很小的化合物，宜采用慢速滤纸。R_f 值相差较大的化合物，则可用快速滤纸。应根据分离分析目的决定选用薄型或厚型滤纸，厚纸载量大，供制备或定量用，薄纸一般供定性用。常用的国产滤纸有新华滤纸，进口滤纸有 Whatman 滤纸。

（二）固定相

滤纸纤维有较强的吸湿性，通常可含 20%~25% 的水分，而其中有 6%~7% 的水是以氢键缔合的形式与纤维素上的羟基结合在一起，在一般条件下较难脱去。所以纸色谱实际上是以吸着在纤维素上的水作固定相，而纸纤维则是起到一个惰性载体的作用。在分离一些极性较小的物质或酸、碱性物质时，为了增加其在固定相中的溶解度，常将滤纸吸留的甲酰胺或二甲基甲酰胺、丙二醇或缓冲溶液等作为固定相。

（三）展开剂的选择

展开剂的选择要从欲分离物质在两相中的溶解度和展开剂的极性来考虑。在流动相中的溶解度较大的物质将会移动得快，因而具有较大的 R_f 值。对极性物质，增加展开剂中极性溶剂的比例量，可

以增大 R_f 值；增加展开剂中非极性溶剂的比例量，可以减小 R_f 值。

纸色谱法最常用的展开剂是水饱和的正丁醇、正戊醇、酚等，即含水的有机溶剂。此外，为了防止弱酸、弱碱的离解，加入少量的酸或碱，如甲酸、醋酸、吡啶等。如采用正丁醇 – 醋酸 – 水（4：1：5）为展开剂，先在分液漏斗中振摇，分层后，取有机层（上层）为展开剂。

纸色谱法与薄层色谱法同属平面色谱法，操作步骤类似，有点样、展开、显色、定性和定量分析几个步骤，具体方法可参照薄层色谱法。但应注意纸色谱法不能使用有腐蚀性的显色剂（如硫酸）显色。定性、定量分析可用剪洗法，即将色谱斑点剪下，经溶剂浸泡、洗脱后，用合适的方法进行定性、定量分析。

纸色谱法应用较早，操作简便，价格低廉，在早期的中草药研究中起过一定的作用。随着薄层色谱法的发展，纸色谱法已逐渐被取代，目前在药学领域已较少应用。

实训十六　薄层色谱法测定氧化铝的活度

一、实训目的

1. 掌握用软板测定氧化铝活性级别的方法。
2. 熟悉薄层色谱法的一般操作步骤。
3. 了解薄层软板的制备方法。

二、实训原理

常用吸附剂（硅胶、Al_2O_3）的吸附能力强弱可用活度表示，活度与其含水量密切相关。含水量增加，其活性级别增大、吸附力减弱。反之，则相反。Al_2O_3 的活度测定常采用 Brockmann 法。该法将偶氮苯、对甲氧基偶氮苯、苏丹黄、苏丹红、对氨基偶氮苯的 CCl_4 溶液分别点于薄层软板上，用 CCl_4 作展开剂，水平展开约 10cm，求出各偶氮染料的 R_f 值。然后，将上述染料的 R_f 值与表 13 – 3 中的标准 R_f 值进行比较，便可确定 Al_2O_3 的活性级别。

表 13 – 3　Al_2O_3 活性和偶氮染料比移值（R_f 值）的关系

偶氮染料	活性级别			
	I	II	III	IV
偶氮苯	0.59	0.75	0.85	0.95
对甲氧基偶氮苯	0.16	0.49	0.69	0.89
苏丹黄	0.01	0.25	0.57	0.78
苏丹红	0.00	0.10	0.33	0.56
对氨基偶氮苯	0.00	0.03	0.08	0.19

三、实训用品

1. **仪器**　层析缸（长方形展开槽）、玻璃板（5cm×20cm）、容量瓶（50ml）、玻璃棒、橡皮胶布、毛细管。
2. **试剂**　Al_2O_3（薄层用）、CCl_4（A. R）、偶氮苯、苏丹黄、苏丹红、对氨基偶氮苯。

四、操作步骤

1. 偶氮染料溶液的配制　称取偶氮苯30mg，对甲氧基偶氮苯、苏丹黄、苏丹红及对氨基偶氮苯各20mg，分别置于50ml容量瓶中，加CCl_4溶解并稀释至刻度，摇匀。

2. Al_2O_3软板的制备——干法铺板　将待测Al_2O_3（薄层用）撒在洁净玻璃板的一端，另取比玻璃板宽度稍长的玻璃棒，在棒的两端各包以橡皮胶布（或塑料管或橡皮管），所包厚度即为所铺薄层的厚度，一般以0.6～1.0mm为宜。在一端已包好橡皮胶布上再包5～6层或套上一段橡皮管，用作涂铺时的固定边，以防滑动。然后，从撒有吸附剂的一端双手均匀用力推动玻璃棒向前，使吸附剂成一均匀薄层。

3. 点样展开　用毛细管吸取上述5种染料溶液适量，按适当距离分别点于薄层软板上9起始线距薄板底边约1.5cm），小心置点好样的薄层软板于盛有CCl_4的展开槽中，板的一端浸入展开剂的深度为0.5cm，把薄层板上端垫高，使成15°～30°的角度，密封，近水平展开。待展开剂上升到离起始线距离约10cm处，取出，作好溶剂前沿记号。观察各染料的位置，测量比移值。

$$R_f = \frac{原点到斑点中心的距离}{原点到溶剂前沿的距离}$$

4. 数据记录

偶氮染料	偶氮苯	对甲氧基偶氮苯	苏丹黄	苏丹红	对氨基偶氮苯
原点至斑点中心的距离					
原点至溶剂前沿的距离					
R_f					
相应Al_2O_3活性级别的标准R_f					

5. 实验结果

活性级别为

五、注意事项

1. 制备软板时，推移不宜过快，也不能中途停顿，否则厚薄不均匀，影响分离效果。
2. 点样量应适宜。如点样量过多，将会产生拖尾现象。
3. 展开剂不宜加的过多，起始线勿浸入展开剂中。
4. 薄层软板未加黏合剂，很不牢固，稍有振动或经风吹，会使薄层破坏。因此，在整个操作过程中都要特别小心。

六、思考题

根据下列五种偶氮染料的结构特点，试判断极性增减的顺序并解释与R_f值大小的关系。
偶氮苯、对甲氧基偶氮苯、苏丹黄、苏丹红、对氨基偶氮苯

实训十七　纸色谱法分离鉴定混合氨基酸

一、实训目的

1. 掌握纸色谱法的一般操作方法。

2. 熟悉纸色谱法分离的原理。
3. 了解平面色谱法的斑点定位方法。

二、实训原理

纸色谱法的分离机制属于分配色谱，其固定相是滤纸纤维（载体）上所吸附的水，流动相是与水不相混溶的有机溶剂，被分离的物质在固定相和流动相之间进行分配。

本实验中，流动相为正丁醇-冰醋酸-水（4∶1∶1）混合溶剂，采用径向展开方式分离脯氨酸、羟脯氨酸。两化合物结构相似，但官能团不同，在滤纸上结合水形成氢键的能力不同。羟脯氨酸极性大于脯氨酸，在滤纸上移行速率较慢，因而羟脯氨酸的 R_f 值小于脯氨酸的 R_f 值。展开后，组分斑点在 60℃下与茚三酮发生显色反应，色谱滤纸上出现蓝紫色斑点。

三、实训用品

1. 仪器　圆形色谱滤纸、培养皿、点样毛细管、显色喷雾器。
2. 试剂　正丁醇、冰醋酸、脯氨酸对照品、羟脯氨酸对照品、茚三酮。

四、操作步骤

1. 对照品溶液及供试品溶液的制备
（1）对照品溶液的制备　精密称取脯氨酸、羟脯氨酸对照品适量，分别制成 0.5mg/ml 乙醇溶液，备用。
（2）供试品溶液的制备　分别称取脯氨酸、羟脯氨酸适量，置于同一量瓶中，制成 0.5mg/ml 的混合氨基酸样品溶液，备用。
2. 点样　取直径稍大于培养皿的圆形滤纸，在圆心处以 0.5cm 为半径用铅笔轻轻画一同心圆，圆周线作为点样起始线。再在圆心处针刺一小孔，另用小滤纸卷成细棒（与火柴杆粗细相近），备用。注意保持适当间距，用脯氨酸、羟脯氨酸对照品及供试品溶液各 10μl 点样。
3. 展开　把滤纸棒小心插入圆心孔，将其放入培养皿，使滤纸棒浸入展开剂，合上培养皿上盖，展开。
4. 显色　待溶剂前沿展开至合适的部位，取出色谱滤纸，立即用铅笔标出溶剂前沿的位置。晾干后，喷茚三酮显色剂（0.15g 茚三酮，加 30ml 冰醋酸，加 50ml 丙酮使溶），再置色谱滤纸于 60℃烘箱内显色 5 分钟，或在电炉上方小心加热，即可看出蓝紫色斑点，计算 R_f 值。
5. 数据记录

点样溶液	脯氨酸对照品	羟脯氨酸对照品	样品溶液
		斑点 A	斑点 B
R_f			

6. 实验结果
斑点 A 为
斑点 B 为

五、注意事项

1. 展开剂必须预先配制且充分摇匀。

2. 点样时每点一次，一定要吹干后再点第二次。斑点直径约 2mm，斑点间距约 1cm。点样次数视样品溶液浓度而定。

3. 氨基酸的显色剂茚三酮对体液如汗液等均能显色，在拿取滤纸时，应注意拿滤纸的顶端或边缘，以保证色谱纸上无杂斑（如手纹印等）。

4. 茚三酮显色剂应临用前配制，或置冰箱中冷藏备用。

5. 点样用的毛细管（或微量注射器）不可混用，以免污染。

6. 喷显色剂要均匀、适量、不可过分集中，使局部太湿。

六、思考题

1. 影响 R_f 值的因素有哪些？

2. 在色谱实验中为何常采用标准品对照？

目标检测

答案解析

一、单项选择题

1. 样品在薄层色谱上展开 10 分钟时有一 R_f 值，则 20 分钟时展开结果（　）

    A. R_f 值加倍　　　　　　B. R_f 值不变　　　　　　C. 样品移行距离不变

    D. 样品移行距离减小　　　E. R_f 值减小

2. TCL 中下列属于氨基酸的专用显色剂的是（　）

    A. 碘　　　　　　　　　　B. 茚三酮　　　　　　　　C. 荧光黄溶液

    D. 硫酸溶液　　　　　　　E. 高锰酸钾

3. 薄层板的软板和硬板的区别在于（　）

    A. 吸附剂的取量　　　　　B. 活化时间　　　　　　　C. 加水量

    D. 有无黏合剂　　　　　　E. 薄层厚度

4. 液－液分配色谱法中担体的作用是（　）

    A. 支撑固定相　　　　　　B. 吸附被测离子　　　　　C. 增大展开剂极性

    D. 增加含水量　　　　　　E. 提高分离效率

5. 吸附色谱法中，吸附剂含水量越高，则（　）

    A. 吸附力越强　　　　　　B. 活性越高　　　　　　　C. 活性级别号越小

    D. 交换能力越强　　　　　E. 吸附力越弱（活性级别号越大）

6. 吸附柱色谱法与分配柱色谱法的本质区别为（　）

    A. 分离机制不同　　　　　B. 洗脱剂不同　　　　　　C. 操作方法不同

    D. 定性分析方法不同　　　E. 定量分析方法不同

7. PC 中如某物质的 $R_f = 0$，说明此物质（　）

    A. 在固定相中不溶解　　　B. 在样品中不存在　　　　C. 分子量很大

    D. 在流动相中不溶解　　　E. 分子量很小

8. 色谱法可用于（　）

    A. 分离性质相似的物质　　B. 测化合物分子量　　　　C. 无机物定量分析

    D. 有机物结构分析　　　　E. 测化合物熔点

9. 纸色谱中有时展开剂中常加入少量的甲醇、乙醇等，其目的是（　　）

    A. 除掉滤纸中杂质　　　　　　　　B. 防止固定相与样品发生反应

    C. 防止样品解离　　　　　　　　　D. 增大展开剂极性

    E. 降低展开剂极性

10. 要实现不同组分在色谱中的有效分离，其关键条件是（　　）

    A. 硅胶作固定相　　　　　B. 极性溶剂作流动相　　　　C. 具有不同的分配系数

    D. 具有不同的容量因子　　E. 液相流动速度

二、多项选择题

1. 薄层色谱法的定量分析方法有（　　）

    A. 目视比较法　　　　　　B. 洗脱法　　　　　　　C. 薄层扫描法

    D. 淀粉指示剂法　　　　　E. 酸碱指示剂法

2. 平面色谱中，使两组分的相对比移值发生变化的主要原因有（　　）

    A. 薄层厚度改变　　　　　B. 展开时间改变　　　　C. 固定相粒度改变

    D. 展开温度改变　　　　　E. 展开剂组成或比例改变

3. 基于分离原理，柱色谱法可以分为（　　）

    A. 吸附柱色谱法　　　　　B. 分配柱色谱法　　　　C. 离子交换柱色谱法

    D. 凝胶柱色谱法　　　　　E. 红外柱色谱法

4. 经典液相色谱法常用的吸附剂有（　　）

    A. 硅胶　　　　　　　　　B. 氧化铝　　　　　　　C. 活性炭

    D. 聚酰胺　　　　　　　　E. 氯化钠

5. 薄层色谱法的展开方式有（　　）

    A. 近水平展开　　　　　　B. 上行展开　　　　　　C. 多次展开

    D. 双向展开　　　　　　　E. 平行展开

三、名词解释

色谱法　　比移值　　分配系数　　保留时间

四、简答题

1. 简述色谱法的分类。

2. 薄层色谱或纸色谱在展开前为何先用展开剂蒸气饱和展开槽、薄层板或色谱滤纸？

3. 简述吸附色谱法中流动相、吸附剂和样品三者间关系。

五、实例分析题

1. 已知某混合物中 A、B、C 三组分的分配系数分别为 440、480 及 520，问三组分在吸附薄层上的 R_f 值顺序如何？

2. 今有两种性质相似的组分 A 和 B 共存于同一溶液中用纸色谱分离时，它们的 R_f 值分别是 0.45、0.63，欲使分离后两斑点中心的距离为 2cm，问滤纸条应取多长？

书网融合……

重点小结　　　　　　微课　　　　　　习题

第十四章 气相色谱法

PPT

第一节 概 述

气相色谱法（gas chromatography，GC）是以气体（载气）为流动相的色谱法。气相色谱法于20世纪50年代创立，发展至今已成为石油化工、医药、环境、食品等诸多领域中广泛应用的一种分离分析方法。在药物分析领域，气相色谱法是药物杂质检查和挥发性组分含量测定的重要手段。

一、气相色谱法的分类

（一）按固定相物态分类

可分为气－固色谱法（GSC）和气－液色谱法（GLC）两种类型。

（二）按分离机制分类

可分为吸附色谱法和分配色谱法两种类型。气－固色谱法属于吸附色谱法；气－液色谱法属于分配色谱法。

（三）按色谱柱粗细分类

可分为填充柱色谱法和毛细管柱色谱法两种类型。填充柱的柱管内径较粗（多为 4～6mm），管内填充有固定相颗粒。毛细管柱的柱管内径较细（多为 0.1～0.5mm）；固定相键合于毛细管柱管壁的称为开管毛细管柱或空心毛细管柱，管内填充有固定相颗粒的毛细管柱称为填充毛细管柱。

二、气相色谱法的特点

气相色谱法具有分离效能高、灵敏度高、选择性高、分析快速、应用广泛等特点。

（一）分离效能高

分离效能高低的衡量指标之一是理论塔板数，理论塔板数越高，分离效能越高。一般情况下，填充柱的理论塔板数可达数千，毛细管柱最高可达100多万。在适当的条件下，许多分配系数很接近的难分离组分在气相色谱柱上均可获得良好的分离。例如应用开管型毛细管柱，一次性可以从汽油中检测100多个碳氢化合物的色谱峰。

（二）灵敏度高

由于使用了高灵敏度的检测器，气相色谱法可检测含量低至 10^{-11}～10^{-13}g 的痕量组分。药品中残留有机溶剂，中药、农副产品、食品中的农药残留量，运动员体液中的兴奋剂等均可采用气相色谱法检测。

（三）选择性高

通过选择合适的固定相，气相色谱法可分离放射性核素、对映体、同位素等性质极为相似的组分，可将待测组分先从混合物中分离出来再进行测定。

（四）分析快速

气相色谱法操作简单、分析速度快。单个试样在仪器上的分析时间通常为几分钟到几十分钟，最快可在几秒内完成。目前多数气相色谱仪的操作及数据处理都实现了自动化甚至智能化，使分析所需的总时间进一步缩短。

（五）应用广泛

气相色谱法分析过程中待测组分为气态，因而气相色谱法的分析对象为气体试样、液体或固体中可变为气体且热稳定性好的组分。据统计约有 20% 的有机物能用气相色谱法直接分析。通过适当的样品前处理，气相色谱法也可分析部分无机离子、高分子和生物大分子化合物。

第二节　常用色谱术语及色谱基本理论

一、常用色谱术语

（一）色谱图

经色谱柱分离后的样品组分通过检测器时，所产生的电信号强度对时间作图，所绘制的曲线称为色谱流出曲线或色谱图，如图 14-1 所示。

1. 基线　在正常操作条件下，没有组分而只有载气通过检测器时的流出曲线称为基线。稳定的基线应是一条平行于横轴的直线。基线反映了仪器（主要是检测器）的噪声随时间的变化情况。

2. 色谱峰　流出曲线上的突起部分称为色谱峰。正常色谱峰为对称形正态分布曲线。不正常色谱峰有两种：拖尾峰及前延峰。前沿陡峭，后沿拖尾的不对称色谱峰称为拖尾峰；前沿平缓，后沿陡峭的不对称色谱峰称为前延峰。色谱峰的对称性可用对称因子（f_s）来衡量，对称因子也称拖尾因子（T）。对称因子在 0.95~1.05 为对称峰，对称峰呈正态分布；小于 0.95 为前延峰；大于 1.05 为拖尾峰。对称因子的求算如式 14-1 和图 14-2 所示。

$$T = W_{0.05h}/2A = (A + B)/2A$$

$$(14-1)$$

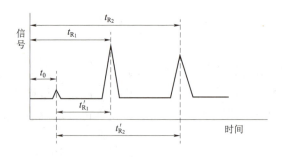

图 14-1　色谱流出曲线（色谱图）

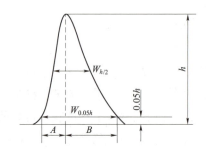

图 14-2　对称因子计算示意图

3. 峰高（h） 色谱峰的峰顶至基线的垂直距离称为峰高。

4. 峰面积（A） 色谱峰与基线所包围的面积称为峰面积。

5. 标准差（σ） 色谱峰上两拐点间距离之半称为标准差。拐点在峰高的 0.607 倍处。σ 的大小可以看出组分在色谱柱内的分散程度。σ 越小，组分越集中流出，峰形越窄，柱效越高。

6. 半峰宽（$W_{h/2}$） 峰高一半处的峰宽称为半峰宽。

$$W_{h/2} = 2.355\sigma \qquad (14-2)$$

7. 峰宽（W） 通过色谱峰两侧的拐点作切线，切线在基线上的截距称为峰宽，又称基线宽度。

$$W = 4\sigma = 1.699\,W_{h/2} \qquad (14-3)$$

（二）容量因子

在分离过程中，组分在固定相与流动相两相中的分布达到平衡时，组分在固定相中浓度（c_s）与在流动相中浓度（c_m）之比称为分配系数，以符号 K 表示。在固定相中质量（m_s）与在流动相中质量（m_m）之比称为容量因子。容量因子又称为质量分配系数或分配比，以符号 k 表示。

$$k = \frac{m_s}{m_m} \qquad (14-4)$$

容量因子 k 与分配系数 K 的关系为

$$k = \frac{m_s}{m_m} = \frac{C_s V_s}{C_m V_m} = K\frac{V_s}{V_m} \qquad (14-5)$$

（三）保留值

保留值是衡量组分在色谱柱中保留行为的数值，包括保留时间与调整保留时间、相对保留值、保留指数等多种表示方法。

1. 保留时间（t_R） 是指组分从进样开始到出现色谱峰顶点（达到最大浓度）的时间间隔。

2. 死时间（t_0） 是指不与固定相发生作用的组分的保留时间。气相色谱中通常把空气或甲烷视为此种组分，用来测定死时间。

3. 调整保留时间（t_R'） 是指组分在固定相中停留的时间，又称校正保留时间。t_R 包括组分在流动相中并随之通过色谱柱所需时间和在固定相中滞留的时间，而 t_R' 是组分在固定相中滞留的时间。在实验条件（温度、固定相等）一定时，t_R' 仅决定于组分的性质，因此是定性的基本常数。

调整保留时间与保留时间的关系为

$$t_R' = t_R - t_0 \qquad (14-6)$$

调整保留时间与容量因子的关系为

$$k = \frac{t_R'}{t_0} \qquad (14-7)$$

4. 保留体积（V_R） 是指某组分在保留时间内通过色谱柱的载气体积。保留体积是保留时间和载气流速 F_c 的乘积。

$$V_R = t_R \cdot F_c \qquad (14-8)$$

5. 死体积（V_0） 是指不被固定相保留组分的保留体积。死体积是死时间和载气流速的乘积。

$$V_0 = t_0 \cdot F_c \qquad (14-9)$$

6. 调整保留体积（V_R'） 是指保留体积扣除死体积后的体积，也称校正保留体积。

$$V_R' = V_R - V_0 = t_R' \cdot F_c \qquad (14-10)$$

7. 相对保留值（$r_{i,s}$） 是指被测组分（i）与参比组分（s）调整保留时间的比值，以符号 $r_{i,s}$ 表示。

$$r_{i,s} = \frac{t_R'(i)}{t_R'(s)} = \frac{V_R'(i)}{V_R'(s)} \qquad (14-11)$$

分配系数的比值称为分配系数比，以符号 α 表示。根据式 14-5 和式 14-7 可得式 14-12，即相对保留值在数值上等于分配系数比。

$$r_{i,s} = \frac{t'_R(i)}{t'_R(s)} = \frac{k_i}{k_s} = \frac{K_i}{K_s} = \alpha \tag{14-12}$$

8. 保留指数（I_x） 是以一系列正构烷烃作参比的相对保留值。在任一色谱条件下，对碳数为 n 的任何正构烷烃，其保留指数为 $100n$。如正丁烷、正己烷、正庚烷，它们的保留指数分别是 400、600、700。计算被测组分的保留指数时，要选择两个碳数为 n 和 $n+1$ 的正构烷烃，使被测组分的保留值在两个正构烷烃的保留值之间。在同样的色谱条件下，任一被测组分的保留指数 I_x 可按式 14-13 计算。

$$I_x = 100 \times \left[\frac{\lg t'_R(x) - \lg t'_R(n)}{\lg t'_R(n+1) - \lg t'_R(n)} \right] + 100n \tag{14-13}$$

（四）分离度

1. 定义 分离度（R）是两相邻色谱峰的距离与峰宽平均值的比值，又称分辨率，用于衡量两相邻峰分离效果的参数。分离度的求算如式 14-14 和如图 14-3 所示。

$$R = \frac{2(t_{R_2} - t_{R_1})}{W_1 + W_2} = \frac{1.18(t_{R_2} - t_{R_1})}{W_{h/2,1} + W_{h/2,2}} \tag{14-14}$$

由式 14-14 可知，R 值越大，说明相邻两个峰的重叠程度越小。$R=1.5$ 时，两峰分开程度达 99.7%，可认为完全分开。在做定量分析时，为了能获得较好的准确度与精密度，要求相邻两峰间的分离度 $R \geqslant 1.5$。

2. 影响分离度的因素 分离度与理论塔板数（n）、分配系数比（α）及色谱图上第二个组分的容量因子（k_2）间的关系可用式 14-15 表示，三者对分离度的影响如图 14-4 所示。

$$R = \frac{\sqrt{n}}{4} \left(\frac{\alpha - 1}{\alpha} \right) \left(\frac{k_2}{1 + k_2} \right) \tag{14-15}$$

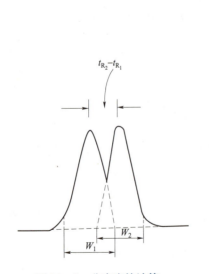

图 14-3 分离度的计算

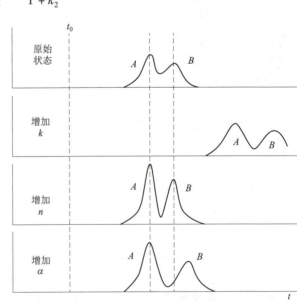

图 14-4 影响分离度的因素

由式 14-15 和图 14-4 可知，n 影响峰的宽度，α 影响峰间距，k 影响峰位。① n 主要受色谱柱的性能（固定相的粒度分布、固定相涂层厚度、柱填充均匀程度及柱长等）和载气流速的影响。② 若 $\alpha = 1$（即 $K_1 = K_2$），则 R 为零，组分 1 和 2 不能分离。这也说明分配系数不等是分离的前提。

α 虽受流动相性质和柱温的影响，但主要受固定相性质的影响，因此只有选择适当的固定相，使不同组分与固定相的作用力存在差别，才能实现分离。一般说来，在 $\alpha > 1$ 的前提下，k 和 n 越大则分离度越大。③k 与固定相用量、流动相流速和柱温有关，在前两者确定的情况下，主要受柱温的影响。

二、色谱基本理论

气相色谱理论包括热力学理论和动力学理论。热力学理论是从相平衡观点来研究分离过程，以塔板理论为代表。动力学理论是从动力学观点来研究各种动力学因素对柱效的影响。

（一）塔板理论

塔板理论是 1941 年由马丁（Martin）和辛格（Synge）提出的。该理论把色谱柱看作一个蒸馏塔，假设其中有许多层塔板，试样混合物中各组分在每层塔板上按照分配系数不同在两相间分配，经过多次分配平衡后最终分离。有多少层塔板就有多少次的分配平衡，塔板数越多分离能力就越强。

以 L 表示色谱柱长度，理论塔板数（n）和塔板高度（H）的计算公式如下。

$$n = \left(\frac{t_R}{\sigma}\right)^2 = 5.54\left(\frac{t_R}{W_{h/2}}\right)^2 = 16\left(\frac{t_R}{W}\right)^2 \qquad (14-16)$$

$$H = L/n \qquad (14-17)$$

若用 t'_R 代替 t_R 计算塔板数，则称为有效理论塔板数（n_{eff}），以此求得的塔板高度为有效塔板高度（H_{eff}）。

💡 **案例分析** --

案例：色谱柱 A，柱长 $L = 2m$，测得 $t_M = 0.28$ 分钟，某组分 $t_R = 4.20$ 分钟，$W_{\frac{1}{2}} = 0.30$ 分钟，经计算其 n、n_{eff}、H 和 H_{eff} 分别为 1086、946、0.18cm、0.21cm。

色谱柱 B，柱长 $L = 2m$，测得 $t_M = 0.28$ 分钟，某组分 $t_R = 4.20$ 分钟，$W_{\frac{1}{2}} = 0.20$ 分钟，经计算其 n、n_{eff}、H 和 H_{eff} 分别为 2443、2128、0.08cm、0.09cm。

结论：其他条件不变的情况下，半峰宽变小，柱效提高。色谱柱 B 比色谱柱 A 的分离效能更高。

（二）速率理论

塔板理论从热力学角度，用气－液平衡观点成功地解释了色谱分离过程，给出了评价柱效能的理论塔板数公式，简单直观，而且能定量。但不能解释影响理论塔板数的因素并用于指导实验实践。1956 年荷兰学者范第姆特（Van Deemter）吸收了塔板理论中塔板高度（H）的概念，并对影响 H 的各种动力学因素进行了研究，提出了速率理论方程（也称范第姆特方程）。

$$H = A + B/u + Cu \qquad (14-18)$$

式中，A、B、C 均为常数，其中 A 称为涡流扩散项，B/u 称为纵向扩散项，Cu 称为传质阻力项，u 为载气线速度（cm/s）。在 u 一定时，A、B、C 三个常数越小，则塔板高度 H 越小，柱效越高。

1. 涡流扩散项 在填充色谱柱中，被测组分分子随着载气在柱中流动，碰到填充物颗粒时会不断改变流动方向，形成涡流，称为涡流扩散。涡流扩散使同一组分的不同分子通过填充柱的路径长短不同，到达色谱柱出口的时间有先有后，造成了色谱峰变宽和分离效能降低。

涡流扩散系数 A 与填充物颗粒大小及填充的均匀性有关。使用较小颗粒的填充物并填充均匀，能减小涡流扩散系数提高柱效。对于空心毛细管柱，由于没有填充物，不存在涡流扩散现象，所以 $A = 0$。

2. 纵向扩散项 分离过程中，试样随着载气向前移动，在往前移动的过程中，分子在色谱柱中从高浓度向低浓度处扩散，称为纵向扩散。纵向扩散可使色谱峰变宽和分离效能降低。为了减少纵向扩散项的影响，可采用较大的载气流速、较低的柱温和选择相对分子质量较大的载气如氮气。

3. 传质阻力项 由于溶质分子在流动相和固定相中的扩散、分配、转移的过程并不是瞬间达到平衡，这使得某些组分与固定相作用被保留，某些组分不被保留或保留较小，保留小的组分很快被流动相带走，由于传质过程造成的峰展宽称为传质阻力。在气－液色谱柱中，样品分子在载气中的浓度很大，而未接触样品的固定液中的浓度为0。这里的传质过程包括两个部分：样品分子从载气向固定液表面的迁移；样品分子从固定液表面进入固定液内部，达到分配平衡后再返回到固定液表面。因此这传质阻力项也包含两部分：前者称气相传质阻力，后者称液相传质阻力。当固定液含量较高、液膜较厚时，液相传质阻力起主要作用；当固定液含量较低、载气的线速度较大时，气相传质阻力起主要作用。

为了减小传质阻力项的影响，应采用较低的载气流速以减小相同组分传质速度的差异，采用黏度较小的固定液及减小固定液的液膜厚度以加快传质速度。

第三节　气相色谱仪

一、基本结构与分析流程

气相色谱仪型号繁多、功能各异，但基本结构相似。气相色谱仪的基本结构如图 14 – 5 所示。

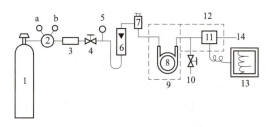

图 14 – 5　气相色谱仪示意图

1. 载气瓶；2. 压力调节器（a. 瓶压；b. 输出压力）；3. 净化器；4. 稳压阀；5. 柱前压力表；
6. 转子流量计；7. 进样器（气化室）；8. 色谱柱；9. 色谱柱恒温箱；10. 馏分收集口；
11. 检测器；12. 检测器恒温箱；13. 记录仪；14. 尾气出口

由图 14 – 5 可见，载气由高压钢瓶或气体发生器供给，经减压阀减压后，进入载气净化干燥管以除去载气中的水分、氧气等杂质。由针形阀控制载气的压力和流量，流量计和压力表用以指示载气的柱前流量和压力。再经过进样器（包括汽化室），试样在进样器注入（如为液体试样，经汽化室瞬间汽化为气体），由载气携带进入色谱柱，试样中各组分按分配系数大小顺序依次被载气带出色谱柱，进入检测器。检测器将物质的浓度或质量的变化转变为电信号，由计算机记录得到的色谱流出曲线并进行数据处理。

气相色谱仪的构成可分为五个系统。

1. 载气系统 包括载气和检测器所需气体的气源、气体净化、气体流速控制和测量装置。整个系统应保持密封，不能有气体泄漏。

2. 进样系统 包括进样器、汽化室；另有加热系统，以保证试样汽化。

3. 分离系统 包括色谱柱和恒温控制装置，是色谱仪的心脏部分。

4. 检测系统 包括检测器、控温装置；若作制备，则在检测器后接上分步收集器。

5. 记录及数据处理系统 包括放大器、记录仪、数据处理装置。

上述组成部件中，色谱柱和检测器是色谱仪中两个最主要的部件。

二、色谱柱

色谱柱是气相色谱仪的"心脏"，由固定相与柱管组成。按固定相可分为气-固色谱柱和气-液色谱柱两类。按柱管粗细可分为一般填充色谱柱和毛细管色谱柱两类。填充色谱柱多用内径 4~6mm 的不锈钢管制成螺旋形管柱，常用柱长 2~4m。毛细管色谱柱常用内径为 0.1~0.5mm 的玻璃或弹性石英毛细管，柱长几十米至百米。

（一）气-固色谱柱

气-固色谱填充柱的固定相可为吸附剂、分子筛、高分子多孔小球及化学键合相等。在药物分析中应用较多的是高分子多孔小球。

高分子多孔小球（GDX）是一种人工合成的新型固定相，还可以作为载体。它由苯乙烯（STY）或乙基乙烯苯（EST）与二乙烯苯（DVB）交联共聚而成，聚合物为非极性。若 STY 与含有极性基团的化合物聚合，则形成极性聚合物。高分子多孔小球的分离机制一般认为具有吸附、分配及分子筛三种作用。该固定相有如下优点：①选择性强，改变制备条件及原料可以合成各种比表面积及孔径的聚合物，根据样品的性质选择合适的固定相，使分离效果最佳；②无有害的吸附活性中心，极性组分也能获得正态峰；③无柱流失现象，柱寿命长；④具有强疏水性能，特别适合分析混合物中的微量水分；⑤比表面积较大，粒度均匀，机械强度高；⑥具有耐腐蚀性能，热稳定性好，最高使用温度为 200~300℃；⑦柱容量大，可用于制备色谱。

（二）气-液色谱柱

气-液色谱固定相包括固定液和用于涂渍固定液的载体两部分。

1. 固定液 一般是高沸点液体，室温下呈固态或液态。

（1）对固定液的要求 ①在操作温度下为液态，蒸汽压低于 10Pa，否则固定液会流失。每种固定液有"最高使用温度"，实际使用时在该温度 20℃ 以下为宜；②稳定性好，不与样品组分、载体、载气发生化学反应；③对被分离组分的选择性要高，即分配系数有较大的差别；④对试样中各组分有足够的溶解能力；⑤在操作温度下黏度要低，对载体有很好的浸渍能力，在载体表面形成均匀的液膜。

（2）固定液的分类 据统计，固定液已有 700 多种。化学分类与极性分类是常用的分类方法。化学分类法是以固定液的化学结构为依据进行分类，可分为烃类、硅氧烷类、聚醇和聚酯等。极性分类法是以固定液的相对极性大小为依据进行分类的，这种方法在气相色谱中应用最广泛。此方法是 1959 年由罗胥耐德（Rohrschneider）首先提出。该法规定：极性 β,β'-氧二丙腈的相对极性为 100，非极性的鲨鱼烷的相对极性为 0，其他固定液的相对极性在 0~100，分为五级，用 +1~+5 表示，极性逐渐增强，如表 14-1 所示。

表 14-1 常用固定液的相对极性

固定液	相对极性	级别	最高使用温度（℃）	应用范围
鲨鱼烷（SQ）	0	+1	140	标准非极性固定液
阿皮松（APL）	7~8	+1	300	各类高沸点化合物
甲基硅橡胶（SE-30，OV-1）	13	+1	350	非极性化合物
邻苯二甲酸二壬酯（DNP）	25	+2	100	中等极性化合物
三氟丙基甲基聚硅氧烷（QF-1）	28	+2	300	中等极性化合物
氰基硅橡胶（XE-60）	52	+3	275	中等极性化合物
聚乙二醇（PEG-20M）	68	+3	250	氢键型化合物

续表

固定液	相对极性	级别	最高使用温度（℃）	应用范围
己二酸二乙二醇聚酯（DEGA）	72	+4	200	极性化合物
β,β'-氧二丙腈（ODPN）	100	+5	100	标准极性固定液

（3）固定液的选择　固定液的极性直接影响被分离组分与固定液分子间的作用力的类型和大小，因此选择固定液时，其极性是重点考虑的因素。一般可根据相似相溶原则，即选择的固定液应与样品组分性质相似，包括官能团、化学键、极性等。这样的固定液与样品分子间的作用力大，溶解度大，分配系数也大，保留时间长，容易分离。

1）分析非极性组分时，应选择非极性固定液，这时组分与固定液分子间的作用力是色散力，色散力大小相同，没有选择性。组分在两相间的分配系数主要由它们的蒸汽压决定，非极性组分按沸点顺序出峰，沸点低的组分先出峰。有机同系物按碳数从小到大的顺序出峰。如果样品中同时含有极性和非极性组分，则沸点相同的极性组分先出峰。

2）分析中等极性组分时，选择中等极性固定液，这时组分与固定液分子间的作用力是色散力和诱导力，没有特殊选择性。出峰顺序与沸点和极性有关，若组分之间极性差异小而沸点有较大差异则按沸点顺序出峰；若组分沸点相近而极性有较大差异则极性小的组分先出峰。如苯和环己烷沸点相近，但苯的极性大于环己烷，故环己烷先出峰。

3）分析强极性组分时，选择强极性固定液，这时分子间的作用力是定向力，各组分按极性顺序出峰，极性小的先流出，极性大的后流出。如果样品中同时含有极性和非极性组分，则非极性组分先出峰。

如果分析醇、酸等易形成氢键的组分时，应选择氢键型固定液，这时分子间的作用力是氢键力，各组分按形成氢键的能力顺序出峰，能力小的先流出，能力大的后流出。

上面讲的是选择固定液的一般原则，它不是万能的。对于具体的样品要具体对待、具体分析。如果一种固定液不能满足要求，还可以选用混合固定液。近年来，随着色谱技术特别是毛细管色谱的飞速发展，又研制出许多新型的固定液可供选择，如高温固定液、液晶固定液、冠醚固定液等，给许多难分离物质的分析提供了有利条件。

2. 载体　又称担体，一般是多孔性化学惰性微粒。它为固定液提供能铺展薄而均匀的液膜的惰性表面。

（1）对载体的要求　①比表面积大，粒度和孔径均匀；②表面没有吸附性能（或很弱）；③化学稳定性、热稳定性均好；④有一定的机械强度。

（2）载体的分类　可分为两大类：硅藻土型载体与非硅藻土型载体。非硅藻土型载体，如氟载体、玻璃微珠及素瓷等，这类载体耐腐蚀、固定液涂量低，多用于特殊用途，适用于分析强腐蚀性物质，但其表面为非浸润性，柱效低。硅藻土型载体为气相色谱常用载体，是将天然硅藻土压成砖形，在900℃煅烧后粉碎、过筛而获得的具有一定粒度的多孔性固体微粒。因处理方法不同，又分为红色载体和白色载体两类。红色载体常与非极性固定液配伍。白色载体常与极性固定液配伍。

（3）载体的钝化　常用的硅藻土载体表面存在着硅醇基及少量的金属氧化物，分别会与易形成氢键的化合物及酸碱作用而产生拖尾现象。钝化是除去或减弱载体表面的吸附性能。常用钝化方法有以下三种：①酸洗法，用6mol/L HCl浸泡20～30分钟，除去载体表面的铁等金属氧化物。酸洗载体用于分析酸性化合物；②碱洗法，用5%氢氧化钾-甲醇液浸泡或回流，除去载体表面的 Al_2O_3 等酸性作用点，用于分析胺类等碱性化合物；③硅烷化法，将载体与硅烷化试剂反应，除去载体表面的硅醇基。主要用于分析形成氢键能力较强的化合物，如醇、酸及胺类等。

（三）毛细管色谱柱

毛细管柱是 20 世纪 50 年代后期发展起来的色谱新技术。近几年来，毛细管柱制备技术不断发展，新型高效毛细管柱层出不穷，为气相色谱法开辟了新途径。

1. 毛细管色谱柱的分类　按制备方法的不同，毛细管色谱柱可分为以下两类。

（1）开管型毛细管柱　柱内径为 0.1 ~ 0.5mm。目前应用的主要是涂壁毛细管柱（WCOT）和载体涂层毛细管柱（SCOT）。涂壁毛细管柱是将固定液直接涂在玻璃或金属毛细管内壁上而制成。涂层厚度通常为 0.3 ~ 1.5μm，固定液易流失，柱寿命短。载体涂层毛细管柱是在毛细管内壁黏上一层载体，然后再将固定液涂在载体上而制成。载体涂层毛细管柱克服了涂壁毛细管柱的上述缺点，是目前应用最广泛的毛细管色谱柱。近年来出现的交联弹性石英毛细管柱是将固定液交联聚合在毛细管内，减少了固定液流失，柱寿命长，是当前最佳的 SCOT 柱。

（2）填充型毛细管柱　将载体、吸附剂等松散地装入玻璃管中，然后拉制成毛细管就构成了填充型毛细管柱。一般柱内径≤1.0mm，填料粒度与内径的比值为 0.2 ~ 0.3。与普通填充柱相比，它具有分析速度快、柱效高等优点。

2. 开管毛细管柱与一般填充柱的比较

（1）柱渗透性好　因毛细管柱为空心，柱压降小，易于通过增加柱长的方法来增加在色谱柱的塔板数，易于用高载气流速进行快速分析。

（2）柱效高　开管毛细管柱的理论塔板数最高可达 10^6 数量级，最低也有 10^4，可用于难分离组分的分离；填充柱的理论板数通常为几千。

（3）易实现气相色谱 – 质谱联用　由于毛细管柱的载气流量小，较易维持质谱仪离子源的高真空。

（4）柱容量小　进样器需有分流装置控制进样量，以防止色谱柱过载。

（5）定量重复性较差　毛细管柱的进样量很小，易产生误差，需采用精密准确的进样装置以获得较好的精密度与准确性。

三、检测器

检测器（detector）是将流出色谱柱的载气中组分的浓度或质量信号转换为电信号（电压或电流）的装置。

（一）检测器的类型

气相色谱仪的检测器有多种，通常按响应特性分为两大类：①浓度型检测器，如热导检测器（TCD）和电子捕获检测器（ECD）等，此类检测器测量载气中组分浓度的变化，响应值与组分浓度成正比，与载气流速无关；②质量型检测器，如氢焰离子化检测器（FID）、火焰光度检测器（FPD）和氮磷检测器（NPD）等。此类检测器测量载气中组分质量的变化，响应值与单位时间进入检测器的组分质量成正比。

此外，还可以按照对不同类型组分有无选择性响应，将气相色谱检测器分为通用型检测器和选择性检测器两类。热导检测器属于通用型检测器，电子捕获检测器、氢焰离子化检测器、氮磷检测器和火焰光度检测器等属于选择性检测器。

（二）常用检测器

1. 热导池检测器（TCD）　基于组分和载气的导热系数差别设计。当气体中组分的浓度发生变化时，会引起热敏元件阻值的改变，进而引起电流的改变。相较于其他气相色谱检测器，TCD 的灵敏度偏低，但具有测定范围广（对无机和有机物质均有响应）、稳定性好、线性范围宽、样品不被破坏等优点，是一种通用型检测器。

2. 氢焰离子化检测器（FID） 利用氢火焰使有机物离子化，离子流在电场的作用下形成电流，电流经放大后进行检测。FID 适用于分析有机化合物，样品虽然被破坏，但灵敏度高、响应快、线性范围宽、死体积小，是目前最常用的检测器之一。

3. 电子捕获检测器（ECD） 适合于电负性组分（即含有卤素、硫、磷、氮、氧等元素的组分）的检测。当电负性的组分进入检测器之后，捕获载气电离出的电子而产生电流信号的改变。ECD 的灵敏度和选择性都非常高，适合于痕量电负性组分的检测。

4. 氮磷检测器（NPD） 检测原理是基于含氮、磷的有机化合物在氢氧火焰中燃烧时与碱金属盐（如硅酸钠、硫酸铷等）反应，增加碱盐的蒸发和化学离解，进而引起电流的改变。NPD 对含氮或磷的化合物的检测具有高选择性和高灵敏度。

5. 火焰光度检测器（FPD） 检测原理基于含磷或硫的有机化合物在富氢火焰中燃烧时，硫、磷被激发至激发态发射出特定波长的光，光的强度与被测组分的含量成正比。FPD 对含硫或磷的化合物的检测具有高选择性和高灵敏度。

（三）检测器的性能指标

对气相色谱检测器的性能要求主要有灵敏度高、稳定性好、线性范围宽和响应快。常用检测器的主要性能指标见表 14 - 2。

表 14 - 2 常用检测器的性能指标

检测器	噪声	检测限	线性范围	检测对象	适用载气
TCD	$0.005 \sim 0.01 mv$	$10^{-6} \sim 10^{-10} g/ml$	$10^4 \sim 10^5$	通用	H_2、He
FID	$10^{-14} \sim 5 \times 10^{-14} A$	$< 2 \times 10^{-12} g/s$	$10^6 \sim 10^7$	含 C、H 化合物	N_2
ECD	$10^{-11} \sim 10^{-12} A$	$10^{-14} g/ml$	$10^2 \sim 10^5$	含电负性基团	N_2
NPD	$\leqslant 5 \times 10^{-14} A$	$< 10^{-12} g/s$	$10^4 \sim 10^5$	含 P、N 化合物	N_2、Ar
		$< 10^{-11} g/s$			
FPD	$10^{-9} \sim 10^{-10} A$	$\leqslant 10^{-12} g/s$	$> 1 \times 10^3$	含 S、P 化合物	N_2、He
		$\leqslant 5 \times 10^{-11} g/s$	5×10^2		

1. 灵敏度（S） 又称响应值或应答值。常用 S_c（浓度型检测器的灵敏度）和 S_m（质量型检测器的灵敏度）来表示。S_c 为 1ml 载气携带 1mg 的某组分通过检测器时所产生的毫伏数，单位为 mV · ml/mg；S_m 为每秒有 1g 某组分被载气携带通过检测器时所产生的毫伏数，单位为 mV · s/g。

2. 噪声和漂移 无样品通过检测器时，由仪器本身和工作条件等的偶然因素引起的基线起伏称为噪声（N）。噪声的大小用基线波动的最大宽度来衡量（图 14 - 6），单位一般用 mV 表示。基线随时间向某一方向的缓慢变化称为漂移，通常用 1 小时内基线水平的变化来表示，单位为 mV/h。

3. 检测限（D） 信号被放大器放大时，使灵敏度增高，但噪声也同时放大，弱信号仍然难以辨认。因此评价检测器不能只看灵敏度，还要考虑噪声的大

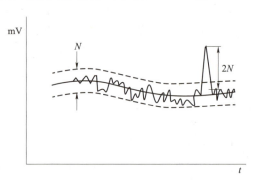

图 14 - 6 检测器的噪声和检测限示意图

小。检测限从这两方面来反映检测器性能。某组分的峰高恰为噪声的 2 倍（也有用 3 倍的）时，单位时间内载气引入检测器中该组分的质量（g/s）或单位体积载气中所含该组分的量（mg/ml）称为检

测限，又称敏感度。低于检测限时，组分峰被噪声淹没而检测不出来。检测限越低，检测器性能越好。检测限与灵敏度和噪声的关系如下。

$$D = 2N/S \qquad (14-19)$$

第四节　气相色谱操作条件的选择

一、载气种类及其流速选择

载气种类及其流速的选择，主要取决于选用的检测器、色谱柱的要求。

（一）载气的种类及选择

载气的种类主要有氮气、氢气、氦气、氩气等。氮气安全、价廉，是最为常用的载气。但氮气的热导系数与大多数有机化合物相近，在使用热导检测器时灵敏度偏低。氢气具有相对分子质量小、热导系数大和黏度小等特点，在使用热导检测器时常用其作载气，但氢气易燃、易爆，操作时应特别注意安全。氦气也具有相对分子质量小、热导系数大和黏度小等特点，使用时线速度大，比氢气安全，但价格贵，常用于气 - 质联用分析。

（二）载气流速的选择

载气的流速与峰扩张、柱压降及检测器灵敏度等相关。载气采用低线速时，宜用氮气为载气（D_g 小）；高线速时宜用氢气（黏度小）为载气。色谱柱较长时，在柱内产生较大的压力降，此时采用黏度低的氢气较合适。氢气最佳线速度为 $10 \sim 12\text{cm/s}$；氮气为 $7 \sim 10\text{cm/s}$。通常载气流速可在 $20 \sim 80\text{ml/min}$ 内。应通过实验确定最佳流速，以获得高柱效。但为缩短分析时间，载气流速常高于最佳流速。

二、进样量及进样温度的选择

（一）进样量的选择

在检测器灵敏度足够的前提下，尽量减少进样量。因为进样量越大，谱带初始宽度越宽，经分离后的色谱峰宽也越宽，不利于分离。对于填充柱，气体样品以 $0.1 \sim 10\text{ml}$ 为宜，液体样品进样量应小于 $4\mu\text{l}$（TCD）或小于 $1\mu\text{l}$（FID）。毛细管柱需用分流器分流进样。进样速度必须快，否则易引起色谱峰扩张，甚至变形。

（二）汽化室温度的选择

汽化温度取决于样品的挥发性、沸点及进样量。汽化室温度可等于或稍高于样品的沸点，以保证瞬间汽化。但一般不要超过沸点 50℃ 以上，以防样品分解。对于稳定性差的样品可用高灵敏度检测器，并降低进样量，这时样品可在远低于沸点温度下汽化。

三、色谱柱固定相、柱长及色谱柱温的选择

（一）色谱柱固定相、柱长的选择

色谱柱主要是选择固定相和柱长。固定相选择需注意两个方面：极性及最高使用温度。需按照被分离组分的极性选择合适极性的固定液，选择原则为"相似性原则"，可参考表 14-1 进行固定相的选择。最高使用温度也是应用色谱柱时应注意的方面，分析高沸点化合物时，需选择耐高温固定相，

柱温不能超过固定液的最高使用温度。气-液色谱法还要注意载体和固定液配比的选择。高沸点样品用比表面积小的载体、低固定液配比（1%～3%），以防保留时间过长，峰扩张严重。且低配比时可使用较低柱温。低沸点样品宜用高固定液配比（5%～25%），从而增大 k 值，以达到良好分离。难分离样品可用毛细管柱。柱长加长能增加塔板数 n，使分离度提高。但柱长过长，峰变宽，柱阻也增加，并不利于分离。在不改变塔板高度（H）的条件下，分离度与柱长有如下关系。

$$(R_1/R_2)^2 = L_1/L_2 \qquad\qquad (14-20)$$

因此，在达到一定分离度的条件下应尽可能使用短柱。

（二）色谱柱柱温的选择

柱温对分离度影响很大，是条件选择的关键。首先要考虑柱温不能超过固定液的最高使用温度，以免固定液流失。提高柱温，可加快分析速度，但会减小分配系数，加剧分子扩散，降低柱效；降低柱温，液相传质阻力增加而使峰扩张，甚至引起拖尾。因此，对柱温的选择应全面考虑，其基本原则是在使最难分离的组分有符合要求的分离度的前提下，尽可能采用较低柱温，但以保留时间适宜及不拖尾为度。

实践中可根据样品沸点来选择柱温。分离高沸点样品（300～400℃），柱温可比沸点低100～150℃。分离沸点小于300℃的样品，柱温可以在比平均沸点低50℃至平均沸点的温度范围内。样品的沸程（混合物中高沸点组分与低沸点组分的沸点之差称为沸程）范围大于80～100℃就可采用程序升温法。即按预先设定的加热速度对色谱柱分期加热以使混合物中不同沸点的组分均能在各自最佳温度下获得良好的分离。程序升温的方式可以分为线性升温和非线性升温。常用线性升温，即单位时间内温度上升的速度是恒定的。程序升温得到的色谱图具有等峰宽特征。

四、检测器种类及其温度的选择

（一）检测器种类的选择

气相色谱仪的检测器种类较多。检测器的选择需根据样品的性质与检测器的用途进行选择。常用检测器的种类及分离对象如表14-2所示。

（二）检测室温度的选择

为了防止色谱柱流出物不在检测器中冷凝而污染检测器，检测室温度需高于柱温，一般可高于柱温30～50℃，或等于汽化室温度。但使用热导检测器时，若检测室温度太高，检测器的灵敏度降低。

五、色谱系统适用性试验

色谱系统适用性试验是用于衡量色谱测试体系性能的试验及相关的指标。在整个分析过程中，色谱系统应满足系统适用性要求，否则试验结果不被接受。色谱系统适用性试验的参数通常包括理论板数、分离度、重复性、拖尾因子和灵敏度等。

（一）理论板数

由于不同物质在同一色谱柱上的色谱行为不同，采用理论板数 n 作为衡量色谱柱效能的指标时，应指明测定物质，一般为待测物质或内标物质的理论板数。如果测得理论板数低于各品种项下规定的最小理论板数，应改变色谱柱的某些条件（如柱长、载体性能、色谱柱充填的优劣等），使理论板数达到要求。

（二）分离度

分离度是衡量色谱系统分离效能的关键指标。无论是定性分析还是定量测定，均要求待测物质与其他物质的色谱峰之间有较好的分离度。除另有规定外，待测物质色谱峰与相邻色谱峰之间的分离度应不小于 1.5。

（三）重复性

色谱系统连续进样时响应值的重复性能也是色谱系统的重要指标。除另有规定外，通常取各品种项下的对照品溶液或其他溶液，重复进样 5 次，其峰响应测量值（或内标比值，或其校正因子）的相对标准偏差应不大于 2.0%，如品种项下规定相对标准偏差大于 2.0%，则以重复进样 6 次的数据计算。

（四）拖尾因子

色谱峰的严重拖尾会影响基线和色谱峰起止的判断和峰面积积分的准确性，除另有规定外，在检查和含量测定项下，以峰面积作定量参数时，T 值应为 0.8 ~ 1.8；以峰高作定量参数时，T 值应为 0.95 ~ 1.05。

（五）灵敏度

灵敏度是用于评价色谱系统检测微量物质的能力的指标，通常设置灵敏度试验溶液，测量相关参数并计算信噪比（S/N）来表示灵敏度。通常定量限的信噪比应不小于 10，检测限的信噪比应不小于 3。

第五节　定性与定量分析方法

一、定性分析方法

色谱定性分析是确定样品中各组分是何种化合物。用气相色谱法通常只能鉴定范围已知的未知物，对范围未知的混合物单纯用气相色谱法定性则很困难。常需与化学分析或其他仪器分析方法配合才能获得可靠结论。

（一）已知物对照法

同一种物质在同一根色谱柱上、在相同的操作条件下保留值相同。尤其适用于已知组分的复方药物和工厂的定型产品分析。先将试样注入色谱柱，分离，记录色谱图。再将适量的已知对照物质加入试样中，混匀，进样。对比加入对照物前后的色谱图，若加入后某色谱峰相对增高，则该色谱组分与对照物质可能为同一物质。由于所用的色谱柱不一定适合于对照物质与待定性组分的分离，即使为两种物质，也可能产生色谱峰叠加现象。为此，需再选与上述色谱柱极性差别较大的色谱柱，进行实验。若都产生叠加现象，一般可认定二者是同一物质。

（二）利用相对保留值定性

对于一些组分比较简单的已知范围的混合物，或无纯的对照拼品物质时，可用此法定性。$r_{i,s}$ 的数值只决定于组分的性质、柱温与固定液的性质，与固定液的用量、柱长、载气流速及柱填充情况等无关。故气相色谱手册及文献都登载各种物质的相对保留值。使用此法时，先查手册，再根据手册规定的试验条件及参考物质进行试验。

（三）利用保留指数定性

许多手册上都刊载各种化合物的保留指数，只要固定液及柱温相同，就可以利用手册数据对物质进行定性。保留指数测定时使用了两个参考物质（正构烷烃），因此，其重复性及准确性均较好（相对误差＜1%），是色谱定性的重要方法。

（四）利用化学反应定性

把由色谱柱流出的待鉴定组分（馏分）通入官能团分类试剂中，观察是否发生反应（显色或产生沉淀），判断该组分含什么官能团或属何类化合物。例如，要鉴定组分是否为醛、酮，可将该色谱馏分通入2,4–二硝基苯肼试剂中。如果产生橙色沉淀，则说明组分为1~8个碳原子的醛或酮。若用热导检测器，可在组分开始起峰时将尾气直接通入装有官能团分类试剂的试管中，待该峰将出完时，观察试剂是否反应。若用氢火焰检测器，则因为样品在氢焰中被破坏，所以必须在色谱柱及检测器间装上柱后分流阀，不能直接用尾气检查。

（五）利用两谱联用定性

气相色谱的分离效率很高，但仅用色谱数据定性却很困难。而红外吸收光谱、质谱及核磁共振谱等是鉴定未知物的有力工具，但却要求所分析的样品成分尽可能单一。因此，把气相色谱仪作为分离手段，把质谱仪、核磁共振波谱仪和红外分光光度计等充当检测器，对组分进行定性，这种方法称为色谱–光谱联用，简称两谱联用。联用方式有两种，一种是将色谱仪与光谱（质谱）仪联合制成一件完整的仪器，称为联用仪（在线联用）。另外一种是收集某气相色谱分离后的各纯组分，而后用光谱仪器测定它们的光谱，进行定性，称为两谱联用法，属于离线联用。

二、定量分析方法

（一）定量分析的依据

定量分析的依据是在实验条件恒定时峰面积与组分的量成正比，因此，必须准确测量峰面积。在各种操作条件（色谱柱、温度、载气流速等）不变时，在一定进样范围内，色谱峰的半峰宽与进样量无关。因此正常峰也可用峰高代替峰面积求含量。

峰面积测量的准确度直接影响定量结果，目前的气相色谱仪都带有数据处理机或色谱工作站，能自动打印或显示出峰面积及峰高。

（二）定量校正因子

同一种物质在不同类型检测器上往往有不同的响应灵敏度；同样，不同物质在同一检测器上的响应灵敏度也往往不同，即相同量的不同物质产生不同值的峰面积或峰高。这样，各组分峰面积或峰高的相对百分数并不等于样品中各组分的百分含量。因此引入定量校正因子用于校正色谱峰面积或峰高。

定量校正因子分为绝对定量校正因子和相对定量校正因子。绝对定量校正因子（f_i'）是指单位峰面积（A_i）所代表的某物质 i 的量（m_i）。即

$$f_i' = m_i/A_i \tag{14-21}$$

绝对定量校正因子的值随色谱实验条件而改变，因而很少使用。在实际工作中一般采用相对校正因子。其定义为某物质 i 与所选定的基准物质 s 的绝对定量校正因子之比，即

$$f_{mi} = \frac{f_{mi}'}{f_{ms}'} = \frac{m_i/A_i}{m_s/A_s} = \frac{A_s m_i}{A_i m_s} \tag{14-22}$$

式中 m 以重量表示，则 f_m 称为相对重量校正因子，通常称为校正因子 f，也有用 f_g 表示的。如果物质的量用摩尔表示，则称为相对摩尔校正因子。

（三）定量方法

1. 归一化法 由于组分的量与其峰面积成正比，如果试样中所有组分都能产生信号，得到相应

的色谱峰，那么可以用以下归一化公式计算各组分的含量。

$$C_i\% = \frac{A_i f_i}{A_1 f_1 + A_2 f_2 + A_3 f_3 + \cdots + A_n f_n} \times 100\% = \frac{A_i f_i}{\sum A_i f_i} \times 100\% \qquad (14-23)$$

 案例分析

案例： 用热导检测器分析乙醇、庚烷、苯及醋酸乙酯的混合物。实验测得它们的色谱峰面积各为 $5.0cm^2$、$9.0cm^2$、$4.0cm^2$ 及 $7.0cm^2$。按归一化法分别求它们的重量百分比浓度。已知 $0cm^2$ 它们的相对重量校正因子 f_g 分别为 0.64、0.70、0.78 及 0.79。

提示： 乙醇% $= \dfrac{5.0 \times 0.64}{5.0 \times 0.64 + 9.0 \times 0.70 + 4.0 \times 0.78 + 7.0 \times 0.79} \times 100\%$

$= \dfrac{3.20}{18.15} \times 100\% = 17.60\%$

庚烷% $= \dfrac{9.0 \times 0.70}{18.15} \times 100\% = 34.70\%$

苯% $= \dfrac{4.0 \times 0.78}{18.15} \times 100\% = 17.20\%$

醋酸乙酯% $= \dfrac{7.0 \times 0.79}{18.15} \times 100\% = 30.50\%$

归一化法的优点是方法简便，定量结果与进样量多少无关（在色谱柱不超载的范围内），操作条件略有变化时对结果影响较小。缺点是必须所有组分在一个分析周期内都流出色谱柱，而且检测器对它们都产生信号。此法也不适于微量杂质的含量测定。

2. 外标法 用待测组分的纯品作对照物质，以对照物质和试样中待测组分的响应信号相比较进行定量的方法称为外标法，此法可分为工作曲线法（或称标准曲线法）及外标一点法等。

（1）工作曲线法 配制一系列浓度（一般要求浓度点大于等于5）的对照品溶液，以峰面积或峰高对浓度确定工作曲线，求出斜率、截距或求出回归方程。在完全相同的条件下，准确进样与对照品溶液相同体积的样品溶液，根据待测组分的信号，从工作曲线上查出其浓度，或用回归方程计算结果。工作曲线常用于确定方法的线性范围和线性关系。通常工作曲线的截距应为零，若不等于零说明存在系统误差。工作曲线的截距为零时，可用外标一点法定量。

（2）外标一点法 是用一种浓度的对照品溶液对比测定供试品溶液中 i 组分的含量的方法。将对照品溶液与供试品溶液在相同条件下多次进样，测得峰面积的平均值，用式 14-24 计算供试品溶液中 i 组分的含量。为降低外标一点法的实验误差，应尽量使配制的对照品溶液的浓度与供试品中组分的浓度相近。

$$c_i = \frac{A_i (c_i)_s}{(A_i)_s} \qquad (14-24)$$

式中，c_i 与 A_i 分别为在供试品溶液中 i 组分的浓度及峰面积；$(c_i)_s$ 及 $(A_i)_s$ 分别为对照品溶液的浓度及峰面积。

外标法方法简便，不需用校正因子，不论试样中其他组分是否出峰，均可对待测组分定量，可用于药品中某个杂质或主成分含量的测定，但此法的准确性受进样重复性和实验条件稳定性的影响显著。

3. 内标法 选择试样中的纯物质作为对照物质加入待测试样溶液中，以待测组分和对照物质的响应信号对比，测定待测组分含量的方法称为内标法。"内标"的由来是因为标准（对照）物质加入试样中，有别于外标法。该对照物质称为内标物。 微课

精密称量 m_g 试样，再精密称量 m_s 克内标物，混匀，进样。测量待测组分 i 的峰面积 A_i 及内标物的峰面积 A_s，则组分 i 在 m_g 样品中所含的重量 m_i 与内标物的重量 m_s 有下述关系。

$$\frac{m_i}{m_s} = \frac{A_i f_i}{A_s f_s} \qquad (14-25)$$

待测组分 i 在样品中的百分含量为

$$c_i\% = \frac{A_i f_i}{A_s f_s} \cdot \frac{m_s}{m} \times 100\% \qquad (14-26)$$

对内标物的要求是：①内标物是原试样中不含有的组分，否则会使峰重叠而无法准确测量内标物的峰面积；②内标物的保留时间应与待测组分的相近，但彼此能完全分离（$R \geq 1.5$）；③内标物必须是纯度合乎要求的纯物质。

内标法的优点是：①在进样量不超限（色谱柱不超载）的范围内，定量结果与进样量的重复性无关；②只要被测组分及内标物出峰，且分离度合乎要求，就可定量，与其他组分是否出峰无关；③很适用于测定药物中微量有效成分或杂质的含量。由于杂质（或微量组分）与主要成分含量相差悬殊，无法用归一化法测定含量，用内标法则很方便。往试样中加入一个与杂质量相当的内标物，加大进样量突出杂质峰，测定杂质峰与内标峰面积之比，即可求出杂质含量。但供试品溶液配制比较繁琐和内标物不易找寻是其缺点。

在应用内标法时，先配制待测组分 i 的已知浓度的对照品溶液，加入一定量的内标物 s（相当于以内标物为参考物质测定组分 i 的校正因子 f_i）；再将内标物按相同量加入同体积供试品溶液中，分别进样相同体积。两份溶液中内标物质完全相同，则无须知道校正因子，即可直接由式 14-27 计算供试品溶液中待测组分的含量。

$$(c_i\%)_{样品} = \frac{(A_i/A_s)_{样品}}{(A_i/A_s)_{对照}} \times (c_i\%)_{对照} \qquad (14-27)$$

4. 标准加入法　是将对照品溶液加入供试品溶液中，测定加入对照品溶液前后供试品中待测物质峰响应测量值而进行定量的方法。因为对照品与供试品中的待测组分为同一物质，校正因子相同，故对照品加入前后峰面积（也可是待测组分与内标物的峰面积比值）与浓度的比值的关系符合式 14-28。待测组分的浓度 c_x 可通过公式 14-29 求算。

$$\frac{A_{x+s}}{A_x} = \frac{c_x + c_s}{c_x} \qquad (14-28)$$

$$c_x = \frac{c_s}{(A_{x+s}/A_x) - 1} \qquad (14-29)$$

式中，c_x 为供试品中组分 x 的浓度；A_x 为供试品中组分 x 的色谱峰面积；c_x 为供试品溶液中加入的对照品的浓度；A_{x+s} 为供试品溶液中加入对照品后测得的峰面积。

标准加入法无须知道校正因子，适合于基质复杂的试样中某种组分的含量测定。

实训十八　气相色谱法测定复方樟脑酊中乙醇的含量

一、实训目的

1. 掌握内标法的定量原理及计算方法。
2. 熟悉气相色谱仪的基本操作方法。
3. 了解气相色谱仪的基本结构。

二、实训原理

复方樟脑酊中乙醇的含量为 52%~60%，【检查】项目中规定须测定"乙醇量"，且按照《中国药典》四部"乙醇量测定法"中的气相色谱法进行测定。进行气相色谱法测定时，色谱柱可根据实际情况采用毛细管柱或填充柱测定，采用的定量分析方法为内标法，内标物为正丙醇。为保证测定结果的准确性，配制对照品溶液与供试品溶液时，正丙醇的含量与乙醇的含量相接近。

三、实训用品

1. 仪器　气相色谱仪、移液管（1、5、10ml）、容量瓶（100ml）、温度计。

2. 试剂　无水乙醇（A.R）、正丙醇（A.R）、复方樟脑酊（或其他酊类药物）。

四、实训操作

（一）毛细管柱法的溶液配制与测定

1. 溶液配制

（1）对照品溶液配制　精密量取无水乙醇 5ml 置于 100ml 量瓶中，精密加入正丙醇 5ml，用水稀释至刻度，摇匀。精密量取该溶液 1ml 置于 100ml 量瓶中，用水稀释至刻度，摇匀（必要时可进一步稀释），作为对照品溶液。平行配制两份。

（2）供试品溶液配制　精密量取复方樟脑酊样品适量（相当于乙醇约 5ml）置 100ml 容量瓶中，精密加入正丙醇 5ml，用水稀释至刻度，摇匀。精密量取该溶液 1ml 置于 100ml 量瓶中，用水稀释至刻度，摇匀（必要时可进一步稀释），作为供试品溶液。平行配制两份。

2. 测定操作　精密量取对照品溶液 3ml，置 10ml 顶空进样瓶中，密封，顶空进样，每份对照品溶液进样 3 次，测定乙醇与正丙醇色谱峰的峰面积，供试品溶液同法操作，按内标法以峰面积计算乙醇含量。

测试时色谱条件与系统适用性要求如下：毛细管色谱柱固定液为键合交联聚乙二醇；FID 检测器温度为 220℃；汽化室温度为 190℃；采用程序升温方式控制柱温，起始温度为 50℃，维持 7 分钟，再以每分钟 10℃的速率升温至 110℃。理论塔板数按正丙醇峰计算应不低于 700，乙醇峰与正丙醇峰的分离度应大于 2.0。

（二）填充柱法的溶液配制与测定

1. 溶液配制

（1）对照品溶液配制　精密量取无水乙醇 4、5、6ml，分别置于 100ml 量瓶中，分别精密加入正丙醇 5ml，用水稀释至刻度，摇匀（必要时可进一步稀释）。

（2）供试品溶液配制　精密量取复方樟脑酊样品适量（相当于乙醇约 5ml）及正丙醇 5.00ml，置 100ml 容量瓶中，精密加入正丙醇 5ml，用水稀释至刻度，摇匀（必要时可进一步稀释），取适量注入气相色谱仪，测定峰面积，按内标法以峰面积计算，即得。

2. 测定操作　取三种对照品溶液各适量，注入气相色谱仪，分别连续进样 3 次，测定峰面积，供试品溶液同法操作，按内标法以峰面积计算乙醇含量。

测定时的色谱条件与系统适用性要求如下：用直径为 0.18~0.25mm 的二乙烯苯 - 乙基乙烯苯型高分子多孔小球作为载体，柱温为 120~150℃，理论板数按正丙醇峰计算应不低于 700，乙醇峰与正丙醇峰的分离度应大于2.0。

（三）数据记录

测定对象	测定次数	第一份			第二份		
		1	2	3	1	2	3
对照溶液	乙醇峰面积						
	正丙醇峰面积						
	以正丙醇计算的理论板数						
	分离度						
供试品溶液	乙醇峰面积						
	正丙醇峰面积						
	以正丙醇计算的理论板数						
	分离度						

（四）数据处理

测定对象	测定次数	第一份			第二份		
		1	2	3	1	2	3
对照溶液	乙醇与正丙醇峰面积比值						
	峰面积比平均值						
	相对标准偏差						
供试品溶液	乙醇与正丙醇峰面积比值						
	峰面积比平均值						
	乙醇%						

以乙醇与正丙醇的峰面积比值的平均值代入下式计供试品溶液中的乙醇含量。

$$（乙醇\%）_{供试品}=\frac{(A_{乙醇}/A_{正丙醇})_{供试品}}{(A_{乙醇}/A_{正丙醇})_{对照品}}×（乙醇\%）_{对照}$$

$$（乙醇\%）_{样品}=（乙醇\%）_{供试品}×n$$

n 为样品的稀释倍数。

五、注意事项

1. 无水乙醇、正丙醇及酊剂样品均须恒温至20℃再测定。

2. 理论塔板数按正丙醇峰计算应不低于700，乙醇峰与正丙醇峰的分离度应大于2.0。乙醇与正丙醇峰面积比值的相对标准偏差不得大于2.0%。若测定结果无法达到要求，须适当调整色谱条件以符合要求。

六、思考题

1. 色谱图上出现的色谱峰不止一个，如何确定乙醇和正丙醇的峰？

2. 本实验的测定操作中，供试品的取样量如何确定？

答案解析

目标检测

一、单项选择题

1. 塔板理论中，n、H、L 之间的关系是（　　）
   - A. $n = H/L$
   - B. $n = L/H$
   - C. $n = HL$
   - D. $H = n/L$
   - E. $L = n - H$

2. 若按操作形式分，GC 法属于（　　）
   - A. 柱色谱法
   - B. 平面色谱法
   - C. 气固色谱法
   - D. 离子交换色谱法
   - E. 分配色谱法

3. 色谱法定量分析时，为获得较好的精密度与准确度，应使分离度 R（　　）
   - A. 大于 1
   - B. 大于等于 1.5
   - C. 等于 1
   - D. 大于 1.2
   - E. 等于 1.2

4. 色谱法中表征组分在固定相中停留时间长短的参数是（　　）
   - A. 保留时间
   - B. 调整保留时间
   - C. 死时间
   - D. 相对保留值
   - E. 保留指数

5. 色谱法中应用于定性分析的参数是（　　）
   - A. 保留值
   - B. 峰高
   - C. 峰面积
   - D. 半峰宽
   - E. 标准差

6. 净化器属于气相色谱仪中的（　　）
   - A. 载气系统
   - B. 进样系统
   - C. 分离系统
   - D. 检测系统
   - E. 记录及数据处理系统

7. 下列气相色谱载气中，应用最广的载气是（　　）
   - A. 氢气
   - B. 氩气
   - C. 氮气
   - D. 氧气
   - E. 二氧化碳

8. 应用气相色谱法分离强极性组分，宜选择（　　）
   - A. 强极性固定液
   - B. 中等极性固定液
   - C. 弱极性固定液
   - D. 氢键型固定液
   - E. 鲨鱼烷

9. 色谱系统适用性试验指标不包括（　　）
   - A. 理论塔板数
   - B. 重复性
   - C. 对称因子
   - D. 保留体积
   - E. 灵敏度

10. 下列定量分析方法中，不适合于杂质检查的方法是（　　）
    - A. 面积归一化法
    - B. 内标法
    - C. 内标对比法
    - D. 外标法
    - E. 标准加入法

二、多项选择题

1. GC 的适用对象有（　　）
   - A. 气体样品
   - B. 固体样品
   - C. 液体样品
   - D. 热稳定性好的样品
   - E. 热稳定性差的样品

2. 速率理论中的范第姆特方程式包含（　　）
   - A. 涡流扩散项
   - B. 纵向扩散项
   - C. 横向扩散项

D. 传质阻力项　　　　　　E. 传质动力项

3. 下列气相色谱检测器中，属于浓度型检测器的是（　）

A. 电子捕获检测器　　　　B. 热导池检测器　　　　C. 火焰光度检测器

D. 氢焰离子化检测器　　　E. 质谱检测器

4. 下列检测器中，属于气相色谱检测器的是（　）

A. TCD　　　　　　　　　B. FID　　　　　　　　　C. FPD

D. ECD　　　　　　　　　E. ELSD

5. 影响分离度的因素有（　）

A. 理论塔板数　　　　　　B. 分配系数比　　　　　　C. 组分的容量因子

C. 保留时间　　　　　　　E. 峰面积

三、简答题

1. 气相色谱仪由哪几个系统组成？

2. 气相色谱法中，对于内标定量法中的内标物有何要求？

3. 速率理论中的范第姆特方程式如何写？包括了哪三项？

四、实例分析题

用气相色谱法测定维生素 E 的含量，按如下方法操作。

内标溶液：取正三十二烷适量，加正己烷溶解并稀释成每 1ml 中含 1.0mg 的溶液。

供试品溶液：取本品 22.5mg，置棕色具塞锥形瓶中，精密加内标溶液 10ml，密塞，振摇使溶解。

对照品溶液：取维生素 E 对照品 20.0mg，置棕色具塞锥形瓶中，精密加内标溶液 10ml，密塞，振摇使溶解。

系统适用性溶液：取维生素 E 与正三十二烷各适量，加正己烷溶解并稀释制成每 1ml 中约含维生素 E 2mg 与正三十二烷 1mg 的混合溶液。

色谱条件：用硅酮（OV－17）为固定液，涂布浓度为 2% 的填充柱，或用 100% 二甲基聚硅氧烷为固定液的毛细管柱；柱温为 265℃；进样体积 1～3μl。

系统适用性要求：系统适用性溶液色谱图中，理论板数按维生素 E 峰计算不低于 500（填充柱）或 5000（毛细管柱），维生素 E 峰与正三十二烷峰之间的分离度应符合规定。

测定法：精密量取供试品溶液与对照品溶液，分别注入气相色谱仪，记录色谱图。按内标法以峰面积计算。

本实验中测得供试品溶液中正三十二烷和维生素 E 的峰面积分别为 12000 和 24000，对照品溶液中正三十二烷和维生素 E 的峰面积分别为 10000 和 18000，计算供试品溶液中维生素 E 的含量。

书网融合……

重点小结　　　　　　　微课　　　　　　　习题

第十五章 高效液相色谱法

PPT

知识目标：通过本章的学习，掌握高效液相色谱法对流动相的基本要求，色谱柱、流动相及检测器的选择方法；熟悉高效液相色谱仪的基本结构；了解高效液相色谱法的分类及特点。

能力目标：能够根据分析对象选择合适的色谱柱和流动相，优化高效液相色谱法分析方法；能够根据色谱图及数据进行定性和定量分析。

素质目标：培养科学严谨的态度，确保实验操作的准确性和数据分析的客观性。

第一节 概 述 🅔微课

高效液相色谱法（high performance liquid chromatography，HPLC）是以经典液相色谱法为基础，借鉴气相色谱法的理论与实验技术，采用高效固定相、高压输液泵及在线高灵敏检测手段等发展起来的一种现代色谱分析方法。

一、与经典液相色谱法对比

经典液相色谱法采用普通规格的固定相及常压输送流动相，柱入口压力低，溶质在固定相中的传质扩散速度慢，柱效低、分析时间冗长，因此一般不具备在线分析的特点，通常只作为分离手段使用。而高效液相色谱法对于混合物具有优异的分离和在线分析能力。高效液相色谱法与经典液相色谱法的对比见表 15 – 1。

表 15 – 1　高效液相色谱法与经典液相色谱法对比

	经典液相色谱法	高效液相色谱法（分析型）
固定相粒度（μm）	75 ~ 500（一般规格）	3 ~ 10（特殊规格）
固定相粒度分布（RSD）	20% ~ 30%	<5%
柱长（cm）	10 ~ 100	3 ~ 25（分析型）
柱内径（cm）	2 ~ 5	0.3 ~ 0.46
柱入口压强（MPa）	0.001 ~ 0.1	2 ~ 40
柱效（理论塔板数）	10 ~ 100	$3 \times 10^4 \sim 8 \times 10^4$
样品用量（g）	1 ~ 10	$10^{-7} \sim 10^{-2}$
分析所需时间（h）	1 ~ 20	0.05 ~ 0.5

二、与气相色谱法对比

高效液相色谱法可用于分析高沸点的有机物、高分子和热稳定性差的化合物以及生物活性物质，弥补了气相色谱法仅适于分析沸点低且热稳定性好试样的不足之处，高效液相色谱法可对 80% 左右的有机化合物进行分离和分析，应用范围比气相色谱法更广泛。此外，高效液相色谱法与气相色谱法相比较还具有流动相种类更多、选择性更高、室温下操作等优点。高效液相色谱法与气相色谱法的对比见表15-2。

表15-2 高效液相色谱法与气相色谱法对比

	气相色谱法	高效液相色谱法（分析型）
应用范围	气体或易汽化且热稳定性好	不受试样的挥发性和热稳定性限制
流动相	不影响分离，选择余地小	分离选择性高，选择范围宽
操作温度	高温	室温

三、高效液相色谱法的分类

按分析目的分类，可分为分析型高效液相色谱法与制备型高效液相色谱法。按色谱技术分类，可分为常规高效液相色谱法、超高效液相色谱法、二维高效液相色谱法等。按分离机制分类，可分为以下几种色谱法。

1. 液-液分配色谱法 是高效液相色谱法中应用最广的一种色谱法，目前固定相通常采用化学键合相。根据固定相和流动相的极性大小，液-液分配色谱法又分为正相高效液相色谱法与反相高效液相色谱法，约80%的分析采用反相高效液相色谱法。

2. 液-固吸附色谱法 是以硅胶、氧化铝、高分子多孔微球、分子筛及聚酰胺等固体物质作为固定相的色谱法，适用于非离子型化合物、几何异构体等物质的分离分析。

3. 分子排阻色谱法 固定相为具有一定孔径的多孔性填料，利用固定相对分子量大小不同的各组分排阻能力的差异而完成分离，应用于高分子化合物如多肽、蛋白质、核酸等的分离。

4. 离子交换色谱法 固定相为离子交换树脂或离子交换键合相，利用不同离子对固定相亲合力的差别实现分离，应用于无机或有机离子、氨基酸、糖类等物质的分离分析。

高效液相色谱法的主要类型见表15-3。

表15-3 高效液相色谱法的主要类型

分类依据	主要类型	备注
固定相的聚集状态	液-固色谱法	固定相为固体
	液-液色谱法	固定相为液体
分离机制	吸附色谱法	固定相为固体吸附剂
	分配色谱法	固定相为固定液
	离子交换色谱法	固定相为离子交换树脂
	分子排阻色谱法	固定相为多孔性凝胶
	亲和色谱法	固定相为两种具有专一亲和特性的物质之一
	化学键合相色谱法	固定相为化学键合相
	胶束色谱法	流动相为胶束分散体系
分离目的	分析型色谱法	对混合物进行分离、分析
	制备型色谱法	分离混合物得到一种或几种纯物质
固定相极性特征	正相色谱法	固定相极性大于流动相极性
	反相色谱法	固定相极性小于流动相极性

四、高效液相色谱法的应用

高效液相色谱法在药物分析、食品分析、环境监测、医学检验及生命科学等领域有着广泛的应用。在药物分析领域，高效液相色谱法的应用远较其他色谱法广泛，已成为各种药物及其制剂分析测定的主要方法，特别是在生物样品、中药等复杂体系的成分分离分析中发挥着极其重要的作用。

第二节 高效液相色谱法的流动相

高效液相色谱法中，流动相的选择至关重要。在固定相选定之后，流动相的正确选择是分离的决定因素。

一、对流动相的基本要求

1. 化学稳定性好 不能与固定相或被测组分发生任何化学反应，不改变填料的任何性质。

2. 对试样有适宜的溶解度 k 值的可用范围为 $1 \sim 10$，最佳范围为 $2 \sim 5$。

3. 纯度要高 须采用色谱纯的试剂及高纯度的水配制流动相。

4. 黏度要低 须采用甲醇、乙腈等低黏度流动相以获得低柱压和高柱效。

5. 必须与检测器相匹配 用紫外检测器时，须选用在检测波长范围内无吸收的溶剂，即所选溶剂的极限波长要小于检测波长。

二、流动相的种类

在高效液相色谱分析中，可作为流动相的溶剂种类很多，通常采用二元或三元溶剂作为流动相，流动相中溶剂的比例可以灵活调节，因而流动相的选择范围较大。

1. 反相色谱流动相 通常以水为主体，加入一定量与水互溶的有机溶剂如甲醇、乙腈等，最常用的反相色谱流动相为甲醇－水和乙腈－水。在分析酸性或碱性物质时，为改善分离效果或增加组分的溶解度，常在流动相中加入少量弱酸（如醋酸）、弱碱（如氨水）或缓冲盐（如磷酸盐及醋酸盐）等来调节流动相的 pH。

2. 正相色谱流动相 为极性较低的疏水性溶剂，通常是在正己烷、环己烷等烷烃中加入一定量的乙醇、异丙醇等具有一定极性的溶剂。由于疏水性溶剂的沸点低、黏度小，因此色谱柱入口压力低，柱易于平衡，特别适合梯度洗脱，易实现保留值的重现性和色谱峰的对称性。

3. 离子交换色谱流动相 流动相为具有一定 pH 的缓冲溶液。通常在流动相中加入一定量的甲醇来增加某些酸碱物质的溶解度，通过改变缓冲盐的浓度控制其离子强度以达到改善分离效果的目的。

三、高效液相色谱法的洗脱方式

1. 等度洗脱 是采用恒定配比溶剂系统的洗脱方式，该方法具有操作简便、重复性好、色谱柱易再生等优点，较为常用。但缺点是往往不能兼顾某些组分极性相差较大的复杂样品的分离要求。

2. 梯度洗脱 是在一个分析周期内，按一定程序，不断改变流动相浓度配比的洗脱方式。该方法要求仪器配置有梯度洗脱装置，可以使复杂样品中性质差异很大的组分分离，使分析周期缩短，改善分离效果和峰形，提高检测灵敏度。与等度洗脱相比，梯度洗脱更易发生基线漂移，重复性也差于等度洗脱。

四、流动相的预处理

流动相最好现配现用，一般密闭贮存于玻璃或聚四氟乙烯容器中。

为满足分析要求，流动相在使用前需要进行过滤、脱气等处理。

作为流动相的溶剂使用前都必须以微孔滤膜滤过，以除去固体微粒。过滤时通常采用 $0.45\mu m$ 或 $0.22\mu m$ 的滤膜，应注意滤膜的类型和使用范围，每张滤膜只能用一次。

作为流动相的溶剂使用前都必须进行脱气处理，以除去流动相中溶解的大量气体。脱气时常用超声波振荡 15~30 分钟，脱气后应密封保存以防止气体进入，同时须等冷却后使用。

第三节　高效液相色谱法的固定相

一、固定相的基本要求

不同类型的高效液相色谱法所用固定相各不相同，但都应符合以下条件：①颗粒细且均匀；②传质快；③机械强度高、耐高压；④化学稳定性好，不与流动相发生化学反应。

二、固定相的种类

高效液相色谱中的固定相（即填料）的类型很多，如硅胶、化学键合固定相、高分子微球、包覆聚合物柱填料、微粒多孔碳填料等。

有些物质如硅胶、氧化铝和高分子多孔微球等，可直接作为液 – 固色谱法的固定相使用。而液 – 液色谱法和离子色谱法等方法中使用的固定相，则需在一定的基质上键合上特定功能的基团后才可使用。

高效液相色谱填料的基质一般分为两种，一种是陶瓷性质的无机物基质，另一种是有机聚合物基质。无机物基质有硅胶、氧化铝和氧化锆等，具有机械强度良好、在溶剂中不容易膨胀的特点，常用于小分子量化合物的分析。有机聚合物基质有交联苯乙烯 – 二乙烯苯、聚甲基丙烯酸酯等，具有易压缩、小分子溶剂或溶质易渗入而导致填料膨胀的特点，通常用于分子排阻和离子交换色谱固定相。

高效液相色谱法固定相中，应用最广的是化学键合相，了解其性质和种类等有助于色谱柱的正确选择。

三、化学键合相

HPLC 的液 – 液分配色谱法中，将固定液的官能团键合在载体表面构成化学键合相，简称键合相。

（一）化学键合相的分类

一般的化学键合相用硅胶作载体，按所键合基团的不同可分为非极性键合相、极性键合相和离子交换键合相三类。

1. 非极性键合相　通常作反相色谱的键合相。该键合相表面基团为非极性烃基如十八烷基、辛烷基和苯基等非极性基团，其中十八烷基硅烷（简称 ODS 或 C_{18}）应用最广。

2. 极性键合相　通常作正相色谱的键合相。该键合相表面基团为氰基（—CN）、氨基（—NH_2）和二醇基（—Diol）等极性较大的基团。其中，氰基键合相适合分离不饱和化合物的异构体，氨基键合相适合分析糖类，而二醇基适合分离有机酸、甾体物质等。

3. 离子交换键合相　是在有机硅烷分子中键合离子交换基团，用于离子型化合物的分离。可分为含季铵基或氨基的阴离子交换键合相和含磺酸基或羧酸基的阳离子交换键合相两类。

（二）化学键合相色谱法

以键合相为固定相的色谱法称为化学键合相色谱法（bonded phasechromatography，BPC），是目前应用最广的高效液相色谱法。根据固定相与流动相相对极性强弱，将化学键合相色谱法分为正相化学合相色谱法（NBPC）和反相化学键合相色谱法（RBPC），约80%的分析采用反相高效液相色谱法。

1. 正相化学键合相色谱法　采用极性键合相为固定相，如氰基、氨基或二羟基等键合在硅胶表面。以非极性或弱极性溶剂作流动相，常采用烷烃加适量醇类调节混合溶剂的极性，如正乙烷－甲醇。该法适用于分离能溶于有机溶剂的极性至中等极性的分子型化合物。

正相键合色谱法在分离结构相近极性不同的组分时，组分保留和分离的规律是极性强的组分容量因子 k 大，后洗脱出色谱柱。当流动相的极性增大，溶质的 k 减小，t_R 减小，洗脱能力增强。

2. 反相化学键合相色谱法　采用非极性键合相为固定相，如十八烷基硅烷（C_{18}）、辛烷基（C_8）等化学键合相，有时也用弱极性或中等极性的键合相为固定相。流动相以水作基础溶剂，再加入一定量与水混溶的极性调节剂，常用甲醇－水、乙腈－水等。该方法适用于分离非极性至中等极性的分子型化合物。

反相键合相色谱法在分离结构相近极性不同的组分时，组分保留和分离的规律是极性强的组分容量因子 k 小，先洗脱出色谱柱。当流动相的极性增大，溶质的 k 增大，t_R 增大，洗脱能力降低。

第四节　高效液相色谱仪

高效液相色谱仪的结构见图 15－1。输液系统、进样系统、分离系统、检测系统和数据处理系统是高效液相色谱仪的基本组成部分。

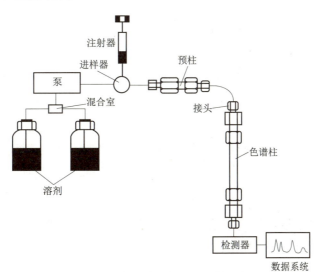

图 15－1　高效液相色谱仪结构示意图

一、输液系统

输液系统包括贮液瓶、高压输液泵、脱气装置和梯度洗脱装置。

（一）贮液瓶

用于贮存足量的流动相，材质通常为玻璃、氟塑料等化学惰性、耐腐蚀材料制成，有无色及棕色两种贮液瓶，容量为 0.5～2L，瓶中导管端头连接溶剂过滤芯，用于防止流动相中的颗粒进入泵内。

贮液瓶的位置应高于泵体，以保持输液静压差。

（二）高压输液泵

高压输液泵是高效液相色谱仪的核心部件。对输液泵的基本要求是脉动小、流量恒定且可以调节、耐高压、耐腐蚀等。

输液泵的种类很多，目前多用柱塞往复泵（图15-2）。由电动机带动偏心凸轮转动，驱动宝石柱塞做往复运动。当柱塞被拉出时，入口单向阀打开，将贮液瓶中的流动相吸入缸体；当柱塞被推进时，出口单向阀被打开，流动相液体输出，流向色谱柱；如此往复运动，将流动相不断输送到色谱柱中。

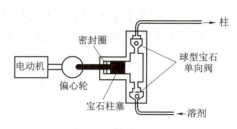

图15-2 柱塞往复泵示意图

柱塞往复泵属于恒流泵，流量不受柱阻影响，但输出流量脉动较大。目前一般用双泵系统克服脉动性。双泵的连接有串联和并联两种。因串联式结构简单，价格低廉，使用较多。

输液泵的使用应注意流动相溶剂使用前应过滤和脱气，防止微粒和气泡进入流路，避免过高压力，使高压密封圈变形，造成漏液。

（三）脱气装置

如果在分离的过程中，流动相含有气泡，在分离的过程中，气泡在高压下会自溶剂中逸出，影响高压泵的正常工作和检测器的灵敏度。HPLC色谱仪中的脱气装置是用于排除贮液瓶至高压泵流路中的气体，排气时调节排气阀。

（四）梯度洗脱装置

应用高效液相色谱分离复杂体系样品时，若各组分性质差别大，往往要采用梯度洗脱技术。梯度洗脱要用两种或更多种的溶剂按一定程序改变比例。输液泵对多元流动相的加压与混合方式，可分为高压与低压梯度两种洗脱装置。

1. 高压二元梯度洗脱装置　由两个高压输液泵按预先设计好的梯度程序，通过控制溶剂贮器阀驱动器的开闭时间，使高压泵按比例分别各吸一种溶剂输入混合器，混合成流动相后进入色谱柱。

2. 低压二元梯度洗脱装置　是在常压下用比例阀将多种溶剂按比例混合后，再用泵加压输入色谱柱。低压梯度洗脱系统价格便宜，维护方便，但在混合均匀性和梯度精度方面稍逊于高压梯度洗脱。

二、进样系统

进样系统的主要部件是进样器。进样器装在色谱柱的入口处，一般高效液相色谱仪常用六通进样阀。采用六通进样阀（图15-13）进样，具有进样量准确、重复性好、可带压进样等优点。

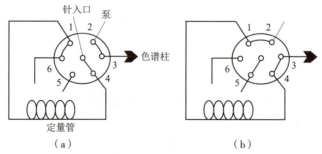

图15-3 六通阀示意图

（a）充满定量管；（b）进样

进样方式分为手动进样与自动进样。手动进样需要操作者将微量注射器中的待测试样注入定量管。进样前，六通阀在状态 a 位置，进样后，转动六通阀手柄至状态 b，定量管内的样品被流动相带入色谱柱。自动进样需要配置自动进样装置。自动进样装置可按照操作软件设置的程序，自动完成样品的取样、进样、复位、清洗等一系列过程。自动进样减少人为操作并可实现试样的批量分析，不仅提升了实验室的工作效率，而且提高进样精度和准确度，成为现代色谱分析中不可或缺的一部分。

三、分离系统

色谱柱是高效液相色谱仪的重要组成部件。柱管多用不锈钢制成，管内壁要求具有很高的光洁度，几乎都是直形。色谱柱按主要用途分为分析型与制备型两类。为保护色谱柱，通常在色谱柱的前端接上一段很短的色谱柱，称为保护柱或预柱，保护柱的填料通常与分析用色谱柱一致。

为提高分析测定的精密度，并消除温度变化对分析结果的影响，色谱柱须置于柱温箱中。柱温箱的功能在于维持色谱柱温度恒定，一般柱温箱的温度不超过 60℃。

色谱柱使用后，要用经过滤过和脱气的适当溶剂冲洗。正相柱一般用正己烷，反相柱用甲醇。反相柱如果使用含酸、碱或盐的流动相，冲洗时冲洗液的有机相不变，将其水相改为同比例的纯水进行冲洗，之后再适当提高有机相的比例冲洗，最后用甲醇冲洗封柱。

知识链接

二维液相色谱法

二维液相色谱法（2D－LC）是将两个不同分离机制的液相色谱柱通过特定的接口串联，实现对复杂样品高效分离和分析的新型色谱技术。二维液相色谱法包含第一维（1D－LC）分离和第二维（2D－LC）分离。样品经第一个色谱柱分离之后的组分进入接口中，再切换进入第二个色谱柱进行进一步的分离，最后进入检测器检测。在接口部分，样品可能会经历浓缩、捕集或切割等处理。二维液相色谱能够提供更高的分离效能和检测灵敏度，有助于发现和分析复杂样品中的微量成分，具有广阔的应用前景。

四、检测系统

高效液相色谱仪检测器的种类较多，按照应用范围，HPLC 的检测器可以分为专属型检测器和通用型检测器两大类。

（一）专属型检测器

专属型检测器包括紫外－可见光检测器（UVD）、荧光检测器（FLD）、电化学检测器（ED）等，其响应大小取决于溶质的物理或物理化学性质，只对某类物质产生特殊响应，对流动相几乎不产生响应，所以受外界干扰少、灵敏度高，可用于梯度洗脱。

1. 紫外检测器（UVD）　是当前高效液相色谱仪普遍配置的检测器，主要用于检测具有 $\pi-\pi$ 或 $p-\pi$ 共轭结构的化合物。由光源、流通池（池体积一般为 $8\mu l$）、检测元件等组成。光学结构与一般的紫外分光光度计一致，主要区别是用流动池替代吸收池。

紫外检测器灵敏度高，不破坏样品，能与其他检测器串联，可用于制备。对温度及流动相流速波动不敏感，可用于梯度淋洗，但只能检测有紫外吸收的样品。此外，在使用紫外检测器时应考虑溶剂的截止波长。

常用紫外检测器的类型可分为三种：固定波长型、可变波长型及二极管阵列检测器。固定波长检测器是光源波长固定（大多用254nm）的光度计；可变波长型检测器波长可按需要选择；光电二极管阵列检测器属于多通道紫外检测器，由系列光电二极管组成，可以同时获得样品的色谱图及每个色谱峰的吸收光谱图，色谱图用于定量分析，光谱图用于定性分析，也可以获得三维光谱 – 色谱图（图15 – 4）。

2. 荧光检测器 目前使用的荧光检测（FLD）多是具有流通池的荧光分光光度计。检测限可达 10^{-10} g/ml，比紫外检测器灵敏，适用于能产生荧光或其衍生物能发荧光的物质。由于灵敏度高，是体内药物分析常用的检测器之一。

3. 电化学检测器 包括电导检测器、安培检测器

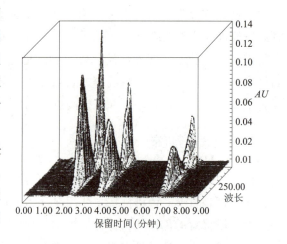

图15 – 4 三组分样品的3D光谱 – 色谱图

及极谱检测器等。电导检测器主要用于离子色谱，安培检测器与极谱检测器可用于具有氧化、还原性质的物质的检测，安培检测器应用较广。

（二）通用型检测器

通用型检测器包括蒸发光散射检测器（ELSD）、示差折光检测器（RID）和质谱检测器（MSD）等，其响应大小不仅取决于溶质的物理或物理化学性质，还与流动相有关，适用于大部分物质的测定。

1. 蒸发光散射检测器（ELSD） 是通用型检测器，可以检测没有紫外吸收的有机物质，如人参皂苷、黄芪甲苷等。蒸发光散射检测器的流动相必须是挥发性的，不能含有缓冲盐等。ELSD 工作原理是将流出色谱柱的流动相及组分先引入已通入气体（常用高纯氮）的蒸发室，加热，使流动相蒸发而除去。样品组分在蒸发室内形成气溶胶，而后进入光散射检测室。气溶胶受强光照射而产生散射，通过测定散射光强度而获得组分的浓度信号。ELSD 用于挥发性低于流动相的样品组分的检测，常用于分析糖类、高分子化合物、高级脂肪酸及甾体类化合物。

2. 示差折光检测器（RID） 适用于折射率与流动相不同的组分的检测。利用纯流动相和含有被测试样流动相折光率示差值与样品浓度成正比的原理进行定量分析。RID 操作简单、灵敏度低，对温度敏感，不能用于梯度洗脱，实际工作中常用于糖类化合物的检测。

3. 质谱检测器（MSD） 既可用于定性分析又可用于定量分析，灵敏度高、选择性好，适用于复杂未知物的分析。

五、数据处理系统

现代高效液相色谱仪的计算机控制系统，既能做数据采集和分析工作（对来自检测器的原始数据进行分析处理，给出检测结果信息），又能程序控制仪器的各个部件（如在梯度洗脱中控制溶剂比例或流速、控制自动进样、色谱柱的程序升温等），还能在分析一个试样之后自动改变条件而进行下一个试样的分析，实现了仪器运行的自动化。为了满足 GMP/GLP 法规的要求，已成功开发了具有方法认证功能的色谱软件系统，使药学领域的分析检测工作更加规范。

第五节 色谱条件的选择

高效液相色谱（HPLC）是一种广泛应用于混合物分离和分析的技术。为了确保高效液相色谱分

析结果的准确性，选择合适的色谱条件至关重要。色谱条件的选择涉及多个参数，包括色谱柱、流动相的组成及洗脱方式、检测器、柱温、流速等。

一、色谱柱的选择

应根据样品中化合物的结构特点选择合适的色谱柱类型。选择时应考虑固定相的类型、色谱柱规格、柱温等因素。

色谱柱固定相的类型是最重要的因素。对于分离非极性至中等极性的分子型化合物，常选用非极性键合相为固定相的反相色谱柱；分离芳香族化合物以及多羟基化合物如黄酮苷可选用苯基键合相为固定相；分离双键的化合物常选用氰基键合相；分离多官能团的化合物如强心苷及糖类等常用氨基键合相；分离离子型化合物可选用离子交换键合相。

色谱柱规格的选择应适应于不同的分离分析目的。常用的分析型色谱柱柱长为 10~25cm，内径为 2.1~4.6mm，填料粒径为 3~10μm，用于常规的分离分析。

色谱柱柱温会影响分离效果、分析结果重现性和分析时间。实验中应维持柱温的恒定。如无特殊说明，色谱柱温度系指室温，调高柱温会加快传质，缩短分析时间。

二、流动相的选择

色谱柱确定之后，流动相的正确选择是分离的决定因素。流动相的种类、洗脱方式、流动相流速等均会影响分离效果和保留值。

（一）流动相种类的选择

流动相种类的选择应考虑键合相的类型。正相键合相色谱法的流动相常采用烃类等非极性或弱极性有机溶剂为主体，加入醇类调节其极性；反相键合相色谱法的流动相常采用水或无机盐缓冲液作为主体，加入甲醇、乙腈等调节其极性；离子键合相色谱法的流动相多为一定 pH 的缓冲液，添加适量的有机溶剂作为改性剂。选择流动相种类时还应考虑检测器类型，应选择与检测器相匹配的流动相。

（二）洗脱方式的选择

流动相洗脱方式的选择应考虑分离对象的性质。当分析对象组分少、性质差别小，常用等度洗脱方式；当分析对象组成复杂、所含组分性质差异较大，常用梯度洗脱方式。

（三）流动相流速的选择

流动相流速影响色谱柱柱效和分析时间。当流动相流速增大，塔板高度也增大，柱效降低；当流动相的流速减小，塔板高度也减小，柱效升高。流速与分析时间密切相关，实际应用中，在满足分离度要求的前提下，可适当提高流速，以缩短分析时间。

三、检测器的选择

不同的检测器适用于不同的检测需求。检测器的类型及分析对象见本章第四节的检测系统。最常用的检测器为紫外-可见分光检测器。

四、其他色谱参数的选择

在《中国药典》（现行版）中，品种正文项下规定的色谱参数，除填充剂种类、流动相组分、检测器类型不得改变外，其余如色谱柱内径与长度、填充剂粒径、流动相流速、流动相组分比例、柱温、进样量、检测器灵敏度等，均可适当调整。

第六节　定性和定量分析方法

高效液相色谱法的定性和定量分析方法与气相色谱法相似。定性分析时高效液相色谱法没有类似于气相色谱法的保留指数可利用。定量分析时常用外标法和内标法。

一、外标法

外标法是以对照品的量对比计算试样含量的方法。只要待测组分出峰、无干扰、保留时间适宜，即可采用外标法进行定量分析。高效液相色谱法采用的六通进样阀进样准确，因此采用外标法也可获得准确的测定结果。外标法是目前高效液相色谱法应用最多的定量方法。

二、内标法

以待测组分和内标物的峰高比或峰面积比计算试样含量的方法。使用内标法可以抵消仪器稳定性差、进样量不够准确等原因带来的定量分析误差。

实训十九　对乙酰氨基酚泡腾片中
对乙酰氨基酚的含量测定

一、实训目的

1. 掌握用外标法进行定量分析的方法。
2. 熟悉高效液相色谱仪的基本操作。
3. 了解高效液相色谱仪的维护和保养。

二、实训原理

本实验采用的外标法，是色谱法定量分析的方法之一，外标法包括外标工作曲线法和外标一点法。当工作曲线的截距近似为零时，可用外标一点法定量。该法以待测组分的纯品作对照品，将对照品溶液和供试品溶液在相同条件下分别进样，得到各自色谱图。由于对照品溶液和供试品溶液的进样体积相同且在完全相同的色谱条件下进行测定，所以有 $\dfrac{A_{供试品}}{A_{对照片}} = \dfrac{c_{供试品}}{c_{对照片}}$。

三、实训用品

1. 仪器　高效液相色谱仪、电子分析天平、吸量管（10ml）、容量瓶（1000ml、50ml）、微量进样器等。

2. 试剂　对氨基酚对照品、对乙酰氨基酚对照品、对乙酰氨基酚泡腾片、磷酸二氢钠二水合物、磷酸氢二钠、甲醇等。

四、实训操作

（一）溶液的配制

1. 对照品溶液的配制 取对乙酰氨基酚对照品适量，精密称定，加流动相溶解并定量稀释制成每1ml中约含0.1mg的溶液。

2. 供试品溶液的配制 取本品10片，精密称定，研细，精密称取 $m_{取样量}$ g（约相当于对乙酰氨基酚25mg），置50ml容量瓶中，加流动相适量，振摇使对乙酰氨基酚溶解，用流动相稀释至刻度，摇匀，滤过，精密量取续滤液10ml，置50ml容量瓶中，用流动相稀释至刻度，摇匀。

3. 系统适用性溶液的配制 取对氨基酚对照品和对乙酰氨基酚对照品适量，加流动相溶解并稀释成每1ml中各约含对氨基酚10μg和对乙酰氨基酚0.1mg的混合溶液。

（二）测定操作

1. 色谱条件 色谱柱用十八烷基硅烷键合硅胶为填充剂；以磷酸盐缓冲液（pH4.5）（取磷酸二氢钠二水合物15.04g、磷酸氢二钠0.0627g，加水溶解并稀释至1000ml，调节pH至4.5）–甲醇（80：20）为流动相；检测波长为254nm；进样体积为10μl。

2. 系统适用性要求 系统适用性溶液色谱图中，理论塔板数按对乙酰氨基酚峰计算不低于5000，对乙酰氨基酚峰与对氨基酚峰之间的分离度应符合要求。

3. 测定方法 精密量取供试品溶液与对照品溶液，分别注入液相色谱仪，记录色谱图。重复测定3次，按外标法以峰面积计算。

（三）数据记录

峰面积	I	II	III	平均值
$A_{供试品}$				
$A_{对照品}$				

（四）计算对乙酰氨基酚百分含量

$$对乙酰氨基酚\% = \frac{A_{供试品} \times c_{对照品} \times 50}{A_{对照品} \times m_{取样量}} \times \frac{50}{10} \times 10^{-3} \times 100\%$$

五、注意事项

1. 流动相、对照品溶液和供试品溶液都必须进行过滤（选用0.45μm或更小孔径的滤膜且应注意区分水系膜和有机系膜）、脱气处理；若选用超声脱气时，脱气后，须放至室温。

2. 使用手动进样器，进样前后均须清洗进样针，进样前尚须用待装溶液润洗进样针三次以上并排除针管中的气泡。

3. 实验结束须及时冲洗色谱柱，先用水–甲醇（80：20）冲洗，再逐步提高甲醇比例冲洗，最后用甲醇冲洗、封柱。

六、思考题

1. 本实验是否为反相化学键合相色谱法？
2. 色谱法定量分析对相邻组分之间分离度的要求是什么？

答案解析

目标检测

一、单项选择题

1. 在反相键合相色谱法中，固定相与流动相的极性关系是（　　）
   A. 固定相的极性大于流动相的极性
   B. 固定相的极性小于流动相的极性
   C. 固定相的极性等于流动相的极性
   D. 不一定，视组分性质而定
   E. 不一定，视固定相极性而定

2. 在反相键合相色谱法中，流动相常用（　　）
   A. 甲醇–水 　　　　　　B. 正己烷 　　　　　　C. 水
   D. 正己烷–水 　　　　　E. 甲醇

3. 在正相键合相色谱法中，流动相常用（　　）
   A. 甲醇–水 　　　　　　B. 烷烃加醇类 　　　　C. 水
   D. 缓冲盐溶液 　　　　　E. 甲醇

4. 在反相键合相色谱法中，流动相的极性增大，洗脱能力（　　）
   A. 降低 　　　　　　　　B. 增强 　　　　　　　C. 不变化
   D. 不能确定 　　　　　　E. 以上都不对

5. 下列因素将使组分的保留时间变短的是（　　）
   A. 减慢流动相的流速
   B. 增加色谱柱的柱长
   C. 反相色谱的流动相为乙腈–水，增加乙腈的比例
   D. 正相色谱的正己烷–二氯甲烷流动相系统增大正己烷的比例
   E. 反相色谱的流动相为乙腈–水，增加水的比例

6. ODS 柱分析一非极性物质，以某一比例的甲醇–水为流动相时，样品的 K 值较小，若想增大 K 值应（　　）
   A. 增加甲醇的比例 　　　B. 增加水的比例 　　　C. 增加流速
   D. 降低流速 　　　　　　E. 以上都不对

7. 下列对反相键合相色谱法的描述，不正确的是（　　）
   A. 流动相为极性
   B. 适于分离非水溶性的弱极性物质
   C. 固定相为非极性
   D. 流动相的极性变大，洗脱能力变大
   E. 流动相的极性变小，洗脱能力变大

8. 在反相键合相色谱法中，若以甲醇–水为流动相，增加甲醇的比例时，组分的容量因子 k 与保留时间 t_R 将（　　）
   A. k 与 t_R 增大 　　　B. k 与 t_R 减小 　　　C. k 与 t_R 不变
   D. k 增大，t_R 减小 　　E. k 减小，t_R 增大

9. 色谱法定量分析时，为获得较好的精密度与准确度，应使分离度 R （ ）

    A. 大于 1　　　　　　　B. 大于（等于）1.5　　　C. 等于 1

    D. 大于 1.2　　　　　　E. 小于 1.2

10. 色谱法中表征组分在固定相中停留时间长短的参数是 （ ）

    A. 保留时间　　　　　　B. 调整保留时间　　　　C. 死时间

    D. 相对保留值　　　　　E. 调整保留值

11. 色谱法中定性分析的参数是 （ ）

    A. 保留值　　　　　　　B. 峰高　　　　　　　　C. 峰面积

    D. 半峰宽　　　　　　　E. 分离度

12. 色谱法不可用于 （ ）

    A. 分离性质相似的物质　B. 测化合物分子量　　　C. 无机物定量分析

    D. 有机物结构分析　　　E. 以上都不可

二、多项选择题

1. HPLC 常用的检测器有 （ ）

    A. 紫外检测器　　　　　B. 荧光检测器　　　　　C. 蒸发光散射检测器

    D. 示差折光检测器　　　E. 电化学检测器

2. 化学键合相色谱法的特点是 （ ）

    A. 均一性和稳定性好，使用周期长

    B. 柱效高

    C. 流动相的 pH 可任意调节

    D. 重现性好

    E. 分离选择性高

3. 下列为通用型检测器的是 （ ）

    A. 紫外检测器　　　　　B. 荧光检测器　　　　　C. 示差折光检测器

    D. 电化学检测器　　　　E. 蒸发光散射检测器

4. 高效液相色谱法与气相色谱法相比，优点为 （ ）

    A. 灵敏度高　　　　　　B. 分析速度快　　　　　C. 流动相选择性高

    D. 室温下操作　　　　　E. 分离效能高

5. 色谱系统适用性试验内容包括 （ ）

    A. 理论塔板数　　　　　B. 分离度　　　　　　　C. 重复性

    D. 拖尾因子　　　　　　E. 准确度

三、名词解释

高效液相色谱法　　　正相色谱法　　　反相色谱法　　　化学键合相

四、问答题

1. 高效液相色谱仪的基本组成是什么？

2. 最常用的反相高效液相色谱系统的固定相、流动相是什么？分离时何种组分先流出色谱柱？

3. 高效液相色谱法中对流动相有什么要求？

五、实例分析题

用 HPLC 的外标法测双黄连口服液中黄芩苷的含量，依法操作。

色谱条件与系统适用性试验：以十八烷基硅烷键合硅胶为填充剂；以甲醇 – 水 – 冰醋酸（50：50：1）为流动相；检测波长为 274nm。理论板数按黄芩苷峰计算应不低于 1500。

对照品溶液的制备：取黄芩苷对照品适量，精密称定，加 50% 甲醇制成每 1ml 含 0.1000mg 的溶液，即得。

供试品溶液的制备：精密量取本品 1ml，置 50ml 量瓶中，加 50% 甲醇适量，超声处理 20 分钟，放置至室温，加 50% 甲醇稀释至刻度，摇匀，即得。

测定法：分别精密吸取对照品溶液与供试品溶液各 5μl，注入液相色谱仪，测定，测得对照品峰面积 $A_s = 1062500$，供试品中待测组分峰面积 $A_x = 1085500$。

计算供试品中黄芩苷的含量。

书网融合……

重点小结　　　　　　微课　　　　　　习题

第十六章 其他现代仪器分析方法简介

知识目标：通过本章的学习，能熟悉分子荧光分析法、火焰光度法、核磁共振波谱法以及质谱法的原理；了解其他现代分析法的仪器。

能力目标：具备对新技术发展前沿的认知能力。

素质目标：培养对前沿检测技术的创新意识，激发创新意愿，提高创新能力。

第一节 分子荧光分析法 📱微课

一、概述

某些物质吸收紫外 – 可见光后，能发出比激发光波长更长的光，并且随照射光的消失而消失，这种发射光即荧光。利用物质的分子荧光光谱进行定性，以荧光强度进行定量的一种分析方法称为分子荧光分析法（fluorometry）。

荧光分析法最大的优点是灵敏度高，其检出限可达到 $10^{-10} \sim 10^{-12}$ g/ml；其次是选择性好，因为荧光光谱属于发射光谱，一般发射光谱的干扰比吸收光谱小。缺点在于能发射荧光的物质相对较少，应用范围受到局限，但许多重要的生化物质、药物及致癌物质都有荧光现象，而且随着荧光衍生剂的发展，可使一些非荧光物质转化为荧光物质，荧光分析法在药物分析、食品分析、医学检验、环境监测等领域中具有特殊意义。

（一）荧光的产生

1. 分子的激发 大多数分子含有偶数个电子，根据 Pauli 不相容原理，在同一轨道中的电子的自旋方向是相反的。在基态时，所有电子都自旋配对的分子的电子态称基态单重态，用 S_0 表示。处在基态的分子受到紫外 – 可见光的照射，其配对电子中的一个电子吸收能量而被激发。这个过程中，如被激发电子的自旋方向保持不变，则激发态称为激发单重态，用 S 表示（S_1、S_2）；如被激发电子的自旋方向发生改变，与处于基态的电子自旋方向一致（自旋平行），则激发态称为激发三重态，用 T 表示（T_1、T_2），如图 16 – 1 所示。由单重态跃迁至激发三重态的概率要比由单重态跃迁至激发单重态的概率小。

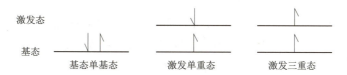

激发态

基态

基态单基态　　　激发单重态　　　激发三重态

图 16 – 1　单重态与三重态的激发示意图

2. 分子的去激发 激发态分子能量较高，不稳定，要通过辐射（发光）或非辐射（热）的形式释放能量跃迁回基态，如图 16 – 2 所示。

（1）非辐射跃迁　包括振动弛豫、内转移、外转移和体系间窜越。

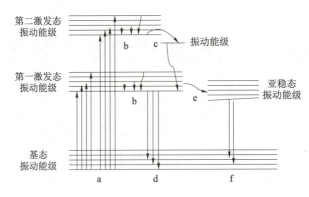

图 16 – 2　荧光与磷光产生示意图

a. 吸收；b. 振动弛豫；c. 内部能量交换；d. 荧光；e. 体系间跨越；f. 磷光

　　1）振动弛豫　是指电子由高振动能级转至低振动能级，而将多余的能量以分子之间相互碰撞的形式消耗一部分热量。

　　2）内转移　是指当两个电子能级相接近时，以至其振动能级有重叠，发生电子由高能级以非辐射方式跃迁至低能级的过程。

　　3）外转移　是指激发态分子与溶剂分子或其他溶质分子相互作用，以热的形式释放多余能量返回基态。

　　4）体系间窜越　是指不同多重态的两个电子态间的无辐射跃迁，易发生在 S_1、T_1 之间。

　　（2）辐射跃迁　包括荧光发射和磷光发射。

　　无论分子处于哪一个激发单重态，通过振动弛豫和内转换均可返回到第一激发单重态的最低振动能级，然后再以辐射形式发射光量子，从而返回到基态的任一振动能级，此时分子发射的光称为荧光。由于有部分能量损失，荧光的能量小于激发光能量，波长则长于激发光。荧光的平均寿命很短（$10^{-9} \sim 10^{-7}$ 秒），除去激发光源，荧光立即熄灭。

　　当分子吸收能量后，如果在跃迁过程中还伴随着电子自旋方向的改变，即分子处于激发三重态。对于磷光物质，经过体系间窜跃的分子再通过振动弛豫降至激发三重态的最低振动能级时，先放出部分能量达到亚稳态，可延迟一段时间（$10^{-4} \sim 10$ 秒），然后再以辐射跃迁返回基态的各个振动能级，这个过程所发射的光即为磷光。磷光从激发态返回基态的过程中损失了更多的能量，因此磷光发射光的波长比荧光更长。

（二）激发光谱与发射光谱

　　任何荧光物质都具有两个特征光谱：激发光谱和发射光谱（荧光光谱）。

　　荧光波长一定时，荧光强度随激发光波长而变化的关系曲线称为激发光谱（excitation spectrum）。测量时，固定荧光发射波长，扫描荧光激发波长，以荧光强度（F）为纵坐标，激发波长（λ_{ex}）为横坐标作图。

　　激发波长和强度一定时，荧光强度随荧光波长而变化的关系曲线称为荧光光谱，表示所发射的荧光中各波长组分的相对强度，其形状与激发波长无关。测量时固定荧光激发波长，扫描荧光发射波长，记录荧光强度（F）对发射波长（λ_{em}）的关系曲线。

　　激发光谱和发射光谱可用来鉴别荧光物质，荧光物质的最大激发波长和最大发射波长是定性依据，也是定量时最灵敏的光谱条件。荧光光谱通常与激发光谱呈镜像关系。

（三）荧光效率及其影响因素

　　荧光效率（荧光量子产率）是指物质发射荧光的量子数与吸收激发光的量子数之比，用 φ_F 表示。

$$\varphi_F = \frac{\text{发射荧光的光量子数}}{\text{吸收激发光的光量子数}} \tag{16-1}$$

荧光效率是物质荧光特性的重要参数，反映了荧光物质发射荧光的能力，数值越大，物质发射的荧光越强。有分析应用价值的荧光物质，φ_F 的数值通常处于 $0.1 \sim 1$。影响荧光效率的因素如下。

1. 共轭体系越长，荧光效率越大。

2. 分子的刚性平面结构有利于荧光的产生。

3. 取代基的影响

（1）供电子基团（如—NH_2、—OH、—NHR、—NR_2、—CN）使共轭体系增大，导致荧光效率增加。

（2）吸电子基团（如—NO_2、—$COOH$、—$NHCOCH_3$、—$C{=}O$、—NO、—SH、卤素等）使共轭体系减小，导致荧光效率降低。

（四）荧光强度与溶液浓度的关系

对于一给定物质，当激发波长和强度一定时，荧光强度只与溶液浓度有关。

$$F = K \cdot c \tag{16-2}$$

这是荧光分析的定量依据。以荧光强度为纵坐标，溶液浓度为横坐标作图，在低浓度时可以得到较好的线性关系曲线，但随着浓度增大，线性关系将发生偏离。

荧光猝灭是指荧光物质分子与溶剂分子或其他溶质分子碰撞而引起荧光强度降低或荧光强度与浓度不呈线性关系的现象，又称为荧光熄灭。这种现象随物质浓度增加而增加。引起荧光熄灭的物质称为荧光熄灭剂，如卤素、重金属离子、氧分子以及硝基化合物、重氮化合物、羰基、羧基化合物均为常见的荧光熄灭剂。由荧光物质自身引起的荧光强度减弱的现象称为荧光自猝灭现象。

（五）影响荧光强度的环境因素

1. 温度　随着温度降低，荧光强度增加。

2. 溶剂　荧光波长随着溶剂极性的增大而长移，荧光强度也增强。例如，奎宁在苯、乙醇和水中的荧光效率的相对大小为 1、30 和 1000。

3. 溶液酸碱性　当荧光物质本身是弱酸或弱碱时（即结构中有碱性或酸性基团），溶液的 pH 对荧光强度有很大的影响。这是因为在不同酸度中分子和离子间的平衡改变，荧光强度也有改变，所以要注意控制一定的 pH。

4. 表面活性剂　溶液中表面活性剂的存在，可以使荧光物质处于稳定的胶束微环境中，减少非辐射跃迁的概率，提高荧光效率。

5. 散射光　较长的拉曼光与荧光接近，所以对荧光测定有干扰，应设法消除干扰。选择激发波长时要考虑最大的荧光强度，又要考虑其纯度，必要时要牺牲一些荧光强度而保证荧光纯度。

6. 激发光源　荧光物质的稀溶液在激发光照射下，很易分解，使荧光强度逐渐下降，因此测定时速度要快，且光闸不能一直开着。

二、仪器简介

分子荧光分析法常用的仪器有两类：光电荧光计和荧光分光光度计。仪器一般由激发光源、单色器、样品池、检测器和信号显示记录器五部分组成（图 16-3）。

激发光源常用的有高压汞灯和氙弧灯。单色器通常有两个，在光源和样品池之间的为激发单色器，可滤去不需要波

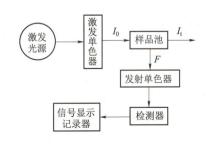

图 16-3　分子荧光分析法仪器示意图

长的光；样品池和检测器之间的为发射单色器，可滤去激发光的反射光、散射光和杂质发射的荧光。为了避免透射光的干扰，接受荧光的单色器应与入射光的方向垂直。测定荧光用的样品池必须用弱荧光材料或石英材料，形状为方形或长方形，并且四面透光，操作时应拿样品池的棱角处。检测器大多采用光电管或光电倍增管。信号显示记录器用于读出测量数值，目前较多采用计算机控制的读数装置。

（一）光电荧光计

光电荧光计中用汞灯作光源，用滤光片作为单色器，因此不能测定光谱，但可用于定量分析。根据使用滤光片的位置和数目又分为滤光片荧光计（两个单色器均采用滤光片分光）和滤光片 – 单色器荧光计（激发单色器采用滤光片，发射单色器采用光栅代替）。

（二）荧光分光光度计

荧光分光光度计是用于扫描荧光标记物所发出的荧光光谱的一种仪器，可测定液体、固体样品。荧光分光光度计的激发光源采用氙弧灯，激发单色器和发射单色器均采用光栅，能够提供激发光谱、发射光谱、荧光强度、荧光效率、荧光寿命、荧光偏振等许多物理参数，从各个角度反映了分子的成键和结构情况。通过对这些参数的测定，不但可以做一般的定量分析，而且还可以推断分子在各种环境下的构象变化，从而推测分子结构与功能之间的关系。荧光分光光度计的激发波长扫描范围一般是 $190 \sim 650 \mathrm{nm}$，发射波长扫描范围是 $200 \sim 800 \mathrm{nm}$。

两种仪器相比，前者结构简单、价格便宜，但灵敏度与选择性较差，因而后者应用更加广泛。

第二节　火焰光度法

一、概述

当原子或离子受到热能或电能激发（如在火焰、电弧电光花中），有一些电子就吸收能量而跃迁到离原子核较远的轨道上，当这些被激发的电子返回或部分返回到稳定或过渡状态时，原先吸收的能量以光（光子）形式重新发射出来，这就产生了发射光谱（线光谱），各种元素都有自己的特定的线光谱。

火焰光度法是原子发射光谱法的一种简化，以火焰作为激发光源使被测元素的原子激发，用光电检测系统来测量被激发元素所发射的特征辐射强度，从而进行元素定量分析的方法。

此法准确、快速，灵敏度较高。但因用火焰作为激发光源，温度较低，使被测原子释放的能量有限，只能激发碱金属、碱土金属等几种激发能低、谱线简单的元素，对于难激发的元素测定则比较困难。在燃烧过程中，有自吸、自浊现象存在，所以只有在低浓度范围中的测试才是线性的。主要用于土壤、血浆、玻璃、肥料、植物、血清组织中 K、Na、Ca 等元素的测定。先进的仪器可测定 20 多种元素，检出限达到 $10^{-6}\mathrm{g}$。

火焰光度法是一种相对测量的方法，被测样品的浓度值是在同一测试条件下标准样品的浓度的相对值。所以，测试前必需首先制备一组相应的标准样品，然后进行标定操作，人工或通过仪器绘制曲线，最后才能对被测样品进行测试，得到其浓度值或其他需要的数据。常用的定量方法有标准曲线法和标准加入法。

《中国药典》（现行版）规定，火焰光度法主要用于碱金属及碱土金属的测定。通常通过比较对照品溶液和供试品溶液的发光强度，求得供试品中待测元素的含量。如供试品中钠离子含量系用火焰光度法。

火焰光度法主要受到激发条件、试样组成以及共存元素的干扰等。为了消除这些影响，尽量使待测溶液和标准溶液的组成接近、测定条件相同。

激发条件的主要影响因素有燃气种类（一般采用丙烷 – 空气或液化石油气 – 空气等低温火焰，约1900℃）、燃气与助燃气比例和试样溶液提升量（毛细管每分钟吸入喷流液毫升数）。火焰温度要适当，温度过低灵敏度下降，温度太高则碱金属电离严重，影响测量的线性关系。

元素的电离和自吸收可导致校正曲线弯曲，线性范围缩小。如钾在高浓度时自吸收严重，使校正曲线向横坐标方向弯曲；在低浓度时则由于电离增加，辐射增强，校正曲线向纵坐标方向弯曲。试液中共存离子对测定也有影响，如碱金属共存时谱线增强，使结果偏高。

二、仪器简介

火焰分光光度计主要由燃烧系统、分光系统、检测系统、显示系统组成（图16 – 4）。

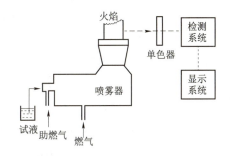

1. 燃烧系统 由供气系统、喷雾器和燃烧器组成。为试样蒸发、离解为气态原子和原子激发提供能量。试液经喷雾器分散在压缩空气中成为雾，然后与可燃气体混合，在喷灯上燃烧，待测组分被激发发射谱线。

图 16 – 4　火焰分光光度计示意图

2. 分光系统 包括滤光片、光栅等，目的在于分离不需要的谱线，让被测元素灵敏线通过。

3. 检测系统 常为光电管或光电倍增管。

4. 显示系统 通常为计算机。

第三节　核磁共振波谱法

一、概述

1946 年，哈佛大学的珀塞尔（Purcel）和斯坦福大学的布洛克（Bloch）发现了核磁共振现象——磁性原子核在强磁场中选择性地吸收了特定的射频能量，发生核自旋能级跃迁。若将磁性核对射频能量吸收产生的共振信号与照射频率对应记录下来，即得到核磁共振（nuclear magnetic resonance，NMR）波谱。利用核磁共振波谱进行结构测定、定性及定量分析的方法称为核磁共振波谱法或核磁共振光谱法（NMR spectroscopy），也缩写为 NMR。核磁共振波谱法是一种无破损分析方法，即在测定时不破坏样品。

核磁共振波谱法主要包括氢核磁共振谱［简称氢谱（$^1H – NMR$）］和碳核磁共振谱［简称碳谱（$^{13}C – NMR$）］。氢谱是目前应用最广泛的核磁共振谱，主要给出三方面结构信息：①氢核类型及化学环境；②氢分布；③核间关系。但不能给出不含氢基团，如碳基、氰基等的核磁共振信号，对于含碳较多的有机物（如甾体等）中的化学环境相近的烷氢，用氢谱也常常难以鉴别。碳谱弥补了氢谱的不足，可给出丰富的碳骨架信息。在研究有机物结构时，氢谱和碳谱互为补充。

除了氢谱和碳谱，还有$^{19}F-NMR$、$^{31}P-NMR$ 和$^{15}N-NMR$ 等。氟与磷核磁共振谱是用于鉴定、研究含氟及含磷化合物，用途远不如氢谱及碳谱广泛。氮核磁共振谱用于研究含氮有机物的结构信息，是生命科学研究的有力工具。

> **知识链接**
>
> 核磁共振谱在医疗诊断方面具有重要用途，核磁共振成像是一种利用核磁共振原理的医学影像新技术。与其他辅助检查手段相比，核磁共振具有成像参数多、扫描速度快、组织分辨率高和图像更清晰等优点，可帮助医生"看见"不易察觉的早期病变，目前已经成为肿瘤、心脏病及脑血管疾病早期筛查的利器。

（一）原子核的自旋

原子核由质子和中子组成，用$_Z^AX$ 表示，其中质子数（Z）决定了原子核所带电荷数。大多数原子核都在围绕某个轴做自旋运动，由于原子核带正电，自旋时会产生磁场，具有磁矩μ。

$$\mu = \gamma \sqrt{I(I+1)} \cdot \frac{h}{2\pi} \tag{16-3}$$

式中，比例因子γ 称为磁旋比，单位$T^{-1} \cdot s^{-1}$，是原子核的基本属性之一，不同原子核的γ 值不同；h 是普朗克常数。由式16-3可知，$I=0$，则$\mu=0$，原子核为非磁性，没有NMR谱；只有$I \neq 0$ 的原子核才可以用NMR研究。

实验表明，自旋量子数I 与原子的质量数（A）和原子序数（Z）有关，如表14-1所示。

表16-1　自旋量子数I 与原子的质量数（A）和原子序数（Z）的关系

质量数（A）	质子数（Z）	自旋量子数（I）	电荷分布	核磁性	实例
偶数	偶数	0	—	无	$^{12}C, ^{16}O, ^{32}S$
奇数	奇或偶数	1/2	球形	窄	$^{1}H, ^{13}C, ^{31}P$
奇数	奇或偶数	3/2, 5/2, …	扁平椭圆形	宽	$^{11}B, ^{17}O, ^{33}S$
偶数	奇数	1, 2, 3, …	伸长椭圆形	宽	$^{2}H, ^{10}B, ^{14}N$

（二）核磁矩的空间取向

在无外加磁场的空间中，自旋核的核磁矩可以任意取向，原子核是无序排列的。但若将原子核置于磁场中，由于核磁矩和磁场的相互作用，核磁矩有$2I+1$ 个取向，原子核是有序排列的。自旋量子数不为零的核，自旋产生核磁矩，核磁矩的方向服从右手螺旋法则，与自旋轴重合。每一种取向用磁量子数m 来表示（$m=I, I-1, \cdots, -I+1, -I$），不同取向的核磁矩在外磁场方向$Z$ 的分量（即在Z 轴上的投影，μ_z）不同。核磁矩在外磁场空间的取向是量子化的，称为空间量子化。

例如^{1}H 和^{13}C，其$I=1/2$，核磁矩空间取向数目为$2 \times 1/2 + 1 = 2$ 个，说明在外磁场中核磁矩只有两种取向。$m=1/2$ 时，μ_z 顺磁场（与外磁场方向相同），能量较低；$m=-1/2$ 时，μ_z 逆磁场，能量较高［图16-5（a）］。再如^{2}H 和^{14}N，其$I=1$，核磁矩空间取向数目为$2 \times 1 + 1 = 3$ 个，说明在外磁场中核磁矩三种取向，$m=+1$、0、-1［图16-5（b）］。

（三）原子核的共振吸收

1. 原子核的进动　在外磁场中的原子核，由于核磁矩外磁场成一定角度，除自身的自旋运动外，还产生一个绕磁场方向的进动，这种自旋轴的回旋称为拉莫尔进动，简称进动（图16-6）。可以形象地看作是自身旋转而自旋轴又围绕重力轴进动的陀螺。原子核自旋轴绕磁场H_0 方向回旋的频率叫作进动频率。进动频率 v 与外加磁场强度 H_0 成正比，可用 Larmor 方程表示。

$$v = \frac{\gamma}{2\pi}H_0 \tag{16-4}$$

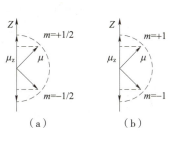

图 16 – 5 空间量子化

（a）$I = 1/2$；（b）$I = 1$

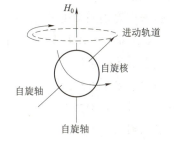

图 16 – 6 原子核的进动

2. 共振吸收与弛豫 当用一定频率电磁波照射原子核时，如果频率等于核进动频率，原子核就会吸收电磁波的能量，由低能级跃迁至高能级，即发生能级的跃迁，这就是共振吸收。核磁共振吸收中的能级跃迁只能发生在相邻能级间。例如氢原子核，在 $H_0 = 1.4092\text{T}$ 的磁场中，只能吸收进动频率为 60MHz 的电磁波，而发生能级跃迁。跃迁后，核磁矩由顺磁场方向（$m = 1/2$）跃迁至逆磁场方向（$m = -1/2$）。核磁矩取向的改变产生感应电流，即得到核磁共振吸收信号（共振峰）。跃迁至高能级的激发核，通过非辐射途径损失能量而恢复至基态的过程称为弛豫。弛豫是保持核磁共振信号有固定强度必不可少的过程。如果用强射频率照射样品，激发后的核则不易恢复至基态，因而达到吸收饱和，使 NMR 信号消失。

（四）化学位移

1. 屏蔽效应 由于有机化合物中氢核所处的化学环境不同，氢核的核外电子及与其相邻的其他原子核外电子在外磁场的作用下，可以产生感应磁场，使氢核的实际受磁场强度与外加磁场有微小差异，即产生屏蔽效应。屏蔽作用使共振峰移向高场（低频），即共振图谱的右侧。反之，当感应磁场与外加磁场方向相同时，使质子实受磁场增强，称为顺磁屏蔽或去屏蔽，使共振峰移向低场（高频），即共振图谱的左侧。

2. 化学位移 由于氢核具有不同的屏蔽作用，引起外磁场或共振频率的移动，这种现象称为化学位移。不同化学环境的氢核的共振频率相差很小，不易测定其绝对值，习惯上用核磁共振频率的相对值表示化学位移，符号为 δ。核外电子的感应磁场强度与外加磁场强度成正比，使用不同场强的仪器，测得同一氢核的共振频率的绝对值也不同。由于四甲基硅烷（TMS）共振时的磁场强度 H_0 最高，人为地把它的化学位移规定为零，一般有机物中氢核的 δ 都是负值。为了方便起见，不加负号。凡是 δ 较大的氢核，就称为低场，位于图谱的左侧；凡是 δ 较小的氢核，就称为高场，位于图谱的右侧。为了应用方便，δ 一般都用相对值来表示，是量纲为 1 的单位。又因氢核的 δ 值数量级为百万分之几到百万分之十几，因此常在相对值上乘以 10^6。

氢核的化学位移是由其所处的化学环境决定的。所谓化学环境包括相邻基团或原子的电负性，氢核在分子中的空间位置、杂化效应和氢键的形成等。处于相同化学环境的一类氢核具有相同的化学位移，称为化学等价核。因此在核磁共振氢谱中，信号数目代表分子中有相同化学环境的氢的种类数，化学位移表明该类氢核的类型。根据氢谱中各峰的化学位移可以初步判断化合物中有哪些含氢的结构单元。

二、仪器简介

核磁共振波谱仪的型号和种类很多。按产生磁场的来源可分为永久磁铁、电磁铁和超导磁铁三种。按照射频率和磁场强度可分为 60MHz（1.4092T）、90MHz（2.1138T）、100MHz（2.3487T）等。电磁铁 NMR 仪最高可达 100MHz，超导 NMR 仪目前已达 600MHz。照射频率越高，仪器分辨率及灵敏度越高，更重要的是可以简化图谱，便于解析。按扫描方式又可分为连续波（CW）方式和脉冲傅立叶变换（PFT）方式两种。

不管哪种型号，核磁共振波谱仪的主要部件有磁铁、照射频率发生器、扫描发生器、样品管、信号接收器和显示系统。

第四节　质谱法

一、概述

质谱法（mass spectrometry）是在真空系统中，应用多种离子化技术使物质分子转化为气态离子，在电场或磁场的作用下，这些离子按照质荷比（m/z）大小进行分离的一种分析方法。

（一）基本概念

1. 分子离子与分子离子峰　分子失去一个电子所形成的离子，用 M^+ 表示，其产生的质谱峰称为分子离子峰。

2. 基峰　质谱图中的最高峰，有相对最稳定的粒子产生。

3. 相对丰度　以质谱中基峰的高度为 100%，其余峰占基峰的百分比，用于表示的峰强度，又称相对强度。

4. 离子源　质谱仪中使被分析物质电离成离子的部分。

5. 碎片离子　当分子获得的能量超过其离子化所需的能量时，可能使分子离子的化学键进一步断裂，产生质量数较低的碎片。

6. 亚稳离子　离子在离开离子源，在飞行过程中发生裂解而形成的低质量离子，用 m^* 表示。

7. 同位素离子和同位素离子峰　含有同位素的离子称为同位素离子，其产生的质谱峰成为分子离子峰。

（二）基本原理

在质谱分析法中，分子离子符合磁场质谱仪的基本方程为

$$R = \sqrt{\frac{2Vm}{e}} \cdot H \qquad\qquad (16-5)$$

式中，R 为离子圆周运动半径；m 为离子的质量；e 为离子的电荷；V 为加速电压；H 为磁场强度。

有规律地改变磁场强度或加速电压可使不同质荷比的例子具有相同的运动半径，依次排列成质谱。不带电荷的离子不能被电磁场加速，不出峰；带负电荷的离子的运动方向相反，也不出峰。因此质谱指的是正离子的峰。

（三）质谱图

质谱图记录的是各离子按照质荷比大小顺序和相对强度大小的信号，质荷比作为横坐标，相对丰度作为纵坐标，如图 16-7 所示。利用质谱图中质谱峰的位置和峰高比可以进行定性分析，利用质谱

峰的离子强度可以进行定量分析，利用提供的综合信息还可以进行物质结构分析和分子量的测定。

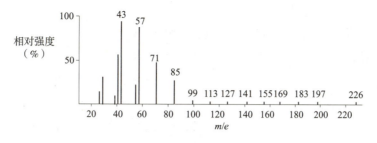

图 16 – 7　某物质的质谱图

（四）特点与主要用途

质谱法具有以下特点：①灵敏度高，样品用量少，检出限可达 $10^{-9} \sim 10^{-11}$ g；②分析速度快，一般数秒即可完成；③能够同时给出样品的精确分子质量和结构信息；④检出对象广，适合联机。

质谱法的主要用途有：①测定相对分子质量；②鉴定化合物分子式；③推测未知物结构；④测定分子中 Cl、Br 等原子；⑤与色谱联机后用于多组分的定性与定量。

知识链接

色质联机由色谱和质谱两部分组成，可分为气相色谱与质谱联用（GC – MS）和液相色谱与质谱联用（LC – MS）。色谱起分离作用。质谱相当于色谱的检测器，按碎片离子的质荷比检测离子碎片的含量。

二、仪器简介

质谱仪通常由真空系统、进样系统、离子源、质量分析器、离子检测器和记录系统几部分组成。

1. 真空系统　为了降低背景以及减少离子间或离子与分子间的碰撞，离子源、质量分析器和离子检测器必须处于高真空状态。

2. 进样系统　气体或易挥发液体可通过贮样室间接进样；高沸点液体或固体直接送入离子源；色 – 质联机中，色谱分离后的组分直接导入离子源。

3. 离子源　其作用是使试样分子或原子离子化。常用的离子源有电子轰击离子源、化学电离源、高频火花离子源、ICP 离子源。

4. 质量分析器　作用是将离子源产生的离子按照质荷比的大小分离聚焦。

5. 离子检测器　常用的是静电式电子倍增器。

6. 记录系统　一般采用计算机记录和分析数据。

目标检测

答案解析

一、单项选择题

1. 火焰光度法可用来测定（　　）
    A. 铜离子　　　　　　　　　　B. 钠离子　　　　　　　　　　C. 铅离子
    D. 锌离子　　　　　　　　　　E. 铬离子

2. 荧光光谱属于（　　）
    A. 红外光谱　　　　　　　　　B. 发射光谱　　　　　　　　　C. 吸收光谱

D. 质谱   E. 紫外光谱

3. 目前应用最广泛的核磁共振是（   ）

     A. 氢核磁共振谱   B. 碳核磁共振谱   C. 氟核磁共振谱

     D. 磷核磁共振谱   E. 氯核磁共振谱

二、多项选择题

1. 核磁共振波谱法主要包括（   ）

     A. 氢核磁共振谱   B. 碳核磁共振谱   C. 氟核磁共振谱

     D. 磷核磁共振谱   E. 氯核磁共振谱

2. 影响荧光强度的环境因素有（   ）

     A. 温度   B. 溶剂   C. 溶液酸碱度

     D. 表面活性剂   E. 激发光源

3. 质谱法的主要用途有（   ）

     A. 测定相对分子质量

     B. 鉴定化合物分子式

     C. 推测未知物结构

     D. 测定分子中 Cl、Br 等原子

     E. 与色谱联机后用于多组分的定性与定量

书网融合……

         重点小结   微课   习题

参考文献

[1] 张寒琦. 仪器分析 [M].3 版. 北京：高等教育出版社，2020.

[2] 胡坪，王氢. 仪器分析 [M].5 版. 北京：高等教育出版社，2019.

[3] 王磊，董会钰. 分析化学 [M]. 北京：中国医药科技出版社，2019.

[4] 黄一石，黄一波，乔子荣. 定量化学分析 [M].4 版. 北京：化学工业出版社，2020.

[5] 梁芳慧，孙明哲. 仪器分析 [M]. 北京：中国医药科技出版社，2021.

[6] 冉启文，许标，谭韬，等. 分析化学 [M].4 版. 北京：中国医药科技出版社，2021.

[7] 谢茹胜，张立虎. 分析化学 [M]. 北京：中国医药科技出版社，2021.

[8] 韩立路，何晓文，孙兰凤. 分析化学 [M]. 北京：高等教育出版社，2022.

[9] 陈哲洪，鲍羽. 分析化学 [M].5 版. 北京：人民卫生出版社，2023.

[10] 姜玉梅. 现代分析仪器在食品检验中的应用 [J]. 食品安全导刊，2023（36）：169 – 171.